실 해 석

김성기 · 계승혁

서울대학교출판문화원

머리말

뉴턴과 라이프니츠에 의하여 시작된 미적분학은 자연현상뿐 아니라 사회현상을 분석하고 설명할 때 필수불가결한 도구가 되었다. 근대 유럽을 거치면서 인류는 미적분학을 보다 정교하게 다듬고 이를 통하여 훨씬 다양한 함수를 다룰 수 있게 되었으며, 19세기 말에 이르러 그 논리적인 토대를 튼튼히 할 수 있었다. 이러한 미적분학은 20세기에 들어와 커다란 방향전환을 하게 되었는데, 그 결과가 측도론과 함수해석의 등장이다. 이 책에서는 고전적인 측도론과 초보적인 함수해석을 이해하고, 이를 삼각급수에 응용하려 한다.

먼저 실직선 위에서 르벡측도를 정의하고 이를 바탕으로 르벡적분을 정의한다. 이 적분의 최대 장점은 함수값이 양수인 경우 거의 제한없이 적분이 정의된다는 점이다. 제 1장에서 르벡적분의 기본적인 성질을 공부하고, 제 2장에서는 미적분학의 기본정리를 르벡적분의 입장에서 이해한다. 20세기 해석학의 가장 큰 변화는 함수 자체의 성질을 넘어서서 함수들을 모아 놓은 벡터공간에 대하여 체계적인 연구가 시작되었다는 점이다. 이러한 벡터공간 중에서 가장 중요하고도 초보적인 L^p-공간을 제 3장에서 공부하고, 해석개론이나 고등미적분에서 배우게 마련인 연속함수공간과 비교한다. 또한, 지금까지 공부한 실직선의 측도가 가지는 핵심 성질을 공리화하여 추상적인 측도와 적분을 공부하는데, 지금까지 공부한 내용의 핵심을 추리는 과정이다.

이미 고등미적분이나 다변수해석학에서 배웠겠지만, 적분론에서 가장 중요한 부분 중 하나는 이중적분을 정의하는 일과 이를 반복적분으로 계산할 수 있다는 푸비니 정리이다. 제 4장에서 이를 측도론의 입장에서 공부하는데, 이중적분을 정의한다는 것은 두 측도의 곱을 정의하는 것과 마찬가지이다. 이는 측도론에서 매우 까다로운 부분 중 하나인데, 여기서는 추상측도의 곱측도를 먼저 정의하고 이를 르벡측도의 곱에 적용하여 이변수함수의 적분을 공부한다. 이러한 과정은 삼각급수를 공부할 때 나오는 콘볼류션을 정의하고 그 대수적인 성질들을 규명하는 데에 필수적이다. 제 5장에서는 지금까지 공부한 여러 가지 함수공간을 염두에 두고 푸리에급수와 푸리에적분을 보다 이론적인 측면에서 체계적으로 공부한다.

제 6장에서 함수공간을 비롯한 여러 가지 노음공간을 다루는 기본적인 방법론을 공부하는데, 그 핵심은 쌍대공간이다. 노음공간이나 그 사이에 정의된 유계선형사상은 선형대수에서 배우는 벡터공간 및 선형사상과 다를 바 없지만, 여기서는 무한차원 벡터공간들을 염두에 둔다. 특히, 유한차원 벡터공간과 선형사상에 대하여 당연한 결과들이 무한차원 노음공간에서 어떻게 전개되는지 살펴보게 된다. 선형대수에서 공부하는 내적공간 역시 유한차원이란 가정을 넘어서 일반적인 경우를 다루는데, 이러한 내적공간은 본질적으로 ℓ^2–수열공간임을 알게 된다. 이러한 결과들은 푸리에급수나 푸리에변환에 그대로 적용되어 여러 가지 결과들을 얻게 되는데, 추상적인 함수공간 이론을 전개하게 된 기본 동기 중 하나가 푸리에해석이고 보면 이는 당연한 귀결이다.

다시 측도론으로 돌아와 제 7장에서 본격적인 추상측도론을 다루는데, 이는 이 책의 핵심부분이다. 지금까지 측도는 적분을 정의하기 위한 도구에 불과하였으나 이제는 함수공간을 확장하기 위한 대상이 된다. 이를 위하여 그 값이 양수뿐 아니라 음수 혹은 복소수값을 가지는 측도를 공부한다. 복소함수를 양함수의 선형결합으로 표시하듯이 복소측도 역시 지금까지 공부한 양측도의 선형결합으로 표시하고, 복소측도들을 모아 놓은 벡터공간은 자연스레 측도공간이 된다. 이 측도공간과 함수공간 사이의 관계를 규명하는 것이 르벡 분해와 라돈-니코딤 정리이다. 이로써 지금까지 알고 있던 함수공간은 측도공간의 일부분이고, 함수는 측도의 특별한 경우임을 알게 된다. 제 8 장에서는 측도와 위상 사이에 어떠한 관련이 있는지 살펴본다. 측도가 정의되는 집합이 처음부터 위상공간이면 이 측도는 연속함수공간의 선형범함수를 정의하여 주는데, 역으로 연속함수공간에서 정의된 모든 선형범함수가 본질적으로 측도임을 말하는 리쓰 표현정리는 8장의 핵심이다. 라돈-니코딤 정리와 리쓰 표현정리를 이용하면 실직선의 보렐측도를 모두 분류할 수 있고 이는 사실 리만-스틸체스적분의 또 다른 표현임을 알게 된다.

측도가 함수보다 훨씬 일반적인 대상이므로 주기함수의 푸리에급수를 주기측도에 확장하는 것은 자연스러운 방향이다. 이를 푸리에-스틸체스변환이라 부르는데, 제 9장에서 공부한다. 이를 이용하면 고전적인 해석학에서 다룰 수 있었던 것보다 훨씬 다양한 삼각급수를 이해할 수 있다. 고전적인 관점에서 보면 삼각급수의 극한은 함수이어야 하겠지만 이제는 그 극한을 측도로 이해하게 되는데, 측도가 연속함수공간의 선형범함수라는 사실이 중요하게 쓰인다. 미분가능함수공간의 선형범함수를 생각하면 측도보다 더 큰 대상을 얻을 수 있는데, 이에 대해서도 푸리에변환을 확장하여 푸리에-쉬와르츠변환을 얻는다. 여기서는 가장 간단한 경우에 한하여 다루는데, 이를 이용하여 그 계수가 유계수열인 모든 삼각급수, 심지어는 그 계수가 증가수열인 삼각급수의 극한도 해석할 수 있게 된다. 끝으로, 이러한 선형범함수의 극한에 관한 초보적인 함수해석 이론을 간단하게 소개하는 것으로 이 책을 끝낸다. 차례 다음에 붙어 있는 그림은 각 장의 관련성을 대강 나타내고 있다.

이 책을 공부하려는 이는 해석개론이나 고등미적분에서 배우는 내용을 미리 알고 있어야 하는데, 구체적으로 참고문헌 [2]의 1장~7장은 필수적이다. 푸리에급수에 관한 내용은 논리적인 측면에서 보면 필요없지만 충분한 계산 경험을 요한다. 실해석에 관한 이론은 충분히 확립되어 있고 교재도 많이 나와 있지만 푸리에해석까지 체계적으로 다룬 교재는 그리 많지 않다. 이 책의 내용 중에서 측도론에 관한 부분은 참고문헌 [32]와 [35]를 그 기본 참고문헌으로 삼았고, [10]도 주요 참고도서이다. 푸리에해석에 관한 참고문헌은 너무 많아서 일일이 거론하기가 번거로울 정도이다.

지난 일 년간 서울대학교 수학과에서 개설한 실변수함수론을 수강한 학생들은 잘못된 곳이 너무 많은 이 책의 초고로 공부하면서 틀린 곳을 지적하여 주고 건설적인 제안을 하여 주었는데, 특히 마지막 교정까지 보아준 이동욱, 이종규 군을 비롯한 이들 수강생들에게 고마움을 표한다. 또한, 처음 구상 단계에서부터 자잘한 문제에 이르기까지 필자들의 귀찮은 자문에 흔쾌히 응해 주신 여러 동료 교수들께 감사드린다.

1999년 1월

차례

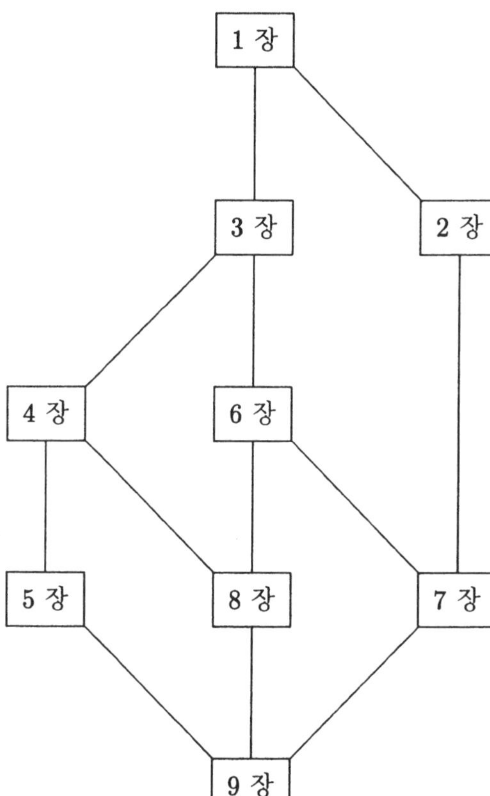
1 장
3 장
2 장
4 장
6 장
5 장
8 장
7 장
9 장

제 1 장 르벡적분

리만적분의 기본적인 발상은, 주어진 함수의 그래프와 x 축 사이의 넓이를 구하기 위하여 x 축을 잘게 자른 후 각 부분구간 위에서 유사한 직사각형의 넓이를 더하여 극한을 취하는 것이다. 이 극한이 존재하려면 작은 구간 위에서 함수값이 취하는 범위가 작아야 하고, 이는 결국 함수의 연속성에 의존하게 된다. 르벡적분의 기본적인 발상은 y 축을 먼저 잘게 자르자는 것인데, 그 최대 장점은 함수의 연속성에 구애받지 않는다는 점이다. 이 때 y 축의 구간에 대응하는 x 들의 집합이 구간일 필요가 없으므로, 먼저 실수축의 임의의 집합에 대하여 길이를 정의하려 한다. 이를 바탕으로 실수축의 측도론과 실함수의 적분론을 전개하고, 이러한 적분이 리만적분의 확장임을 보게 된다.

1.1 잴수있는 집합과 측도

임의의 실수집합에 대하여 길이를 정의하기 위하여 우선 열린집합의 길이부터 정하려 하는데, 이를 위하여 실직선의 열린부분집합의 구조를 알 필요가 있다. 열린집합 $U \subset \mathbb{R}$ 의 한 점 $x \in U$ 를 고정하고

$$a_x = \inf\{a \in \mathbb{R} : (a, x) \subseteq U\}, \qquad b_x = \sup\{b \in \mathbb{R} : (x, b) \subseteq U\}$$

라 정의하자. 열린집합의 정의에 의하여 위에 나오는 집합들은 비어있지 않으므로, 상한과 하한을 잡을 수 있다. 이제 $I_x = (a_x, b_x)$ 라 두자. 열린구간 I 가 $x \in I \subset U$ 를 만족한다고 가정하였을 때, $y \in I$ 이면 정

의에 의하여 $a_x < y < b_x$ 임이 분명하고 따라서 $y \in I_x$, 즉 $I \subset I_x$ 이다. 다시 말하여, I_x 는 x 를 포함하고 U 에 들어가는 열린구간 중에서 최대임을 알 수 있다. 우선 $U = \bigcup_{x\in U} I_x$ 임은 당연한데, 이 합집합이 서로소인 열린구간들의 합집합임을 보이기 위하여, 각 $x, y \in U$ 에 대하여 $I_x \cap I_y = \emptyset$ 이거나 $I_x = I_y$ 임을 보이자. 만일 $I_x \cap I_y \neq \emptyset$ 이면 $I_x \cup I_y$ 가 x 를 포함하는 열린구간이므로 I_x 의 최대성질에 의하여 $I_x \cup I_y \subset I_x$, 즉 $I_x \cup I_y = I_x$ 또는 $I_y \subset I_x$ 임을 알 수 있다. 마찬가지로 $I_x \subset I_y$ 이므로 $I_x = I_y$ 가 된다. 따라서, $U = \bigcup_{x\in U} I_x$ 는 서로소인 열린구간들의 합집합임을 알 수 있다.

명제 1.1.1. 실수의 부분집합 $U \subseteq \mathbb{R}$ 가 열린집합이면, U 는 셀수있는 서로소인 열린구간의 합집합으로 표시된다. 또한, 이 표시방법은 한 가지뿐이다.

증명: 표시 방법이 유일함은 당연하므로, 실직선 위에 놓여 있는 서로소인 열린구간들의 모임이 기껏해야 셀수있음을 보이면 된다. 각 열린구간에서 유리수를 하나씩 택하면 이들은 서로 다른 유리수가 되는데, 유리수 전체의 집합이 셀수있으므로 증명이 끝난다. □

이제부터 서로소인 집합모임 $\{X_\iota\}$ 의 합집합을 $\bigsqcup_\iota X_\iota$ 로 나타내기로 한다. 열린집합 $U \subset \mathbb{R}$ 가 서로소인 열린구간의 합집합 $\bigsqcup_n (a_n, b_n)$ 으로 표시되었을 때 그 길이 $\lambda(U)$ 를

$$\lambda(U) = \sum_{n=1}^{\infty} (b_n - a_n) \tag{1}$$

로 정의한다. 이 급수의 합은 각 항이 양수이므로 그 배열순서에 의존하지 않는다. 이제 임의의 집합 $S \subseteq \mathbb{R}$ 에 대하여 그 길이 $\mu(S)$ 를

$$\mu(S) = \inf\{\lambda(U) : U \supseteq S,\ U \text{ 는 열린집합}\}$$

라 정의하자. 위 정의에 의하면 $\mu(S)$ 의 값은 물론 $+\infty$ 가 될 수 있고, 따라서 μ 는 멱집합 $\mathcal{P}(\mathbb{R})$ 에서 $[0, \infty]$ 로 가는 함수이다.

보기 1. 공집합 $\emptyset$ 및 한 점으로 이루어진 집합 $\{x\}$ 의 길이는 0 이다. 또한 열린구간 $(0,\infty)$ 나 $\mathbb{R}$ 의 길이는 $+\infty$ 이다. □

집합 $S \subset \mathbb{R}$ 와 점 $x \in \mathbb{R}$ 에 대하여

$$x + S = \{x + y \in \mathbb{R} : y \in S\}$$

로 정의하고, 이를 집합 S 의 평행이동이라 부른다. 다음은 위에서 정의한 길이의 기본적인 성질들이다.

명제 1.1.2. 함수 $\mu : \mathcal{P}(\mathbb{R}) \to [0,\infty]$ 는 다음 성질을 가진다.

(가) 만일 $S \subseteq T$ 이면 $\mu(S) \le \mu(T)$ 이다.
(나) 만일 I 가 a, b 를 양끝점으로 하는 구간이면 $\mu(I) = |b-a|$ 이다.
(다) 임의의 $x \in \mathbb{R}$ 와 $S \in \mathcal{P}(\mathbb{R})$ 에 대하여 $\mu(x+S) = \mu(S)$ 이다.
(라) 임의의 셀수있는 집합모임 $\{S_n : n = 1, 2, \dots\}$ 에 대하여

$$\mu\left(\bigcup_{n=1}^{\infty} S_n\right) \le \sum_{n=1}^{\infty} \mu(S_n) \tag{2}$$

이 성립한다.

증명: 먼저 (가) 를 보이는데 $\mu(T) = \infty$ 이면 증명할 것이 없으므로, $\mu(T) < \infty$ 라 가정하고 임의의 양수 $\epsilon > 0$ 을 잡자. 그러면 다음 성질

$$T \subseteq U, \qquad \lambda(U) < \mu(T) + \epsilon$$

을 만족하는 열린집합 U 를 잡을 수 있다. 그런데 $S \subseteq U$ 이므로 $\mu(S) \le \lambda(U) < \mu(T) + \epsilon$ 이고, 따라서 $\mu(S) \le \mu(T)$ 이다.

만일 $I = [a,b]$ 이면, $\mu(I) \le \lambda(a-\epsilon, b+\epsilon) = b - a + 2\epsilon$ 이므로 $\mu(I) \le b - a$ 이다. 만일 열린집합 $U = \bigsqcup_n (a_n, b_n)$ 가 I 를 포함한다면, 적당한 n 에 대하여 $(a_n, b_n) \supseteq I$ 이고, 따라서 $\lambda(U) \ge b_n - a_n \ge b - a$ 이다. 그러므로 정의에 의하여 $\mu(I) \ge b - a$ 이다. 다른 꼴의 구간에 대하

여도 마찬가지 방법으로 (나) 가 증명된다. 열린구간 및 열린집합 S 에 대하여 (다) 가 성립하는 것은 자명하고, 이를 이용하면 임의의 $S \subseteq \mathbb{R}$ 에 대하여도 금방 증명된다.

이제 (라) 를 증명하기 위하여 각 S_n 이 열린구간인 경우를 먼저 생각는데, $\bigcup_{n=1}^{\infty} S_n$ 이 유한구간인 경우, 무한구간인 경우 및 임의의 열린집합인 경우로 나누어 증명한다. 먼저 $\bigcup_{n=1}^{\infty} S_n$ 이 구간 (a,b) 가 되는 경우를 생각하자. 이 경우, 하이네[(1)]–보렐[(2)] 정리[(3)]에 의하여 $[a+\epsilon, b-\epsilon] \subset \bigcup_{n=1}^{N} S_n$ 인 자연수 N 을 잡을 수 있다. 그런데, 유한개의 열린구간들이 주어졌을 때, 그 합집합의 길이는 각 구간의 길이의 합보다 작으므로 부등식

$$b - a - 2\epsilon \le \lambda\left(\bigcup_{n=1}^{N} S_n\right) \le \sum_{n=1}^{N} \lambda(S_n) \le \sum_{n=1}^{\infty} \lambda(S_n)$$

을 얻고, 이 부등식이 임의의 양수 $\epsilon > 0$ 에 대하여 성립하므로 (2) 가 성립한다. 한편, $\bigcup_{n=1}^{\infty} S_n$ 이 무한구간인 경우도 마찬가지로 증명된다.

마지막 경우 $\bigcup_{n=1}^{\infty} S_n$ 이 서로소인 열린구간의 합집합 $\bigsqcup_{m=1}^{\infty} I_m$ 으로 표시된다. 각 $m = 1, 2, \dots$ 에 대하여

$$A(m) = \{n \in \mathbb{N} : S_n \subset I_m\}$$

이라 두면 $\bigsqcup_{m=1}^{\infty} A(m) = \mathbb{N}$ 임을 알 수 있다. 그런데, $\bigcup_{n \in A(m)} S_n = I_m$ 이므로, 방금 증명한 바에 의하여 부등식

$$\lambda\left(\bigcup_{n=1}^{\infty} S_n\right) = \lambda\left(\bigsqcup_{m=1}^{\infty} I_m\right) = \sum_{m=1}^{\infty} \lambda(I_m) \le \sum_{m=1}^{\infty} \sum_{n \in A(m)} \lambda(S_n) \le \sum_{n=1}^{\infty} \lambda(S_n)$$

---

(1) Heinrich Eduard Heine (1821~1881), 독일 수학자. Göttingen 과 베를린에서 공부하고 Halle 에서 활동하였다.

(2) Émile Borel (1871~1956), 프랑스 수학자. École Normale Supérieure 에서 공부하고, 이 곳과 Sorbonne 에서 활동하였다. 정치에 관여하여 1925 년 해군장관을 지내기도 했으며 뿌앵카레 연구소를 설립하는 데에 관여하여 죽을 때까지 소장을 하였다.

(3) 참고문헌 [2] 의 정리 2.4.2 를 참조하라.

이 성립한다.[4]

다음 경우로서, 각 S_n 이 열린집합인 경우를 생각하자. 이 때, 각 S_n 이 $S_n = \bigsqcup_k I_{nk}$ 로 표시되면

$$\lambda(\bigcup_n S_n) = \lambda(\bigcup_{n,k} I_{nk}) \le \sum_{n,k=1}^{\infty} \lambda(I_{nk}) = \sum_{n=1}^{\infty}\sum_{k=1}^{\infty} \lambda(I_{nk}) = \sum_{n=1}^{\infty} \lambda(S_n)$$

이다.[5] 일반적인 경우에, (2) 의 오른쪽에서 어느 한 항이 무한이면 당연하므로, 각 $n = 1, 2, \ldots$ 에 대하여 $\mu(S_n)$ 이 유한값이라 하자. 그러면, 각 $n = 1, 2, \ldots$ 에 대하여

$$S_n \subseteq U_n, \quad \lambda(U_n) < \mu(S_n) + \frac{\epsilon}{2^n}, \qquad n = 1, 2, \ldots$$

를 만족하는 열린집합 U_n 을 잡을 수 있다. 따라서

$$\mu\left(\bigcup_{n=1}^{\infty} S_n\right) \le \lambda\left(\bigcup_{n=1}^{\infty} U_n\right) \le \sum_{n=1}^{\infty} \lambda(U_n) \le \sum_{n=1}^{\infty} \mu(S_n) + \epsilon$$

이 되어, (2) 가 증명되었다. □

위 정리의 (라) 에 의하여 임의의 셀수있는 집합의 길이는 0 이다. 따라서, 구간 $[0, 1]$ 은 셀수없는 집합임을 알 수 있다.

연습문제 1.1.1. 유한개의 열린구간 $I_1, I_2, \ldots, I_n$ 에 대하여 $\lambda(\bigcup_k I_k) \le \sum_k \lambda(I_k)$ 임을 보여라.

연습문제 1.1.2. 명제 1.1.2 (라) 의 증명과정에서 $\bigcup_{n=1}^{\infty} S_n$ 이 무한구간인 경우에 부등식 (2) 가 성립함을 보여라.

---

(4) 여기서 둘째 등식은 정의 (1) 에 의한 것이다. 또한, 각 $M = 1, 2, \ldots$ 에 대하여 $\sum_{m=1}^{M} \sum_{n\in A(m)} \lambda(S_n) \le \sum_{n=1}^{\infty} \lambda(S_n)$ 이므로 마지막 부등식이 성립한다. 실제로 등식이 성립하는데, 3.3 절의 (14) 를 참조하라.

(5) 이 계산에서 각 항이 양수이므로 무한합의 순서를 바꿀 수 있음에 유의하라.

연습문제 1.1.3. 유리수집합을 $\mathbb{Q} = \{r_n : n = 1, 2, \dots\}$ 로 표시할 때, 구간열 $\left\{\left(r_n - \frac{1}{2^n}, r_n + \frac{1}{2^n}\right) : n = 1, 2, \dots\right\}$ 의 합집합이 실직선의 진부분집합임을 보여라.

함수 $\mu : \mathcal{P}(\mathbb{R}) \to [0, \infty]$ 가 진정한 의미에서 '길이'가 되려면, 서로소인 셀수있는 집합모임 $\{E_n : n = 1, 2, \dots\}$ 에 대하여, 다음 조건

$$\mu\left(\bigsqcup_{n=1}^{\infty} E_n\right) = \sum_{n=1}^{\infty} \mu(E_n) \tag{3}$$

을 만족하는 것이 이상적이나, 실제로 그렇지 못하다.[(6)] 이를 극복하는 방법으로, μ 의 정의역을 조건 (3) 이 성립하도록 제한하려 한다. 집합 $E \subseteq \mathbb{R}$ 가 다음 조건

$$A \subseteq \mathbb{R} \implies \mu(A) = \mu(A \cap E) + \mu(A \cap E^c) \tag{4}$$

을 만족하면, E 를 **잴수있는 집합**이라 부르고, 잴수있는 집합 전체의 모임을 $\mathfrak{M}$ 이라 쓴다. 조건 (4) 는 카라테오도리[(7)] 조건이라 불리는데, 여기서 E^c 는 여집합 $\mathbb{R} \setminus E$ 를 나타낸다. 만일 $E, F \in \mathfrak{M}$ 이 서로소이면, 임의의 $A \subset \mathbb{R}$ 에 대하여

$$\begin{aligned}\mu(A \cap (E \sqcup F)) &= \mu(A \cap (E \sqcup F) \cap E) + \mu(A \cap (E \sqcup F) \cap E^c) \\ &= \mu(A \cap E) + \mu(A \cap F)\end{aligned}$$

가 성립한다. 더 나아가서 귀납법을 사용하면

$$A \subseteq \mathbb{R},\ \ E_1, \dots, E_n \in \mathfrak{M} \implies \mu\left(A \cap \left(\bigsqcup_{i=1}^{n} E_i\right)\right) = \sum_{i=1}^{n} \mu(A \cap E_i) \tag{5}$$

임을 쉽게 확인할 수 있다.

---

(6) 명제 1.3.8 바로 앞을 참조하라.

(7) Constantin Carathéodory (1873~1950), 그리스 수학자. 베를린, Göttingen 에서 공부하고, 아테네와 München 등지에서 활동하였다.

연습문제 1.1.4. 각 $n = 1, 2, \ldots$ 에 대하여 (5) 가 성립함을 보여라.

이제, 집합모임 $\mathfrak{M}$ 의 기본적인 성질들을 살펴보자.

정리 1.1.3. 집합모임 $\mathfrak{M}$ 은 다음 성질을 가진다.

(가) $\emptyset \in \mathfrak{M}$ 이다.
(나) 만일 $E \in \mathfrak{M}$ 이면 $E^c \in \mathfrak{M}$ 이다.
(다) 만일 $E, F \in \mathfrak{M}$ 이면 $E \cup F \in \mathfrak{M}$ 이다.
(라) 각 $n = 1, 2, \ldots$ 에 대하여 $E_n \in \mathfrak{M}$ 이면 $\bigcup_n E_n \in \mathfrak{M}$ 이다.
(마) 만일 $\mu(E) = 0$ 이면 $E \in \mathfrak{M}$ 이다.
(바) 집합 I 가 구간이면 $I \in \mathfrak{M}$ 이다.
(사) 집합 S 가 열린집합이면 $S \in \mathfrak{M}$ 이다.

증명: (가) 와 (나) 는 정의에 의하여 당연하다. 이제 (다) 를 보이기 위하여 임의의 집합 $A \subseteq \mathbb{R}$ 을 잡으면,

$$A \cap (E \cup F) = (A \cap E) \cup (A \cap F \cap E^c)$$

이므로 명제 1.1.2 (라) 에 의하여

$$\begin{aligned} &\mu(A \cap (E \cup F)) + \mu(A \cap (E \cup F)^c) \\ &\quad \le \mu(A \cap E) + \mu(A \cap F \cap E^c) + \mu(A \cap E^c \cap F^c) \\ &\quad = \mu(A \cap E) + \mu(A \cap E^c) = \mu(A) \end{aligned}$$

이다. 여기서, 첫째 및 둘째 등식은 각각 $F \in \mathfrak{M}$, $E \in \mathfrak{M}$ 을 이용하였다. 정의의 조건 (4) 에서 반대 부등호는 명제 1.1.2 (라) 에 의하여 자명하다.

이제 (라) 를 증명하기 위하여, $F_1 = E_1$ 이라 놓고, 각 $n = 1, 2, \ldots$ 에 대하여

$$F_n = E_n \setminus (E_1 \cup \cdots \cup E_{n-1}), \qquad G_n = F_1 \cup \cdots \cup F_n$$

이라 두자. 그러면 $\{F_n\}$ 은 서로소이고, $\bigcup_n E_n = \bigsqcup_n F_n = \bigcup_n G_n$ 임을 금방 확인할 수 있다. 또한 (나) 와 (다) 에 의하여

$$E, F \in \mathfrak{M} \implies E \cap F \in \mathfrak{M}$$

이므로, 각 $n = 1, 2, \ldots$ 에 대하여 $F_n, G_n \in \mathfrak{M}$ 이다. 따라서, $E = \bigcup_n E_n$ 이라 두고 (5) 를 이용하면, 각 $n = 1, 2, \ldots$ 에 대하여

$$\begin{aligned}\mu(A) &= \mu(A \cap G_n) + \mu(A \cap G_n^c) \\ &= \sum_{i=1}^{n} \mu(A \cap F_i) + \mu(A \cap G_n^c) \geq \sum_{i=1}^{n} \mu(A \cap F_i) + \mu(A \cap E^c)\end{aligned}$$

이다. 따라서,

$$\begin{aligned}\mu(A) &\geq \sum_{i=1}^{\infty} \mu(A \cap F_i) + \mu(A \cap E^c) \\ &\geq \mu\left(\bigcup_{i=1}^{\infty}(A \cap F_i)\right) + \mu(A \cap E^c) = \mu(A \cap E) + \mu(A \cap E^c)\end{aligned}$$

이고, $E \in \mathfrak{M}$ 이다.

만일 $\mu(E) = 0$ 이면 명제 1.1.2 (가) 에 의하여 $\mu(A \cap E) = 0$ 이므로

$$\mu(A) \geq \mu(A \cap E^c) = \mu(A \cap E) + \mu(A \cap E^c)$$

이 되어, (마) 가 증명되었다. 지금까지의 결과에 비추어 볼 때, 구간 $I = (a, \infty)$ 가 잴수있음을 보이면 (바) 와 (사) 의 증명이 끝난다. 임의의 집합 $A \subseteq \mathbb{R}$ (단, $\mu(A) < \infty$) 와 양수 $\epsilon > 0$ 이 주어졌을 때,

$$A \subseteq U = \bigsqcup_n (a_n, b_n), \qquad \lambda(U) = \sum_n (b_n - a_n) < \mu(A) + \epsilon$$

을 만족하는 열린집합 U 를 택하자. 이제,

$$\begin{aligned}I_n &= (a_n, b_n) \cap I = (a_n, b_n) \cap (a, \infty), \\ J_n &= (a_n, b_n) \cap I^c = (a_n, b_n) \cap (-\infty, a]\end{aligned}$$

라 두면, $A \cap I \subseteq \bigsqcup_n I_n$ 이므로 $\mu(A \cap I) \le \sum_n \mu(I_n)$ 이고, 마찬가지로 $\mu(A \cap I^c) \le \sum_n \mu(J_n)$ 이다. 따라서, 부등식

$$\mu(A \cap I) + \mu(A \cap I^c) \le \sum_n [(\mu(I_n) + \mu(J_n)]$$
$$= \sum_n (b_n - a_n) < \mu(A) + \epsilon$$

을 얻는다. 만일 $\mu(A) = \infty$ 이면 위 부등식은 당연히 성립한다. □

다음 정리는 함수 $\mu : \mathfrak{M} \to [0, \infty]$ 와 서로소인 셀수있는 집합모임 $\{E_n : n = 1, 2, \ldots\}$ 에 대하여 등식 (3) 이 성립함을 보여 준다.

정리 1.1.4. 각 $n = 1, 2, \ldots$ 에 대하여 $E_n \in \mathfrak{M}$ 이고 집합모임 $\{E_n\}$ 이 서로소이면 등식 (3) 이 성립한다.

증명: 우선 $E = \bigsqcup_{i=1}^{\infty} E_i$ 라 두고 (5) 를 적용하면, 각 $n = 1, 2, \ldots$ 에 대하여

$$\mu(E) \ge \mu\left(\bigsqcup_{i=1}^{n} E_i\right) = \sum_{i=1}^{n} \mu(E_i)$$

를 얻고, 따라서 $\mu(E) \ge \sum_{i=1}^{\infty} \mu(E_i)$ 이다. 반대 부등호는 이미 명제 1.1.2 (라) 에서 증명하였다. □

따름정리 1.1.5. 잴수있는 단순증가 집합열 $\langle E_n \rangle$ 에 대하여 등식

$$\mu\left(\bigcup_{n=1}^{\infty} E_n\right) = \lim_{n\to\infty} \mu(E_n)$$

이 성립한다. 또한, 잴수있는 단순감소 집합열 $\langle F_n \rangle$ 에서 $\mu(F_1) < \infty$ 이면 등식

$$\mu\left(\bigcap_{n=1}^{\infty} F_n\right) = \lim_{n\to\infty} \mu(F_n)$$

이 성립한다.

증명: 각 $n = 1, 2, \ldots$ 에 대하여 $G_n = E_n \setminus E_{n-1}$ 이라 두면 (단, $G_1 = E_1$), $\{G_n\}$ 은 서로소이고 $E_n = \bigsqcup_{k=1}^{n} G_k$, $\bigcup_{k=1}^{\infty} E_k = \bigsqcup_{k=1}^{\infty} G_k$ 이므로

$$\lim_{n\to\infty} \mu(E_n) = \lim_{n\to\infty} \sum_{k=1}^{n} \mu(G_k) = \sum_{k=1}^{\infty} \mu(G_k) = \mu\left(\bigsqcup_{k=1}^{\infty} G_k\right) = \mu\left(\bigcup_{k=1}^{\infty} E_k\right)$$

를 얻는다. 만일 $H_n = F_1 \setminus F_n$ 이라 두면 집합열 $\langle H_n \rangle$ 이 단순증가하고 $\bigcup_{n=1}^{\infty} H_n = F_1 \setminus \bigcap_{n=1}^{\infty} F_n$ 이므로

$$\begin{aligned} \mu(F_1) - \mu\left(\bigcap_{n=1}^{\infty} F_n\right) &= \mu\left(F_1 \setminus \bigcap_{n=1}^{\infty} F_n\right) = \mu\left(\bigcup_{n=1}^{\infty} H_n\right) \\ &= \lim_{n\to\infty} \mu(H_n) = \lim_{n\to\infty} (\mu(F_1) - \mu(F_n)) \end{aligned}$$

이 되어서, 증명이 끝난다. □

연습문제 1.1.5. 따름정리 1.1.5 의 둘째 등식에서 조건 $\mu(F_1) < \infty$ 이 반드시 필요함을 보여라.

다음 명제는 잴수있는 집합이 열린집합이나 닫힌집합과 어느 정도 차이를 가지는지 설명한다. 열린집합들의 셀수있는 교집합으로 표시되는 집합을 G_δ–집합이라 하고, 닫힌집합들의 셀수있는 합집합으로 표시되는 집합을 F_σ–집합이라 부른다. 이러한 두 부류의 집합들은 당연히 잴수있다.

명제 1.1.6. 집합 $E \subset \mathbb{R}$ 에 대하여 다음은 동치이다.

(가) E 가 잴수있는 집합이다.

(나) 임의의 양수 $\epsilon > 0$ 에 대하여 $F \subset E \subset U$, $\mu(U \setminus F) < \epsilon$ 인 열린집합 U 와 닫힌집합 F 가 존재한다.

(다) $B \subset E \subset A$, $\mu(A \setminus B) = 0$ 를 만족하는 G_δ–집합 A 와 F_σ–집합 B 가 존재한다.

증명: 먼저 E 가 잴수있는 집합이라 가정하자. 실직선 $\mathbb{R}$ 을 측도값이 유한인 셀수있는 집합모임 $\{K_n : n = 1, 2, \dots\}$ 으로 분할하고, 각 $n = 1, 2, \dots$ 에 대하여 $E_n = E \cap K_n$ 이라 두자. 그러면 $\mu(E_n) < \infty$ 이므로, 다음

$$U_n \supset E_n, \qquad \mu(U_n) < \mu(E_n) + \frac{\epsilon}{2^{n+1}}$$

이 성립하는 열린집합 U_n 을 잡을 수 있다. 그런데 $U_n \setminus E_n$ 과 E_n 이 잴수있는 집합이므로, 부등식

$$\mu(U_n \setminus E_n) = \mu(U_n) - \mu(E_n) < \frac{\epsilon}{2^{n+1}}$$

을 얻는다. 이제, $U = \bigcup_{n=1}^{\infty} U_n$ 이라 두면

$$\mu(U \setminus E) \le \sum_{n=1}^{\infty} \mu(U_n \setminus E_n) < \frac{\epsilon}{2}$$

임을 알 수 있다. 방금 증명한 바를 집합 E^c 에 적용하면 $V \supset E^c$ 이고 $\mu(V \setminus E^c) < \frac{\epsilon}{2}$ 를 만족하는 열린집합 V 를 잡을 수 있으므로, 집합 U 와 V^c 가 (나) 에서 원하는 성질을 만족한다.

이제, (나) 를 가정하면 각 $n = 1, 2, \dots$ 에 대하여 다음

$$F_n \subset E \subset U_n, \qquad \mu(U_n \setminus F_n) < \frac{1}{n}$$

을 만족하는 열린집합 U_n 과 닫힌집합 F_n 을 잡을 수 있다. 그러면 $A = \bigcap_n U_n$ 과 $B = \bigcup_n F_n$ 이 $B \subset E \subset A$ 를 만족하는 G_δ–집합과 F_σ–집합이 되며, 임의의 $n = 1, 2, \dots$ 에 대하여

$$\mu(A \setminus B) \le \mu(U_n \setminus B_n) < \frac{1}{n}$$

이므로 $\mu(A \setminus B) = 0$ 임을 알 수 있다. 끝으로 (다) 를 가정하면 $E = B \cup (E \setminus B)$ 로 쓸 수 있는데, 정리 1.1.3 (마) 에 의하여 $E \setminus B \in \mathfrak{M}$ 이므로 $E \in \mathfrak{M}$ 임을 알 수 있다. □

따름정리 1.1.7. 임의의 잴수있는 집합 $E \subset \mathbb{R}$에 대하여 등식

$$\mu(E) = \sup\{\mu(K) : K \subset E,\ K \text{ 는 닫힌유계집합}\}$$

이 성립한다.

연습문제 1.1.6. 따름정리 1.1.7 을 증명하여라.

보기 2. (칸토르[8]) 구간 $I = [0,1]$ 의 부분집합을 다음과 같이 정의하자. 우선 구간 I 를 삼등분하여 가운데 열린구간 J_1 을 들어내자. 즉, $C_1 = I \setminus J_1 = I \setminus \left(\dfrac{1}{3}, \dfrac{2}{3}\right)$ 이라 두고, C_1 의 두 구간 $\left[0, \dfrac{1}{3}\right]$ 과 $\left[\dfrac{1}{3}, \dfrac{2}{3}\right]$ 에 대하여도 똑같은 일을 되풀이한다. 즉,

$$C_2 = C_1 \setminus J_2 = \left[0, \frac{1}{9}\right] \bigcup \left[\frac{2}{9}, \frac{1}{3}\right] \bigcup \left[\frac{2}{3}, \frac{7}{9}\right] \bigcup \left[\frac{8}{9}, 1\right]$$

로 정의하고, C_2 의 네 구간에 대하여 같은 작업을 반복하여 C_3 를 얻는다. 이렇게 하여 얻은 닫힌집합열 $\langle C_n \rangle$ 들의 교집합을 $C = \bigcap C_n$ 이라 두고 이를 칸토르집합이라 한다. 이제, $\mu(C)$ 의 값을 구하려면 들어낸 열린구간들의 길이를 생각하면 되는데 이를 모두 합하면

$$\frac{1}{3} + \frac{2}{9} + \frac{4}{27} + \cdots = 1$$

이 되어서 $\mu(C) = 0$ 임을 알 수 있다. □

(8) Georg Cantor (1845~1918), 독일 수학자. 베를린에서 공부한 뒤 Halle 에서 활동하였다. 삼각급수를 연구하는 과정에서 집합론을 창시하였다. 다음은 그의 업적을 소개한 책이다: J. W. Dauben, *Georg Cantor. His Mathematics and Philosophy of the Infinity*, Harvard University Press, 1979.

연습문제 1.1.7. 정의 (1) 을 이용하여 $\mu(C) = 0$ 임을 보여라.

연습문제 1.1.8. 칸토르집합을 구성할 때, n 번째 단계에서 들어내는 구간의 길이를 $\frac{\alpha}{3^n}$ 로 하였을 때 (단, $0 < \alpha < 1$), 남는 부분 D 의 측도를 구하여라.

함수 $\mu : \mathcal{P}(\mathbb{R}) \to [0, \infty]$ 를 $\mathfrak{M}$ 에 제한했을 때 이를 $m : \mathfrak{M} \to [0, \infty]$ 이라 쓰자. 일반적으로, 임의의 집합 X 의 멱집합의 부분집합 $\mathfrak{S}$ 가 정리 1.1.3 의 조건 (가) ~ (라) 를 만족하면, 이를 σ–대수라 부른다. 또한, X 의 σ–대수 $\mathfrak{S}$ 가 주어지고 함수 $\mu : \mathfrak{S} \to [0, \infty]$ 가 조건 (3) 을 만족하면, $(\mathfrak{S}, \mu)$ 를 X 의 측도라 하고, $\mathfrak{S}$ 의 원들을 잴수있는 집합이라 부른다. 따라서 $(\mathfrak{M}, m)$ 은 $\mathbb{R}$ 의 측도인데, 이를 르벡(9)측도라 한다.

보기 3. 집합 $E \subseteq \mathbb{N}$ 에 대하여 $c(E)$ 를 E 의 개수로 두면 $(\mathcal{P}(\mathbb{N}), c)$ 는 $\mathbb{N}$ 의 측도이다. □

보기 4. 집합 X 의 한 점 $x \in X$ 를 고정하고, 임의의 집합 $A \subset X$ 에 대하여

$$\delta_x(A) = \begin{cases} 1, & x \in A, \\ 0, & x \notin A \end{cases}$$

라 정의하면 $(\mathcal{P}(X), \delta_x)$ 는 X 의 측도가 되는데, 이렇게 정의된 측도를 디락(10)측도라 부른다. □

1.2 잴수있는 함수와 적분

앞으로 확장실수체 $\mathbb{R}^* = \mathbb{R} \cup \{\pm\infty\}$ 를 사용하는데, 그 연산은 당연한 방법으로 정의하되 $0 \cdot \infty = 0$ 으로 정의하고 $\infty - \infty$ 등은 정의하지 않는다.

---

(9) Henri Léon Lebesgue (1875~1941), 프랑스 수학자. École Normale Supérieure 에서 공부하고 Sorbonne, Collège de France 등에서 활동하였다.

(10) Paul Adrien Maurice Dirac (1902~1984), 영국 이론물리학자. 주로 Cambridge 에서 공부하고 활동하였다.

잴수있는 집합 $E \subseteq \mathbb{R}$ 에서 정의된 함수 $f : E \to \mathbb{R}^*$ 이 다음 조건

$$a \in \mathbb{R} \implies \{x \in E : f(x) > a\} \in \mathfrak{M}$$

을 만족하면, 이를 **잴수있는 함수**라 한다. 집합 $A \subseteq \mathbb{R}$ 에 대하여, 그 **특성함수** $\chi_A : \mathbb{R} \to \mathbb{R}$ 를

$$\chi_A(x) = \begin{cases} 1, & x \in A, \\ 0, & x \notin A \end{cases}$$

로 정의하자. 그러면, 집합 A 가 잴수있을 필요충분조건은 χ_A 가 잴수있는 함수임이다.

명제 1.2.1. 잴수있는 집합 E 에서 정의된 함수 $f : E \to \mathbb{R}^*$ 에 대하여 다음은 동치이다.

(가) 함수 f 는 잴수있는 함수이다.
(나) 임의의 $a \in \mathbb{R}$ 에 대하여 $\{x \in E : f(x) \geq a\} \in \mathfrak{M}$ 이다.
(다) 임의의 $a \in \mathbb{R}$ 에 대하여 $\{x \in E : f(x) < a\} \in \mathfrak{M}$ 이다.
(라) 임의의 $a \in \mathbb{R}$ 에 대하여 $\{x \in E : f(x) \leq a\} \in \mathfrak{M}$ 이다.

증명: 정리 1.1.3 (나) 에 의하여 (가) $\iff$ (라) 및 (나) $\iff$ (다) 는 자명하다. 또한, 다음 관계

$$\{x \in E : f(x) \geq a\} = \bigcap_{n=1}^{\infty} \left\{x \in E : f(x) > a - \frac{1}{n}\right\}$$
$$\{x \in E : f(x) > a\} = \bigcup_{n=1}^{\infty} \left\{x \in E : f(x) \geq a + \frac{1}{n}\right\}$$

와 정리 1.1.3 (라) 에 의하여, (가) $\iff$ (나) 가 증명된다. □

따름정리 1.2.2. 함수 $f : E \to \mathbb{R}^*$ 이 잴수있으면, 임의의 $a \in \mathbb{R}^*$ 에 대하여 집합 $\{x \in E : f(x) = a\}$ 는 잴수있다.

잴수있는 함수는 이제까지 배운 연속, 미분가능, 리만적분가능 등 어느 것보다도 포괄적인 개념일 뿐 아니라, 우리가 생각할 수 있는 거의 모든 함수연산에 대하여 닫혀있다.

명제 1.2.3. 잴수있는 집합 E에서 $\mathbb{R}^*$로 가는 함수들에 대하여 다음이 성립한다.

(가) 연속함수 $f: E \to \mathbb{R}$은 잴수있다.

(나) 만일 f, g가 잴수있고 $\alpha \in \mathbb{R}$이면 $f+g, fg, \alpha f$도 잴수있다.

(다) 각 $n = 1, 2, \ldots$에 대하여 f_n이 잴수있으면 함수 $x \mapsto \inf_n f_n(x)$와 $x \mapsto \sup_n f_n(x)$도 잴수있다.

(라) 각 $n = 1, 2, \ldots$에 대하여 함수 f_n이 잴수있으면 점별극한함수 $\limsup_n f_n$, $\liminf_n f_n$, $\lim_n f_n$도 잴수있다.

(마) 함수 $f: E \to \mathbb{R}^*$이 잴수있고 $g: \mathbb{R} \to \mathbb{R}$이 연속이면 그 합성함수 $g \circ f$도 잴수있다. 여기서, $f(x) = \pm\infty$인 $x \in E$에 대해서는 $(g \circ f)(x) = \pm\infty$로 정의한다.

증명: 함수 $f: E \to \mathbb{R}$가 연속일 때, (a, ∞)가 열린집합이므로 집합 $f^{-1}(a, \infty) \subseteq E$가 E 안에서 열린집합임을 알 수 있다. 그러므로, $f^{-1}(a, \infty) = E \cap U$를 만족하는 열린집합 $U \subseteq \mathbb{R}$을 잡을 수 있는데, 정리 1.1.3에 의하여 $E \cap U$는 잴수있는 집합이다.

이제, f, g가 잴수있는 함수이고 $\alpha \in \mathbb{R}$이라 하자. 유리수의 조밀성을 이용하면, 임의의 실수 $a \in \mathbb{R}$에 대하여 다음 관계

$$\{x : f(x) + g(x) < a\} = \bigcup_{r \in \mathbb{Q}} [\{x : f(x) < r\} \cap \{x : g(x) < a - r\}]$$

가 성립함을 쉽게 알 수 있으므로, $f + g$는 잴수있다. 또한 $\alpha > 0$이면

$$\left\{x : \alpha f(x) < a\right\} = \left\{x : f(x) < \frac{a}{\alpha}\right\}, \qquad a \in \mathbb{R}$$

이므로 αf도 잴수있다. 물론 $\alpha < 0$인 경우도 마찬가지로 증명되고, $\alpha = 0$이면 자명하다. 관계식 $fg = \dfrac{1}{2}((f+g)^2 - f^2 - g^2)$을 이용하면,

fg 가 잴수있음을 증명하기 위하여 f^2 이 잴수있음을 보이면 충분함을 알 수 있다. 그런데 $a > 0$ 일 때

$$\{x : f(x)^2 < a\} = \{x : -\sqrt{a} < f(x) < \sqrt{a}\}$$

이고, $a \le 0$ 이면 $\{x : f(x)^2 < a\} = \emptyset$ 이므로 f^2 은 잴수있는 함수이다.

각 $n = 1, 2, \ldots$ 에 대하여 f_n 이 잴수있으면

$$\{x : \sup_n f_n(x) > a\} = \bigcup_{n=1}^{\infty} \{x : f_n(x) > a\}$$

이므로 $\sup_n f_n$ 이 잴수있고, 마찬가지로 $\inf_n f_n$ 도 잴수있다. 마지막으로, (라) 는 상극한과 하극한의 정의 및 (다) 에 의하여 자명하고, (마) 는 잴수있는 함수의 정의와 연속함수의 성질에 의하여 증명된다. □

연습문제 1.2.1. 명제 1.2.3 (마) 를 증명하여라.

잴수있는 함수 $f : E \to \mathbb{R}$ 의 치역이 유한집합이면, 이를 단순함수라 한다. 치역이 $\{c_1, \ldots, c_n\}$ 인 단순함수 $s : E \to \mathbb{R}$ 가 있을 때, 각 $i = 1, 2, \ldots, n$ 에 대하여 $E_i = \{x \in E : s(x) = c_i\}$ 라 두면 $\{E_i\}$ 는 서로소이고, s 는 다음

$$s = \sum_{i=1}^{n} c_i \chi_{E_i} \tag{6}$$

과 같이 잴수있는 특성함수들의 선형결합으로 표시할 수 있다. 이제 (6) 에 의하여 정의된 단순함수가 $s \ge 0$ 일 때, 그 적분을

$$\int_E s = \sum_{i=1}^{n} c_i m(E_i) \tag{7}$$

라 정의한다. 우선 두 단순함수 $s, t \ge 0$ 와 상수 $c \ge 0$ 에 대하여 등식

$$\begin{gathered} \int_E (s+t) = \int_E s + \int_E t \\ \int_E (cs) = c \int_E s \end{gathered} \tag{8}$$

및 부등식

$$s \le t \Longrightarrow \int_E s \le \int_E t \tag{9}$$

이 성립함을 바로 확인할 수 있다. 예로서 (8) 의 첫째 등식을 증명하여 보자. 우선 (6) 에서 $\{c_i\}$ 중에 중복되는 수가 있더라도 $\{E_i\}$ 가 서로소이면 정의 (7) 의 값은 변하지 않는다는 것을 금방 알 수 있다. 만일 $t = \sum_{j=1}^m d_j\chi_{F_j}$ 이면 $s + t = \sum_{i,j}(c_i + d_j)\chi_{E_i\cap F_j}$ 이다. 따라서

$$\begin{aligned}
\int_E (s+t) &= \sum_{i,j}(c_i + d_j)m(E_i \cap F_j) \\
&= \sum_{i=1}^n c_i \sum_{j=1}^m m(E_i \cap F_j) + \sum_{j=1}^m d_j \sum_{i=1}^n m(E_i \cap F_j) \\
&= \sum_{i=1}^n c_i m(E_i) + \sum_{j=1}^m d_j m(F_j) \\
&= \int_E s + \int_E t
\end{aligned}$$

임을 알 수 있다.

연습문제 1.2.2. (8) 의 둘째 등식과 (9) 를 증명하여라.

연습문제 1.2.3. $\sum_{i=1}^n c_i\chi_{E_i} = \sum_{j=1}^m d_j\chi_{F_j}$ 이면 $\sum_{i=1}^n c_i m(E_i) = \sum_{j=1}^m d_j m(F_j)$ 임을 보여라.

이제, 잴수있는 함수 $f : E \to [0, +\infty]$ 의 적분을

$$\int_E f = \sup\left\{\int_E s \,:\, 0 \le s \le f,\ s \text{는 단순함수}\right\} \tag{10}$$

로 정의한다. 이 정의에서 적분값은 ∞ 가 될 수도 있다. 예로서 집합 $\{x : f(x) = +\infty\}$ 의 측도가 양수이면, 그 적분값이 ∞ 임은 자명하다. 단순함수 s 에 대하여 두 정의 (7) 과 (10) 의 적분값이 일치함은 명백

하다. 정의 (10) 과 같이 정의하였을 때, (8) 의 첫째 등식을 증명하는 것은 그렇게 쉽지 않다. 다음절에서 적분의 수렴정리를 먼저 증명하고 이를 이용하여 등식 (8) 을 보이게 된다. 다만 (9) 를 이용하여 마찬가지 부등식

$$0 \le g \le f \Longrightarrow 0 \le \int g \le \int f \tag{11}$$

이 성립함은 쉽게 확인할 수 있다. 다음 정리는 정의 (10) 이 그럴 듯함을 말해 주는데, 구체적으로 말하여, y 축을 유한개의 부분구간으로 분할하여 극한을 취함으로써, 잴수있는 함수 f 의 그래프와 x 축 사이의 '면적'을 알아낼 수 있다는 뜻이다.

연습문제 1.2.4. 단순함수 $s : E \to [0, \infty]$ 에 대하여 (7) 과 (10) 의 값이 일치함을 보여라.

연습문제 1.2.5. 부등식 (11) 을 증명하여라.

정리 1.2.4. 임의의 잴수있는 함수 $f : E \to [0, +\infty]$ 는 단조증가하는 단순함수의 점별극한함수로 표시된다.

증명: 각 $n = 1, 2, \ldots$ 와 $i = 1, 2, \ldots, n2^n$ 에 대하여

$$\begin{aligned} A_{ni} &= \left\{ x \in E : \frac{i-1}{2^n} \le f(x) < \frac{i}{2^n} \right\}, \\ B_n &= \{ x \in E : f(x) \ge n \} \end{aligned}$$

라 두고 단순함수 s_n 을

$$s_n = \sum_{i=1}^{n2^n} \frac{i-1}{2^n} \chi_{A_{ni}} + n\chi_{B_n}, \qquad n = 1, 2, \ldots$$

로 정의하자. 그러면 함수열 $\langle s_n \rangle$ 은 단조증가하고, 각 $x \in E$ 에 대하여 $\lim_n s_n(x) = f(x)$ 임을 바로 확인할 수 있다. □

따름정리 1.2.5. 임의의 잴수있는 함수 $f : E \to [0, +\infty]$ 는, 적절한 양수열 $\langle c_n \rangle$ 과 잴수있는 집합열 $\langle E_n \rangle$ 에 대하여 $f = \sum_{n=1}^{\infty} c_n \chi_{E_n}$ 로 표시된다.

연습문제 1.2.6. 정리 1.2.4 의 증명을 마무리하고 따름정리 1.2.5 를 증명하여라.

함수 $f : X \to \mathbb{R}^*$ 에 대하여

$$f_+(x) = \max\{f(x), 0\}, \quad f_-(x) = -\min\{f(x), 0\}, \qquad x \in X$$

라 두면 $f_+, f_- \geq 0$ 이고 $f = f_+ - f_-$ 이다. 만일 함수 $f : E \to \mathbb{R}^*$ 가 잴수있으면 명제 1.2.3 (다) 에 의하여 f_+ 와 f_- 도 잴수있다. 이제, 함수 f 의 적분을

$$\int_E f = \int_E f_+ - \int_E f_- \tag{12}$$

라 정의한다. 만일 함수 f_+ 와 f_- 의 적분값이 모두 무한이면 f 의 적분은 정의하지 않는다. 함수 f_+ 와 f_- 의 적분값이 모두 유한일 때, 함수 f 를 르벡적분가능한 함수, 혹은 L^1–함수라 부른다. 또한, 잴수있는 집합 E 위에서 정의된 르벡적분가능함수 전체의 집합을 $L^1(E)$ 라 쓴다. 만일 $f \leq g$ 이면 $f_+ \leq g_+$, $f_- \geq g_-$ 이므로, (11) 에 의하여

$$\int_E f = \int_E f_+ - \int_E f_- \leq \int_E g_+ - \int_E g_- = \int_E g \tag{13}$$

임을 알 수 있다. 만일 $m(E) = 0$ 이면, 정리 1.1.3 (마) 에 의하여 임의의 함수 $f : E \to \mathbb{R}^*$ 가 잴수있고, $\int_E f = 0$ 이다.

보기 1. 각 $n = 1, 2, \ldots$ 와 $x \in [n, n+1)$ 에 대하여 $f(x) = (-1)^{n-1}\frac{1}{n}$ 이라 정의하자. 그러면 등식 $\sum_{n=1}^{\infty}(-1)^{n-1}\frac{1}{n} = \log 2$ 를 이용하여

$$\lim_{A \to \infty} \int_1^A f(x)dx = \log 2$$

임을 쉽게 확인할 수 있다. 여기서 적분은 물론 리만적분이다. 이제

$$s_n = \sum_{i=1}^{n} \frac{1}{2i-1} \chi_{[2i-1,2i)}, \qquad n = 1, 2, \ldots$$

라 두면, $s_n \le f_+$ 이고 $\int_{[1,\infty)} s_n = \sum_{i=1}^{n} \frac{1}{2i-1}$ 이므로, 적분값 $\int_{[1,\infty)} f_+$ 는 무한이다. 따라서, 함수 $f : [1, \infty) \to \mathbb{R}$ 은 르벡적분가능하지 않다. 물론 f 는 잴수있는 함수이다. □

다음 정리는 적분이 갖추어야 할 핵심 성질인데 그 응용범위가 매우 넓다.

정리 1.2.6. 서로소인 잴수있는 집합모임 $\{A_n : n = 1, 2, \ldots\}$에 대하여 $A = \bigsqcup_{n=1}^{\infty} A_n$ 이라 하자. 그러면 임의의 잴수있는 함수 $f : A \to [0, \infty]$ 에 대하여 등식

$$\int_A f = \sum_{n=1}^{\infty} \int_{A_n} f \tag{14}$$

이 성립한다.

증명: 만일 f 가 특성함수이면 정리 1.1.4 로부터 바로 증명되고, 이를 이용하면 f 가 단순함수일 때에도 쉽게 보일 수 있다. 따라서, $0 \le s \le f$ 를 만족하는 임의의 단순함수 s 에 대하여

$$\int_A s = \sum_{n=1}^{\infty} \int_{A_n} s \le \sum_{n=1}^{\infty} \int_{A_n} f$$

임을 알 수 있다. 그러므로 $\int_A f \le \sum_{n=1}^{\infty} \int_{A_n} f$ 가 성립한다. 만일 (14) 의 오른쪽 어느 한 항이 무한이면 증명할 것이 없으므로 각 항이 모두 유한이라 하자. 이제 자연수 n 을 고정하고, 임의의 양수 $\epsilon > 0$ 을 잡자. 그러면, 각 $i = 1, 2, \ldots, n$ 에 대하여

$$0 \le s_i \le f, \qquad \int_{A_i} f < \int_{A_i} s_i + \frac{\epsilon}{n}$$

을 만족하는 단순함수 $s_i : A_i \to [0,\infty]$ 를 잡을 수 있다. 이제

$$s(x) = \begin{cases} s_i(x), & x \in A_i, \ \ 1 \le i \le n, \\ 0, & x \in A_i, \ \ i \ge n+1 \end{cases}$$

이라 두면, $s : A \to [0,\infty]$ 는 단순함수이고,

$$0 \le s \le f, \qquad \int_{A_i} f \le \int_{A_i} s + \frac{\epsilon}{n}, \qquad i = 1, 2, \dots, n$$

이 성립한다. 만일 $B_n = \bigsqcup_{i=1}^n A_i$ 로 표시하면

$$\sum_{i=1}^n \int_{A_i} f < \sum_{i=1}^n \int_{A_i} s + \epsilon = \int_{B_n} s + \epsilon \le \int_A s + \epsilon \le \int_A f + \epsilon$$

이다. 이 부등식이 임의의 자연수 n 과 양수 $\epsilon > 0$ 에 대하여 성립하므로 증명이 끝났다. □

연습문제 1.2.7. 단순함수 $f \ge 0$ 에 대하여 등식 (14) 를 증명하여라.

만일 $\mathbb{R}$ 에서 정의된 잴수있는 함수 f 가 $f \ge 0$ 일 때,

$$\mu(E) = \int_E f, \qquad E \in \mathfrak{M}$$

라 정의하면 $(\mathfrak{M}, \mu)$ 는 $\mathbb{R}$ 의 측도가 됨을 알 수 있다.

따름정리 1.2.7. 잴수있는 함수 f 에 대하여 $f \in L^1(E)$ 일 필요충분조건은 $|f| \in L^1(E)$ 이고, 이 때 부등식

$$\left| \int_E f \right| \le \int_E |f| \tag{15}$$

이 성립한다.

증명: 만일 $A = \{x \in E : f(x) \ge 0\}$, $B = \{x \in E : f(x) < 0\}$ 로 두면 $E = A \sqcup B$ 이다. 이제, $f \in L^1(E)$ 이면

$$\int_E |f| = \int_A |f| + \int_B |f| = \int_A f_+ + \int_B f_-$$

가 유한값이므로 $|f| \in L^1(E)$ 이다. 한편 (11) 에 의하여

$$\int_E f = \int_E f_+ - \int_E f_- \le \int_E f_+ \le \int_E |f|,$$
$$-\int_E f = \int_E f_- - \int_E f_+ \le \int_E f_- \le \int_E |f|$$

이 되고, 원하는 부등식을 얻는다. 또한, $0 \le f_+ \le |f|$ 이고 $0 \le f_- \le |f|$ 이므로, $|f|$ 의 적분값이 유한이면 f_+ 와 f_- 의 적분값도 유한이고, 따라서 $f \in L^1(E)$ 이다. □

일반적으로 $|f| = f_+ + f_-$ 이므로, 명제 1.2.3 의 (나) 와 (다) 에 의하여 f 가 잴수있으면 $|f|$ 도 잴수있음을 알 수 있다. 그러나, 잴수없는 집합 S 에 대하여 함수 $f = \chi_S - \chi_{S^c}$ 를 생각하면 $|f|$ 가 잴수있는 함수라도 f 가 잴수있는 함수라는 보장이 없음을 알 수 있다.

잴수있는 집합 E 의 각 점 $x \in E$ 에 관한 명제 $P(x)$ 가 있을 때,

$$m(\{x \in E : P(x) \text{ 가 성립하지 않는다 }\}) = 0$$

이면 거의 모든 점에서 $P(x)$ 가 성립한다고 한다. 르벡적분에 관한 한, 측도가 0 인 집합은 별 역할을 하지 못하므로, 이 개념은 경우에 따라서 매우 중요한 역할을 한다. 만일 거의 모든 점에서 $f = g$ 이면, 지금까지 우리가 규정한 여러 가지 개념들, 예를 들어 잴수있는지 여부, 르벡적분가능성 등이 f, g 에 대하여 같고, 그 적분값도 같다.

명제 1.2.8. 잴수있는 함수 $f : E \to [0, \infty]$ 의 적분값이 유한이면 f 는 거의 모든 점에서 유한값을 가진다.

연습문제 1.2.8. 두 함수 $f, g : E \to \mathbb{R}^*$ 가 거의 모든 점에서 일치한다고 가정하자. 만일 f 가 잴수있으면 g 도 잴수있음을 보여라. 또한, g 가 적분가능하면 f 도 적분가능하며 $\int_E f = \int_E g$ 임을 보여라. 또한, 명제 1.2.8 을 증명하여라.

이제, 잴수있는 집합 E에서 정의된 복소함수 $f: E \to \mathbb{C}$의 적분을 정의하자. 우선 함수 $f = u + iv$의 실수부를 u, 허수부를 v라 할 때, u와 v가 잴수있으면 f가 잴수있다고 한다. 이러면, $|f| = \sqrt{u^2 + v^2}$이므로 명제 1.2.3 (나), (마)에 의하여 $|f|$는 물론 잴수있는 함수가 된다. 만일 $\int_E |f|$가 유한값이면 f를 르벡적분가능함수라 부르는데, 따름정리 1.2.7에 의하여 이 정의는 기존의 정의와 상충하지 않는다. 특히 $f: E \to \mathbb{R}^*$가 적분가능하면 명제 1.2.8에 의하여 $f: E \to \mathbb{R}$이라 생각해도 된다. 만일 $f = u+iv$가 르벡적분가능하면 $|u| \le |f|$, $|v| \le |f|$이므로 $u, v \in L^1(E)$이다. 이제 복소함수의 적분을

$$\int_E (u + iv) = \int_E u + i \int_E v \tag{16}$$

로 정의한다. 앞으로 $L^1(E)$는 E에서 $\mathbb{C}$로 가는 르벡적분가능함수 전체의 집합을 나타낸다. 그러면 부등식 $|f+g| \le |f| + |g|$와 등식 $|\alpha f| = |\alpha||f|$에 의하여 $L^1(E)$가 벡터공간임을 알 수 있다. 한편, (8)의 둘째 등식과 정의 (10), (12) 및 (16)에 의하여 등식

$$\int_E (\alpha f) = \alpha \int_E f, \qquad f \in L^1(E),\ \alpha \in \mathbb{C}$$

이 성립함을 바로 확인할 수 있다. 또한, 임의의 $f \in L^1(E)$에 대하여 부등식 (15)가 성립한다. 이를 보이기 위하여 적분값을 극형식분해하여 $\int_E f = re^{i\theta}$라 쓰자. 만일 함수 $e^{-i\theta} f$의 실부분을 u라 두면 $u \le |e^{-i\theta} f| = |f|$이므로, 부등식 (13)을 적용하여

$$\left| \int_E f \right| = e^{-i\theta} \int_E f = \int_E e^{-i\theta} f = \int_E u \le \int_E |f| \tag{17}$$

를 얻는다. 다음 따름정리는 정리 1.2.6과 정의 (16)에서 바로 나온다.

따름정리 1.2.9. 서로소인 잴수있는 집합모임 $\{A_n : n = 1, 2, \dots\}$에 대하여 $A = \bigsqcup_{n=1}^{\infty} A_n$이라 하자. 그러면 임의의 $f \in L^1(A)$에 대하여 등식 (14)가 성립한다.

다음 두 명제는 주어진 두 함수가 거의 모든 점에서 일치한다는 것을 보이려고 할 때 유용하게 쓰인다.

명제 1.2.10. 잴수있는 집합 E에서 정의된 잴수있는 함수 f에 대하여 다음이 성립한다.

(가) 만일 $f \geq 0$이고 $\int_E f = 0$이면 거의 모든 점에서 $f = 0$이다.

(나) 만일 $f \in L^1(E)$이고 임의의 잴수있는 집합 $D \subset E$에 대하여 $\int_D f = 0$이면 거의 모든 점에서 $f = 0$이다.

증명: 먼저 $f \geq 0$이고 $\int_E f = 0$이라 가정하자. 각 $n = 1, 2, \ldots$에 대하여 $E_n = \left\{x \in E : f(x) > \frac{1}{n}\right\}$이라 두면

$$0 \leq \frac{1}{n}\mu(E_n) \leq \int_{E_n} f \leq \int_E f = 0$$

이 된다. 따라서 $\mu(\{x : f(x) > 0\}) \leq \sum_n \mu(E_n) = 0$을 얻는다.

이제, (나)를 보이기 위하여 $D = \{x \in D : \mathrm{Re}\, f(x) \geq 0\}$이라 두자. 그러면 가정에 의하여

$$\int_D (\mathrm{Re}\, f)_+ = \mathrm{Re}\left(\int_D f\right) = 0$$

이 되고, (가)에 의하여 거의 모든 점에서 $(\mathrm{Re}\, f)_+ = 0$이다. 마찬가지로 $(\mathrm{Re}\, f)_- = 0$이 거의 모든 점에서 성립하여 $\mathrm{Re}\, f = 0$이 거의 모든 점에서 성립함을 알 수 있고, f의 허수부분도 물론 마찬가지이다. □

명제 1.2.11. 구간 $[a, b]$ 위에서 함수 $f : [a, b] \to \mathbb{R}$가 잴수있고, 모든 점 x에 대하여 등식 $\int_{[a,x]} f = 0$이 성립하면, 거의 모든 점에서 $f = 0$이다.

증명: 만일 집합 $E = \{x \in [a,b] : f(x) > 0\}$ 의 측도가 0 보다 크다고 가정하면, 명제 1.1.6 (나) 에 의하여 $\mu(F) > 0$ 이고 $F \subset E$ 인 닫힌집합 F 가 존재한다. 열린집합 $U = (a,b) \setminus F$ 를 서로소인 열린구간들의 합집합 $U = \bigsqcup_n (a_n, b_n)$ 로 나타내자. 그러면

$$\int_U f = \sum_{n=1}^{\infty} \int_{(a_n,b_n)} f = \sum_{n=1}^{\infty} \left(\int_{[a,b_n]} f - \int_{[a,a_n]} - \int_{\{b_n\}} f \right) = 0$$

이고, 따라서 $\int_F f = \int_{[a,b]} f - \int_U f = 0$ 이다. 명제 1.2.10 (가) 에 의하여 F 의 거의 모든 점에서 $f = 0$ 이므로 $\mu(F) = 0$ 이 되어 모순이다. 따라서 $\mu(E) = 0$ 이고, 마찬가지로 $\mu\{x : f(x) < 0\} = 0$ 이다. □

1.3 적분의 수렴정리

이 절에서는 언제 점별극한과 적분의 순서를 바꿀 수 있는지 살펴보는데, 우선 함수열 $\langle f_n \rangle$ 이 단조증가하며 각 $n = 1, 2, \ldots$ 에 대하여 $f_n \geq 0$ 이면 된다는 것을 보이려 한다. 이를 이용하면 벡터공간 $L^1(E)$ 에서 정의된 함수

$$f \mapsto \int_E f : L^1(E) \to \mathbb{C}$$

가 선형임을 쉽게 보일 수 있다.

정리 1.3.1. (단조수렴정리) 잴수있는 집합 E 에서 $\mathbb{R}^*$ 로 가는 잴수있는 함수열 $\langle f_n \rangle$ 이 다음 조건

$$0 \leq f_n \leq f_{n+1}, \qquad n = 1, 2, \ldots$$

을 만족한다고 하자. 만일 각 $x \in E$ 에 대하여 $f(x) = \lim_n f_n(x)$ 이면,

$$\int_E f = \lim_{n \to \infty} \int_E f_n$$

이 성립한다.

증명: 부등식 (11) 에 의하여 $\left\langle \int_E f_n \right\rangle$ 은 단조증가수열이므로 그 극한 $\alpha \in \mathbb{R}^*$ 가 존재하며, 또한 각 $n = 1, 2, \ldots$ 에 대하여 $f_n \le f$ 이므로 $\alpha \le \int_E f$ 이다.

열린구간 $(0,1)$ 안의 상수 c 및 $0 \le s \le f$ 인 단순함수 s 에 대하여

$$E_n = \{x \in E : f_n(x) \ge cs(x)\}, \qquad n = 1, 2, \ldots$$

라 두자. 가정에 의하여

$$E_n \subseteq E_{n+1}, \quad n = 1, 2, \ldots, \qquad E = \bigcup_{n=1}^{\infty} E_n$$

가 성립함을 바로 확인할 수 있고, 따라서 (8) 에 의하여

$$\alpha \ge \int_E f_n \ge \int_{E_n} f_n \ge \int_{E_n} cs = c\int_{E_n} s, \quad n = 1, 2, \ldots \tag{18}$$

이다. 이제 각 $n = 1, 2, \ldots$ 에 대하여 $F_n = E_n \setminus E_{n-1}$ (단, $E_0 = \emptyset$) 라 놓으면, 정리 1.2.6 에 의하여

$$\lim_{n\to\infty} \int_{E_n} s = \lim_{n\to\infty} \sum_{i=1}^{n} \int_{F_i} s = \sum_{i=1}^{\infty} \int_{F_i} s = \int_E s$$

이므로, (18) 에 의하여 $\alpha \ge c\int_E s$ 임을 알 수 있다. 이 부등식이 임의의 $c \in (0,1)$ 에 대하여 성립하므로 $\alpha \ge \int_E s$ 이고, 정의 (10) 에 의하여 $\alpha \ge \int_E f$ 가 증명된다. □

연습문제 1.3.1. 잴수있는 집합 E 에서 정의된 잴수있는 단조감소함수열 $\langle f_n \rangle$ 이 각 $n = 1, 2, \ldots$ 에 대하여 $f_n \ge 0$ 이고 $f_1 \in L^1(E)$ 일 때, 수렴정리가 성립함을 보여라. 만일 조건 $f_1 \in L^1(E)$ 이 없으면 어떻게 되는가?

정리 1.3.2. 잴수있는 집합 E 에서 정의된 잴수있는 함수 f, g 에 대하여 다음이 성립한다.

(가) 만일 $f, g \in L^1(E)$ 이면 $f + g \in L^1(E)$ 이다. 또한 $f, g \geq 0$ 이거나 $f, g \in L^1(E)$ 이면 등식

$$\int_E (f+g) = \int_E f + \int_E g \tag{19}$$

이 성립한다.

(나) 만일 $f \in L^1(E)$ 이고 $\alpha \in \mathbb{C}$ 이면, $\alpha f \in L^1(E)$ 이고 등식

$$\int_E (\alpha f) = \alpha \int_E f \tag{20}$$

이 성립한다.

증명: 명제 (가) 의 첫 부분 및 명제 (나) 는 앞 절에서 이미 언급하였다. 등식 (19) 는 우선 $f, g \geq 0$ 일 때 증명하자. 이 경우, 정리 1.2.4 를 적용하여 $\lim_n s_n(x) = f(x)$, $\lim_n t_n(x) = g(x)$ 가 되며 단조증가하는 단순함수열 $\langle s_n \rangle$ 과 $\langle t_n \rangle$ 을 잡을 수 있다. 이제, 각 $n = 1, 2, \ldots$ 에 대하여 $r_n = s_n + t_n$ 이라 두면 r_n 또한 단순함수이고 (8) 에 의하여

$$\int_E r_n = \int_E s_n + \int_E t_n$$

이 되므로, 극한 $n \to \infty$ 를 취하면 단조수렴정리에 의하여 등식 (19) 를 얻는다. 이제 $f, g : E \to \mathbb{R}^*$ 인 경우 등식을 증명하자. 우선,

$$(f+g)_+ - (f+g)_- = f + g = f_+ - f_- + g_+ - g_-$$

이므로 $(f+g)_+ + f_- + g_- = (f+g)_- + f_+ + g_+$ 가 된다. 방금 증명한 바에 의하여

$$\int_E (f+g)_+ + \int_E f_- + \int_E g_- = \int_E (f+g)_- + \int_E f_+ + \int_E g_+$$

가 되고, 이에 의하여 등식 (19) 가 증명된다. 끝으로, $f : E \to \mathbb{C}$ 인 경우 정의 (16) 을 적용하면 된다. □

따름정리 1.3.3. 잴수있는 집합 E에서 $[0,+\infty]$로 가는 잴수있는 함수열 $\langle f_n\rangle$에 대하여 $f(x)=\sum_{n=1}^{\infty} f_n(x)$라 정의하면, 등식

$$\int_E f = \sum_{n=1}^{\infty} \int_E f_n$$

이 성립한다.

이제 단조수렴정리와 다른 형태의 수렴정리들을 더 소개한다.

정리 1.3.4. (파투(11)) 잴수있는 집합 E에서 $[0,+\infty]$로 가는 잴수있는 함수열 $\langle f_n\rangle$에 대하여, 부등식

$$\int_E \left(\liminf_{n\to\infty} f_n\right) \le \liminf_{n\to\infty} \int_E f_n$$

이 성립한다.

증명: 각 $k=1,2,\ldots$ 에 대하여 $g_k=\inf\{f_i : i\ge k\}$라 두면 $g_k\le f_k$이므로, $\int_E g_k \le \int_E f_k$이다. 이제 $\langle g_k\rangle$는 단조수렴정리의 가정을 만족하고 그 극한이 $\liminf_n f_n$이므로,

$$\int_E \left(\liminf_{n\to\infty} f_n\right) = \int_E \left(\lim_{k\to\infty} g_k\right) = \lim_{k\to\infty}\int_E g_k \le \liminf_{k\to\infty}\int_E f_k$$

가 성립한다. □

연습문제 1.3.2. 파투 정리를 이용하여 단조수렴정리를 증명하여라.

연습문제 1.3.3. 함수열 $\langle f_n\rangle$이 f로 점별수렴할 때, 만일 $f_n, f\in L^1(E)$이고 $\lim_{n\to\infty}\int_E |f_n| = \int_E |f|$이면

$$\lim_{n\to\infty}\int_E |f_n-f| = 0$$

(11) Pierre Joseph Louis Fatou (1878~1929), 프랑스 수학자. École Normale Supérieure에서 공부하고 파리 천문대에서 활동했다.

임을 보여라.

다음 보기에서 보다시피 파투 정리에서 등식이 성립하지 않을 수도 있다. 그러나 원래 함수열 $\langle f_n \rangle$ 이 갖추어야 할 조건이 매우 약하므로 그 응용 범위가 상당히 넓다.

보기 1. 측도가 유한인 잴수있는 집합 E 가 있을 때, n 이 짝수면 $f_n = \chi_E$, n 이 홀수면 $f_n = 1 - \chi_E$ 라 두자. 그러면, $\liminf_n f_n = 0$ 이지만 $\liminf_n \int_{\mathbb{R}} f_n = m(E)$ 이다. □

지금까지 살펴본 단조수렴정리와 파투 정리는 그 치역이 $[0, \infty]$ 인 함수열에 대한 수렴정리이다. 이에 비하여, 다음에 소개하는 르벡 수렴정리는 임의의 복소함수에 대하여 적용할 수 있는 수렴정리인데, 그 핵심 조건은 함수열의 크기가 적분가능함수에 의하여 조절되어야 한다는 것이다.

정리 1.3.5. (르벡 수렴정리) 잴수있는 집합 E 에서 $\mathbb{C}$ 로 가는 잴수있는 함수열 $\langle f_n \rangle$ 이 다음 조건

(가) 각 $n = 1, 2, \ldots$ 에 대하여 $|f_n| \leq g$ 인 $g \in L^1(E)$ 가 존재한다,
(나) 각 $x \in E$ 에 대하여 극한값 $\lim_n f_n(x)$ 가 존재한다

을 만족한다고 하자. 이 때, $f(x) = \lim_n f_n(x)$ 라 두면, $f \in L^1(E)$ 이고 다음 등식

$$\lim_{n\to\infty} \int_E |f_n - f| = 0, \qquad \lim_{n\to\infty} \int_E f_n = \int_E f$$

이 성립한다.

증명: 우선 $|f| \leq g$ 이므로 $f \in L^1(E)$ 이다. 또한 $|f_n - f| \leq 2g$ 이므로 파투 정리에 의하여

$$\int_E (2g) \leq \liminf_{n\to\infty} \int_E (2g - |f_n - f|) = \int_E (2g) - \limsup_{n\to\infty} \int_E |f_n - f|$$

인데 $\int_E (2g)$ 가 유한값이므로

$$0 \leq \liminf_{n\to\infty} \int_E |f_n - f| \leq \limsup_{n\to\infty} \int_E |f_n - f| \leq 0$$

이 되어 첫째 등식이 증명되었다. 둘째 등식은 부등식 (15) 를 쓰면 된다. □

연습문제 1.3.4. 측도값이 유한인 집합 E 에서 정의된 유계함수열 $\langle f_n \rangle$ 이 f 로 고르게 수렴할 때, 수렴정리가 성립함을 보여라.

주어진 함수가 잴수있는지 여부를 따지거나 그 적분값을 구할 때, 측도가 0 인 집합에서는 함수값이 전혀 문제되지 않으므로, L^1-함수를 정의할 때 거의 모든 점에서 함수를 정의하면 된다. 다음 정리는 L^1–함수를 정의하는 주요 방법을 제시하여 준다.

정리 1.3.6. (레비[12]) 잴수있는 집합 E 에서 $\mathbb{C}$ 로 가는 L^1-함수열 $\langle f_n \rangle$ 에 대하여

$$\sum_{n=1}^{\infty} \int_E |f_n| < \infty$$

이라 가정하자. 그러면, 거의 모든 $x \in E$ 에 대하여 급수 $\sum_{n=1}^{\infty} f_n(x)$ 가 절대수렴한다. 또한, 그 극한값을

$$f(x) = \sum_{n=1}^{\infty} f_n(x)$$

라 두면 $f \in L^1(E)$ 이고 그 적분값은

$$\int_E f = \sum_{n=1}^{\infty} \int_E f_n$$

(12) Beppo Levi (1875~1961), 이탈리아 수학자. Torino 에서 공부하고, Parma, Bologna 등지에서 활동하다가 30 년대 말 대학에서 쫓겨난 뒤, 아르헨티나 Rosaroi 에서 죽을 때까지 활동하였다.

로 주어진다.

증명: 우선 $g(x) = \sum_{n=1}^{\infty} |f_n(x)|$ 라 두면, 단조수렴정리에 의하여

$$\int_E g = \sum_{n=1}^{\infty} \int_E |f_n|$$

가 유한값이 되므로, $g \in L^1(E)$ 이다. 따라서, 거의 모든 $x \in E$ 에 대하여 $g(x)$ 는 유한값이고, $\sum_{n=1}^{\infty} f_n(x)$ 또한 거의 모든 점에서 절대수렴한다. 이제,

$$\left| \sum_{n=1}^{N} f_n(x) \right| \le \sum_{n=1}^{N} |f_n(x)| \le g(x), \qquad N = 1, 2, \ldots$$

이므로, 르벡 수렴정리에 의하여 $\int_E f = \sum_{n=1}^{\infty} \int_E f_n$ 이 성립한다. □

연습문제 1.3.5. 레비 정리를 이용하여 단조수렴정리를 증명하여라.

보기 2. 르벡적분가능함수 $f \in L^1(\mathbb{R})$ 이 주어져 있을 때, 정리 1.2.6 을 적용하여 계산하면

$$\sum_{n=-\infty}^{\infty} \int_{-\pi}^{\pi} |f(x - 2n\pi)| dx = \sum_{n=-\infty}^{\infty} \int_{2n\pi-\pi}^{2n\pi+\pi} |f(x)| dx = \int_{-\infty}^{\infty} |f(x)| dx < \infty$$

이므로, 레비 정리에 의하여

$$F(x) = \sum_{n=-\infty}^{\infty} f(x - 2n\pi)$$

는 거의 모든 점 $x \in [-\pi, \pi]$ 에 대하여 절대수렴하고 $F \in L^1[-\pi, \pi]$ 임을 알 수 있다. □

르벡 정리는 미분과 적분의 순서를 바꾸는 경우에도 이용된다. 열린구간의 곱 $I \times J$ 위에서 정의된 이변수함수 $f : I \times J \to \mathbb{C}$ 가 주어져

있을 때, 각 $x \in I$ 에 대하여 일변수함수 $y \mapsto f(x, y)$ 가 잴수있는 함수이면 새로운 함수

$$F(x) = \int_J f(x, y)dy, \qquad x \in I$$

를 생각할 수 있는데, $x_0 \in I$ 에서 이 함수의 미분을 생각하여 보자. 이를 위하여 x_0 로 수렴하는 임의의 수열 $\langle x_n \rangle$ 을 $I \setminus \{x_0\}$ 에서 잡으면

$$\frac{F(x_n) - F(x_0)}{x_n - x_0} = \int_J \frac{f(x_n, y) - f(x_0, y)}{x_n - x_0} dy$$

가 된다. 만일 $I \times J$ 의 각 점에서 편미분 $D_1 f$ 가 존재하면, 평균값정리에 의하여

$$\frac{f(x_n, y) - f(x_0, y)}{x_n - x_0} = D_1 f(s_n, y)$$

인 점 $s_n \in I$ 를 잡을 수 있다. 만일 다음 조건

$$|D_1 f(x, y)| \le g(y), \qquad x \in I \tag{21}$$

를 만족하는 함수 $g \in L^1(J)$ 가 있다면 르벡 수렴정리를 적용하여

$$\lim_{n\to\infty} \frac{F(x_n) - F(x_0)}{x_n - x_0} = \int_J \lim_{n\to\infty} \frac{f(x_n, y) - f(x_0, y)}{x_n - x_0} dy = \int_J D_1 f(x_0, y)dy$$

임을 알 수 있다. 그런데, $\langle x_n \rangle$ 이 x_0 로 수렴하는 임의의 수열이므로 다음 명제가 증명된다.

명제 1.3.7. 열린구간 I, J 의 곱집합 $I \times J$ 위에서 정의된 이변수함수 $f : I \times J \to \mathbb{C}$ 가 주어져 있다. 각 $x \in I$ 에 대하여 일변수함수 $y \mapsto f(x, y)$ 가 잴수있는 함수이고, $I \times J$ 위에서 편도함수 $D_1 f$ 가 존재한다고 하자. 만일 조건 (21) 을 만족하는 적분가능함수 $g \in L^1(J)$ 가 존재하면 등식

$$\frac{d}{dx} \int_J f(x, y)dy = \int_J D_1 f(x, y)dy$$

이 성립한다.

지금까지 실수축에 측도를 정의하고 이를 기반으로 적분을 정의하였다. 가장 이상적인 측도라면 당연히 명제 1.1.2 (나), (다) 와 등식 (3) 을 만족해야 할 텐데 이것이 가능하지 않음을 보이려 한다. 이를 보이기 위하여, 두 실수 $x, y \in [0,1)$ 에 대하여 $x-y$ 가 유리수일 때 $x \sim y$ 라 정의하자. 그러면, $\sim$ 이 $[0,1)$ 의 동등관계임을 바로 확인할 수 있고, 따라서 집합 $[0,1)$ 을 동등관계 $\sim$ 에 의하여 분할하고 그 몫집합 $[0,1)/\sim$ 을 생각할 수 있다. 선택공리를 사용하여 $[0,1)/\sim$ 의 각 원에서 실수를 하나씩 선택한 후 이렇게 모인 실수들의 집합을 P 라 두고, 각 유리수 $r \in [0,1) \cap \mathbb{Q}$ 에 대하여

$$P_r = \Big(r + \{ P \cap [0, 1-r) \}\Big) \bigsqcup \Big(r - 1 + \{ P \cap [1-r, 1) \}\Big) \tag{22}$$

라 정의하자.

이제, 집합모임 $\mathfrak{A} = \{P_r : r \in [0,1) \cap \mathbb{Q}\}$ 가 구간 $[0,1)$ 의 분할이 됨을 보이자. 먼저 서로소임을 보이기 위하여, $r \neq s$ 이고 $x \in P_r \cap P_s$ 라 가정하고 편의상 $r < s$ 라 하자. 우선 $x < r$ 인 경우 $x+1-r$ 과 $x+1-s$ 가 모두 P 에 들어가는데 $x+1-r \sim x+1-s$ 이므로 $r = s$ 가 되어서 모순이다. 나머지 $r \le x < s$ 와 $s \le x$ 인 경우도 마찬가지로 모순이 되어서, $\mathfrak{A}$ 는 서로소임을 알 수 있다. 또한, $x \in [0,1)$ 이면 $x \sim y$ 인 $y \in P$ 를 잡을 수 있다. 만일 $x \ge y$ 일 때 $r = x - y$ 라 두고 $x < y$ 일 때 $r = x - y + 1$ 이라 두면, $x \in P_r$ 임을 바로 확인할 수 있다. 따라서, 서로소인 집합모임 $\mathfrak{A}$ 의 합집합이 $[0,1)$ 이 된다.

이제, 함수 $\mu : \mathcal{P}(\mathbb{R}) \to [0, \infty]$ 가 명제 1.1.2 (나), (다) 와 등식 (3) 을 만족한다고 하자. 그러면

$$1 = \mu([0,1)) = \sum_{r \in [0,1) \cap \mathbb{Q}} \mu(P_r)$$

인데, 각 $r \in [0,1) \cap \mathbb{Q}$ 에 대하여

$$\mu(P_r) = \mu(P \cap [0, 1-r)) + \mu(P \cap [1-r, 1)) = \mu(P)$$

이므로 모순을 얻는다. 따라서, 명제 1.1.2 (나), (다) 와 등식 (3) 을 동시에 만족하는 함수 $\mu : \mathcal{P}(\mathbb{R}) \to [0,\infty]$ 는 존재하지 않음을 알수 있다. 또한, 집합 P 가 잴수있다는 것과 P_r 이 잴수있음은 동치이므로, 집합 P 및 P_r 은 잴수없는 집합임을 알 수 있다.(13) 따라서 명제 1.1.3 (마) 에 의하여 $\mu(P_r) > 0$ 이고 (3) 에서 등호가 성립하지 않는 예를 얻는다.

명제 1.3.8. 집합 $E \subset \mathbb{R}$ 의 모든 부분집합이 잴수있으면 $\mu(E) = 0$ 이다.

증명: 두 실수 $x, y \in \mathbb{R}$ 에 대하여 $x - y$ 가 유리수일 때 $x \sim y$ 라 동등관계를 정의하자. 집합 $\mathbb{R}$ 을 동등관계 $\sim$ 에 의하여 분할하고 그 몫집합 $\mathbb{R}/\sim$ 의 각 원에서 실수를 하나씩 선택한 후 이렇게 모인 실수들의 집합을 P 라 두면 집합모임 $\{P + r : r \in \mathbb{Q}\}$ 이 서로소이고 그 합집합이 $\mathbb{R}$ 임을 알 수 있다. 따라서, 정수 $n \in \mathbb{Z}$ 과 유리수 $r \in \mathbb{Q}$ 을 고정하고 $Q = E \cap [n, n+1) \cap (P + r)$ 라 두면, $\{Q + s : s \in \mathbb{Q}\}$ 역시 서로소인 잴수있는 집합모임이고 $\bigsqcup_{s \in \mathbb{Q} \cap [0,1]} (Q + s) \subset [n, n+2]$ 이므로

$$2 \geq \mu\left(\bigsqcup_{s \in \mathbb{Q} \cap [0,1]} (Q + s)\right) = \sum_{s \in \mathbb{Q} \cap [0,1]} \mu(Q + s) = \sum_{s \in \mathbb{Q} \cap [0,1]} \mu(Q)$$

가 된다. 따라서 $\mu(Q) = 0$ 임을 알 수 있고, 각 $n \in \mathbb{Z}$ 에 대하여

$$\begin{aligned}\mu(E \cap [n, n+1)) &= \mu\left(\bigsqcup_{r \in \mathbb{Q}} [E \cap [n, n+1) \cap (P + r)]\right) \\ &= \sum_{r \in \mathbb{Q}} \mu\left(E \cap [n, n+1) \cap (P + r)\right) = 0\end{aligned}$$

이 된다. 따라서, $\mu(E) = \sum_{n \in \mathbb{Z}} \mu(E \cap [n, n+1)) = 0$ 을 얻는다. □

---

(13) 잴수없는 집합을 구성하는 또 다른 방법으로 [12] 의 16 절이나 [27] 의 44 절 등을 참조하라. 어느 방법이나 모두 선택공리를 사용한다.

1.4 리만적분과 르벡적분

이 절에서는 르벡적분이 리만[14]적분의 확장임을 보이고, 리만적분 가능성이 함수의 연속성에 어떻게 의존하는지 살펴본다. 먼저, 리만적분의 정의를 돌이켜 보는데, 여기서 사용하는 적분기호는 지금까지 정의한 르벡적분이다.

유계함수 $f : [a,b] \to [0,\infty)$ 와 분할 $P = \{x_0(=a), x_1, \ldots, x_n(=b)\}$ 및 $i = 1, 2, \ldots, n$ 에 대하여

$$\begin{aligned} M_i &= \sup\{f(x) : x_{i-1} \le x \le x_i\}, \\ m_i &= \inf\{f(x) : x_{i-1} \le x \le x_i\} \end{aligned}$$

라 두고, 두 단순함수 U_P 와 L_P 를

$$\begin{aligned} U_P &= f(a)\chi_{\{a\}} + \sum_{i=1}^{n} M_i \chi_{(x_{i-1}, x_i]}, \\ L_P &= f(a)\chi_{\{a\}} + \sum_{i=1}^{n} m_i \chi_{(x_{i-1}, x_i]} \end{aligned} \tag{23}$$

로 정의하자. 그러면 그 상합과 하합을 다음

$$U_a^b(f,P) = \int_{[a,b]} U_P, \quad L_a^b(f,P) = \int_{[a,b]} L_P$$

과 같이 쓸 수 있다. 구간 $[a,b]$ 의 분할 전체의 집합을 $\mathcal{P}[a,b]$ 라 두고 f 의 리만 상적분과 리만 하적분을 각각 다음

$$\begin{aligned} \overline{\int_a^b} f &= \inf\{U_a^b(f,P) : P \in \mathcal{P}[a,b]\} \\ \underline{\int_a^b} f &= \sup\{L_a^b(f,P) : P \in \mathcal{P}[a,b]\} \end{aligned}$$

(14) Georg Friedrich Bernhard Riemann (1826~1866), 독일 수학자. Göttingen 과 베를린에서 공부한 후, Göttingen 에서 활동하였다. 우리가 배우는 적분론뿐 아니라, 기하학을 비롯한 수학 전반에 매우 큰 영향을 끼쳤다.

과 같이 정의한다.

임의의 양수 $\epsilon > 0$ 에 대하여 $U(f, P_0) < \overline{\int_a^b} f + \epsilon$ 인 분할 $P_0 = \{x_0, x_1, \ldots, x_n\}$ 을 잡고, $\delta = \dfrac{\epsilon}{nM}$ 이라 두자. 여기서, $M > 0$ 은 함수 $|f|$ 의 상한이다. 분할 $P = \{y_0, y_1, \ldots, y_m\}$ 이 다음 성질

$$\|P\| := \max\{|y_i - y_{i-1}| : i = 1, 2, \ldots, m\} < \delta$$

을 만족한다고 가정하자. 이 때,

$$\begin{aligned} I &= \{i = 1, 2, \ldots, m : (y_{i-1}, y_i) \cap P_0 \neq \emptyset\}, \\ J &= \{i = 1, 2, \ldots, m : (y_{i-1}, y_i) \cap P_0 = \emptyset\} \end{aligned}$$

이라 두면

$$\begin{aligned} \overline{\int_a^b} f \leq U(f, P) &= \sum_{i=1}^{m} M_i(y_i - y_{i-1}) \\ &= \sum_{i \in I} M_i(y_i - y_{i-1}) + \sum_{i \in J} M_i(y_i - y_{i-1}) \\ &< nM\|P\| + U(f, P_0) \\ &< \epsilon + \overline{\int_a^b} f + \epsilon = \overline{\int_a^b} f + 2\epsilon \end{aligned}$$

이 된다. 따라서, $\|P_n\| \to 0$ 이 되도록 분할열 $\langle P_n \rangle$ 을 잡으면

$$\lim_{n \to \infty} U(f, P_n) = \overline{\int_a^b} f$$

가 된다. 마찬가지로 $\lim_{n \to \infty} L(f, P_n) = \underline{\int_a^b} f$ 이다. 만일 $\underline{\int_a^b} f = \overline{\int_a^b} f$ 이면 f 가 리만적분가능하다고 하고, 그 공통값을 $\int_a^b f$ 으로 쓴다.

이제 $P_1 \subseteq P_2 \subseteq P_3 \subseteq \ldots$ 이고 $\|P_n\| \to 0$ 이 되도록 분할열 $\langle P_n \rangle$ 을 잡자. 그러면 $\langle L_{P_n} \rangle$ 은 단조증가하고 $\langle U_{P_n} \rangle$ 은 단조감소하므로 점별수렴

하는데, 그 극한을 각각 L, U 라 두면 잴수있는 함수가 되고, $L \le f \le U$ 이다. 한편 단조수렴정리에 의하여

$$\int_{[a,b]} L = \lim_{n\to\infty} \int_{[a,b]} L_{P_n} = \lim_{n\to\infty} L_a^b(f, P_n) = \underline{\int_a^b} f$$

가 되고, 마찬가지로 $\int_{[a,b]} U = \overline{\int_a^b} f$ 이다.

만일 f 가 리만적분가능함수이면 $\int_{[a,b]} (U - L) = 0$ 이 되고, 따라서 명제 1.2.10 에 의하면 거의 모든 점에서 $L = f = U$ 이므로 다음 정리의 (가) 가 증명된다. 역으로, 거의 모든 점에서 $L = U$ 이면 물론 f 의 상적분과 하적분이 같다.

정리 1.4.1. 유계함수 $f : [a, b] \to \mathbb{R}$ 에 대하여 다음이 성립한다.

(가) 만일 f 가 리만적분가능하면 f 는 잴수있고, 등식

$$\int_{[a,b]} f = \int_a^b f$$

이 성립한다.

(나) 함수 f 가 리만적분가능할 필요충분조건은 거의 모든 점에서 연속임이다.

증명: 위에서 잡은 분할들의 합집합 $\bigcup_{n=1}^{\infty} P_n$ 을 P 라 두면 $m(P) = 0$ 이다. 이제 $x \notin P$ 일 때, f 가 x 에서 연속일 필요충분조건이 $L(x) = U(x)$ 임을 보이자. 그러면, f 가 거의 모든 점에서 연속이란 말이나, 거의 모든 점에서 $L = U$ 라는 말은 동치가 되어 증명이 끝난다.

먼저 f 가 x 에서 연속이라 가정하자. 임의의 양수 $\epsilon > 0$ 에 대하여 x 의 적절한 근방 U 위에서 f 의 상한과 하한의 차이가 ϵ 보다 작아진다. 어느 한 부분구간이 U 안에 들어가는 분할 P_n 을 잡으면

$$U(x) - L(x) \le U_{P_n}(x) - L_{P_n}(x) < \epsilon$$

이 된다. 역으로, $U(x) = L(x)$ 이면, $U_{P_n}(x) - L_{P_n}(x) < \epsilon$ 인 분할 P_n 을 잡을 수 있고, $\delta = \min\{|x - z| : z \in P_n\}$ 이라 두면

$$|x - y| < \delta \implies |f(x) - f(y)| < \epsilon$$

이 되어서, f 가 x 에서 연속임을 알 수 있다. □

이제, 양끝점이 a, b 인 유계구간 I 를 정의구역으로 하는 잴수있는 유계함수 f 의 르벡적분을 $\int_a^b f$ 혹은 $\int_a^b f(x)dx$ 로 써도 무방함을 알 수 있다. 그러나, 구간 I 나 함수 f 가 유계가 아닌 경우 약간의 주의가 요망된다. 예를 들어 $\int_0^\infty f$ 는 특이적분 $\lim_{A\to\infty} \int_0^A f$ 로 이해하는데, 이 경우 각 구간 $[0, A]$ 에서 f 가 리만적분가능하고 그 특이적분이 존재하더라도, 1.2 절의 보기 1 에서 보다시피 f 가 $[0, \infty)$ 에서 르벡적분가능한 함수가 아닐 수 있다.

연습문제 1.4.1. 다음 적분들을 리만특이적분 및 르벡적분으로 이해하였을 때, 그 수렴성과 적분가능성을 각각 살펴보아라.

$$\int_0^\infty \frac{\sin x}{x} dx \qquad \int_0^1 \frac{1}{x} \sin \frac{1}{x} dx$$

1.5 연습문제

1.5.1. 집합 $A \subset [0, 1]$ 에 대하여 다음 명제

(가) $\mu(A) = 1$ 이다,
(나) A 가 $[0, 1]$ 안에서 조밀하다,
(다) A 는 셀수없는 집합이다

를 생각하자. 이 때, 어느 한 명제가 다른 명제의 필요조건 혹은 충분조건이 될 수 있는지 살펴보아라. 다음 세 명제

(라) $\mu(A) = 0$ 이다,

(마) A 의 닫힘 $\overline{A}$ 에 안점이 없다, 즉, $\operatorname{int}\overline{A} = \emptyset$ 이다,
(바) A 는 셀수있는 집합이다

에 대해서도 마찬가지 작업을 하여라.(15)

1.5.2. 유계집합 $A \subset \mathbb{R}$ 이 잴수있는 집합일 필요충분조건은, 임의의 양수 $\epsilon > 0$ 에 대하여 $\mu(A \bigtriangleup \bigcup_{i=1}^{n} I_i) < \epsilon$ 을 만족하는 유한개의 열린구간 $I_1, \ldots, I_n$ 이 존재함임을 보여라. 단, 여기서 $A \triangle B = (A \setminus B) \cup (B \setminus A)$ 이다.

1.5.3. 각 실수 $x \in [0,1)$ 를 십진법에 의하여 소수로 표현하되, 두 가지 방법이 있으면 유한개를 제외한 자릿수가 0 이 되도록 한다. 이 때, 0 이 등장하지 않는 수들을 모은 집합 A 의 측도를 구하여라. 또한, 짝수 번째 자리에서 처음으로 0 아닌 수가 등장하는 수들의 집합 B 의 측도를 구하여라.

1.5.4. 임의의 $a, b \in \mathbb{R}$ 에 대하여 (단, $a < b$)

$$0 < \mu(A \cap [a,b]) < b - a$$

가 성립하는 잴수있는 집합 $A \subset \mathbb{R}$ 을 만들어라. [도움말: 연습문제 1.1.8]

1.5.5. (가) 임의의 양측도집합 $E \subset \mathbb{R}$ 와 실수 $a \in [0,1)$ 에 대하여

$$\mu(E \cap U) \geq a\mu(U)$$

를 만족하는 열린구간 U 가 존재함을 보여라.

(나) 만일 $E \subset \mathbb{R}$ 이 양측도집합이면 집합 $\{x - y : x, y \in E\}$ 가 열린구간을 포함함을 보여라.

(다) 칸토르집합 C 에 대하여 $\{x - y : x, y \in C\} = [-1,1]$ 임을 보여라.

1.5.6. 함수 $f : \mathbb{R} \to \mathbb{R}$ 가 다음 성질

$$f(x+y) = f(x) + f(y), \qquad x, y \in \mathbb{R} \tag{24}$$

을 가진다고 가정하자.

(가) 함수 f 가 유계구간 위에서 유계이면 f 가 일차함수임을 보여라.

(나) 함수 f 가 양측도집합 위에서 유계이면 f 가 일차함수임을 보여라. [도움말: 연습문제 1.5.5]

---

(15) 이 명제들은 적절한 의미에서 A 가 $[0,1]$ 의 거의 전체부분을 차지하거나, 거의 무시될 수 있는 정도임을 뜻한다.

(다) 함수 f 가 잴수있으면 일차함수임을 보여라.

(라) 성질 (24) 를 가지면서 잴수없는 함수 $f : \mathbb{R} \to \mathbb{R}$ 의 보기를 들어라. [도움말: 집합 $\mathbb{R}$ 을 $\mathbb{Q}$ 위의 벡터공간으로 생각한다.] 이러한 함수는 그 그래프 $\{(x, f(x) : x \in \mathbb{R}\}$ 가 $\mathbb{R} \times \mathbb{R}$ 에서 조밀함을 보여라.

1.5.7. 유한측도집합 E 위에서 정의된 유계함수가 잴수있는 함수일 필요충분조건은 다음 등식

$$\sup\left\{\int_E s : s \le f, s \in \mathcal{S}\right\} = \inf\left\{\int_E s : s \ge f, s \in \mathcal{S}\right\}$$

임을 보여라. 단, $\mathcal{S}$ 는 E 에서 정의된 단순함수 전체의 집합을 나타낸다. 만일 집합 E 가 무한측도집합이거나 f 가 유계함수가 아닐 경우에 어찌 되는가 살펴보아라.

1.5.8. 양수 $a > 0$ 과 $f \in L^1(\mathbb{R})$ 에 대하여 $E_a = \{x \in \mathbb{R} : |f(x)| > a\}$ 라 하였을 때, $\lim_{a\to 0} a \cdot \mu(E_a) = 0$ 임을 보여라.

1.5.9. 유한측도집합 E 에서 정의된 잴수있는 함수 $f : E \to [0, \infty]$ 와 각 자연수 $n = 1, 2, \ldots$ 에 대하여 $E_n = \{x \in E : |f(x)| \ge n\}$ 이라 두자. 이 때, f 가 적분가능할 필요충분조건이 $\sum_{n=1}^{\infty} \mu(E_n) < \infty$ 임을 보여라. 만일 $\mu(E) < \infty$ 라는 조건이 없을 때 어떻게 되는가 살펴보아라.

1.5.10. 적분가능함수 $f \in L^1(\mathbb{R})$ 에 대하여 등식

$$\lim_{\epsilon\to 0} \int_{-\infty}^{\infty} \cos(\epsilon x) f(x)dx = \int_{-\infty}^{\infty} f(x)dx$$

이 성립함을 보여라.

1.5.11. 함수 $f : E \to \mathbb{R}$ 이 잴수있고, 거의 모든 점에서 $a \le f(x) \le b$ 가 성립한다고 하자. 만일 $g : E \to \mathbb{R}$ 이 적분가능하면 적절한 실수 $\alpha \in [a, b]$ 에 대하여 등식

$$\int_E f|g| = \alpha \int_E |g|$$

이 성립함을 보여라.

1.5.12. 집합 $E \subset \mathbb{R}$ 에서 정의된 적분가능함수 f 및 적분가능함수열 $\langle f_n \rangle$ 이 주어져 있다. 각 $n = 1, 2, \ldots$ 에 대하여 $|f_n| \le |f|$ 가 성립할 때, 부등식

$$\int_E (\limsup_{n\to\infty} f_n) \ge \limsup_{n\to\infty} \int_E f_n \ge \liminf_{n\to\infty} \int_E f_n \ge \int_E (\liminf_{n\to\infty} f_n)$$

이 성립함을 보여라.

1.5.13. 다음 등식을 증명하고, 각 단계에서 어느 정리를 사용하였는지 명시하여라.

(가) $\lim_{n\to\infty}\int_0^n \left(1-\frac{x}{n}\right)^n x^s dx = \int_0^\infty e^{-x}x^s dx$ (단, $s>-1$)

(나) $\int_0^1 \log\frac{1}{1-x}dx = \int_0^1 \sum_{n=1}^\infty \frac{x^n}{n}dx = \sum_{n=1}^\infty \frac{1}{n}\int_0^1 x^n dx = 1$

(다) $\int_0^1 \frac{x^{p-1}}{1-x}\log\frac{1}{x}\,dx = \sum_{n=0}^\infty \int_0^1 x^{n+p-1}\log\frac{1}{x}\,dx = \sum_{n=0}^\infty \frac{1}{(n+p)^2}$ (단, $p>0$)

(라) $\int_0^1 \frac{x^{p-1}}{1+x^q}dx = \frac{1}{p}-\frac{1}{p+q}+\frac{1}{p+2q}-\frac{1}{p+3q}+\cdots$ (단, $p,q>0$)

(마) $\int_0^\infty \frac{\sin x}{e^x-1}dx = \sum_{n=1}^\infty \int_0^\infty e^{-nx}\sin x dx = \sum_{n=1}^\infty \frac{1}{n^2+1}$

1.5.14. 임의의 집합 $S\subset\mathbb{R}$ 에 대하여 등식

$$\mu(S) = \inf\left\{\sum_{n=1}^\infty (b_n-a_n) : S\subset\bigcup_{n=1}^\infty (a_n,b_n)\right\} \tag{25}$$

이 성립함을 보여라. 등식 (25) 에 의거하여 명제 1.1.2 를 증명하고, 이를 원래 정의에 의거한 증명과 비교하여라.

제 2 장 미분과 르벡적분

전혀 다른 관점에서 출발한 미분과 적분을 이어 주는 고리인 미적분학의 기본정리는, 주어진 함수를 적분한 후 미분하거나 미분한 후 적분하면 원래 함수로 돌아감을 말해 준다. 구체적으로 표현하면

$$\frac{d}{dx}\int_a^x f = f(x), \qquad f(a) + \int_a^x f' = f(x)$$

과 같이 나타낼 수 있다. 이 장에서는 위 등식들을 르벡적분 입장에서 이해하고자 한다. 만일 f 가 르벡적분가능하면 첫째 등식이 거의 모든 점에서 성립한다는 것을 보이는데, 그 핵심은 적분으로 정의된 함수의 미분가능성이다. 둘째 등식으로 표현된 함수는 자동적으로 연속함수인데, 모든 연속함수가 이 등식을 만족하지는 않는다. 따라서, 이 등식이 성립할 필요충분조건을 찾는 데에 관심을 집중한다.

2.1 단조함수의 미분과 적분의 미분

적분가능함수 $f : [a,b] \to \mathbb{R}$ 에 대하여 새로운 함수 F 를 다음

$$F(x) = \int_a^x f, \qquad x \in [a,b] \tag{1}$$

과 같이 정의하자. 만일 $f \geq 0$ 이면 F 가 단조증가함수이므로 F 의 미분을 논하기 앞서서 일반적인 단조증가함수의 미분을 살펴본다. 단조

증가함수의 성질 가운데 가장 중요한 것은 그 불연속점집합이 유한이거나 셀수있는 집합이라는 점이다. 이 절에서는 먼저 미분불가능한 점들의 집합이 영측도집합임을 보인다. 즉, 단조증가함수는 거의 모든 점에서 미분가능하다는 것을 보인다. 다음 도움정리는 이 장의 여러 곳에서 중요하게 쓰인다.

도움정리 2.1.1. (비탈리[(1)]) 잴수있는 집합 $E \subset \mathbb{R}$이 $\mu(E) < \infty$이고, 닫힌구간모임 $\mathcal{I}$가 다음 조건

$$\begin{array}{l}\text{임의의 } \epsilon > 0 \text{ 과 } x \in E \text{ 에 대하여 } x \in I \text{ 및 } \mu(I) < \epsilon \\ \text{를 만족하는 구간 } I \in \mathcal{I} \text{ 가 존재한다}\end{array} \tag{2}$$

을 만족하면, 임의의 양수 $\epsilon > 0$에 대하여

$$\mu[E \setminus (I_1 \sqcup I_2 \sqcup \cdots \sqcup I_n)] < \epsilon$$

이 성립하는 유한개의 서로소인 부분모임 $\{I_1, I_2, \ldots, I_n\} \subset \mathcal{I}$이 존재한다.

증명: 먼저 E가 $\mathcal{I}$의 서로소인 유한부분모임의 합집합에 들어가면 더 이상 증명할 것이 없으므로, 그렇지 않다고 가정한다. 집합 E가 유한측도를 가지므로 E를 포함하고 역시 유한측도를 가지는 열린집합 U를 잡을 수 있다. 주어진 $\mathcal{I}$의 구간들 중에서 U에 포함되지 않는 것들은 모두 없애버려도 조건 (2) 가 성립하므로, 지금부터 $\mathcal{I}$의 구간들이 모두 U에 들어간다고 가정해도 상관없다. 이제 $\mathcal{I}$의 서로소인 구간열 $\{I_k : k = 1, 2, \ldots\}$을 만들려고 하는데, 귀납법을 이용하자. 첫째 구간 $I_1 \in \mathcal{I}$를 임의로 택하고, 서로소인 구간 $I_1, I_2, \ldots, I_{k-1}$이 정해졌다고 가정하고

$$\alpha_k = \sup\{\mu(I) : I \in \mathcal{I},\ I \cap I_i = \emptyset\ (i = 1, 2, \ldots, k-1)\}$$

(1) Giuseppe Vitali (1875~1932), 이탈리아 수학자. Pisa 에서 공부한 뒤 오랫동안 고등학교 교사를 하다가, 1923 년 이후에 Bologna 대학 등에 있었다.

라 두자. 그러면 $\alpha_k \le \mu(U) < \infty$ 이고 다음 성질

$$\mu(I_k) > \frac{\alpha_k}{2}, \quad I_k \cap I_i = \emptyset \ (i = 1, 2, \ldots, k-1)$$

을 만족하는 구간 $I_k \in \mathcal{I}$ 를 택할 수 있다. 이러한 방법으로 구간열 $\langle I_k \rangle$ 을 잡으면 $\sum_{k=1}^{\infty} \mu(I_k) \le \mu(U) < \infty$ 이므로, 적절한 자연수 n 에 대하여 다음 부등식

$$\sum_{k=n+1}^{\infty} \mu(I_k) < \frac{\epsilon}{5}$$

이 성립한다.

이제 $D = E \setminus \bigsqcup_{k=1}^{n} I_k$ 라 두고 $\mu(D) < \epsilon$ 임을 보이면 되는데, 이를 위하여 I_k 와 중심점이 같고 길이가 다섯 배인 구간을 J_k 라 두고 $D \subset \bigcup_{k=n+1}^{\infty} J_k$ 을 보이면 된다. 만일 $x \in D = E \setminus \bigsqcup_{k=1}^{n} I_k$ 이면 조건 (2) 에 의하여

$$x \in I, \quad I \cap I_k = \emptyset \ (k = 1, 2, \ldots, n)$$

을 만족하는 구간 $I \in \mathcal{I}$ 를 잡을 수 있다. 만일 I 가 $I_1, I_2, \ldots, I_k, \ldots$ 중 어느 것과도 만나지 않는다면, 각 m 에 대하여 $I \cap I_k = \emptyset$ $(k = 1, 2, \ldots, m-1)$ 이므로 $\mu(I) \le \alpha_m < 2\mu(I_m)$ 이다. 그런데 $\lim_m \mu(I_m) = 0$ 이므로 모순이다. 따라서 구간 I_k 들 중에서 I 와 만나는 것이 적어도 하나 있다. 이 중에서 처음 것을 I_ν 이라 두면 $\nu > n$ 이고,

$$\mu(I) \le \alpha_\nu < 2\mu(I_\nu)$$

임을 알 수 있다. 구간 I_ν 의 중심점을 y 라 두면, $x \in I$ 및 $I \cap I_\nu \ne \emptyset$ 로부터

$$|x - y| \le \mu(I) + \frac{1}{2}\mu(I_\nu) < \frac{5}{2}\mu(I_\nu)$$

이 되고, 따라서 $x \in J_\nu \subset \bigcup_{k=n+1}^{\infty} J_k$ 이다. 따라서 $D \subset \bigcup_{k=n+1}^{\infty} J_k$ 임을 알게 되고, 증명이 끝났다. □

열린구간 I 에서 정의된 함수 $f : I \to \mathbb{R}$ 의 정의역의 한 점 $x \in I$ 에서 다음 값들

$$\begin{aligned} D^+f(x) &= \limsup_{h\to 0+} \frac{f(x+h)-f(x)}{h}, \\ D_+f(x) &= \liminf_{h\to 0+} \frac{f(x+h)-f(x)}{h}, \\ D^-f(x) &= \limsup_{h\to 0+} \frac{f(x)-f(x-h)}{h}, \\ D_-f(x) &= \liminf_{h\to 0+} \frac{f(x)-f(x-h)}{h} \end{aligned} \tag{3}$$

을 정의하자. 이 값들은 $\pm\infty$ 을 취할 수 있는데, 이를 디니[(2)] 미분계수라 한다.

연습문제 2.1.1. 함수 f 가 x 에서 미분가능할 필요충분조건은 디니미분계수가 모두 유한이고 일치함임을 보여라.

연습문제 2.1.2. 부등식 $D^+f(x) \geq D_+f(x)$ 와 $D^-f(x) \geq D_-f(x)$ 가 성립함을 보여라. 또한 $g(x) = -f(-x)$ 라 정의하였을 때, 등식

$$D_-g(x) = D_+f(-x), \qquad D^+g(x) = D^-f(-x)$$

가 성립함을 보여라.

연습문제 2.1.3. 함수 $f(x) = x\sin\dfrac{1}{x}$ (단, $f(0) = 0$) 에 대하여 $D^+f(0)$, $D_+f(0)$, $D^-f(0)$ 및 $D_-f(0)$ 을 구하여라.

이제, 이 값들이 서로 얼마나 다를 수 있는가 알아보기 위하여 집합

$$A = \{x \in I : D_-f(x) < D^+f(x)\}$$

의 측도를 생각해 보자. 이를 위하여, 임의의 서로 다른 유리수 $r < s$ 에 대하여 집합

$$A_{r,s} = \{x \in I : D_-f(x) < r < s < D^+f(x)\}$$

(2) Ulisse Dini (1845~1918), 이탈리아 수학자. Pisa 에서 공부하고 활동하였다.

의 측도 $\mu(A_{r,s}) = \alpha$ 의 값을 생각해 보자. 우선 임의의 양수 $\epsilon > 0$ 을 고정한 뒤, $A_{r,s} \subset U$ 이고 $\mu(U) < \alpha + \epsilon$ 인 열린집합 U 를 택한다. 이제, 각 $x \in A_{r,s}$ 에 대하여 $D_-f(x) < r$ 이므로 다음 성질

$$[x - h_i^x, x] \subset U, \qquad f(x) - f(x - h_i^x) < rh_i^x \tag{4}$$

을 만족하고 0 으로 수렴하는 양수열 $\langle h_i^x : i = 1, 2, \ldots \rangle$ 을 잡을 수 있다. 그러면 집합 $A_{r,s}$ 와 구간모임

$$\bigcup_{x \in A_{r,s}} \{[x - h_i^x, x] : i = 1, 2, \ldots\}$$

이 조건 (2) 를 만족하게 되고, 따라서 다음

$$\mu(A_{r,s} \setminus ([x_1 - h_1, x_1] \cup \cdots \cup [x_n - h_n, x_n])) < \epsilon$$

이 성립하도록 서로소인 구간들 $\{[x_i - h_i, x_i] : i = 1, 2, \ldots, n\}$ 을 잡을 수 있다. 이 구간들 위에서 (4) 의 둘째 부등식을 모두 더하면

$$\sum_{i=1}^{n} [f(x_i) - f(x_i - h_i)] < r \sum_{i=1}^{n} h_i < r\mu(U) < r(\alpha + \epsilon) \tag{5}$$

을 얻는다. 이제, 집합

$$B = A_{r,s} \bigcap \left[\bigsqcup_{i=1}^{n} (x_i - h_i, x_i) \right]$$

에 대하여 비슷한 작업을 되풀이한다. 각 $y \in B$ 가 $D^+f(y) > s$ 를 만족하므로,

$$[y, y + k^y] \subset \bigcup_{i=1}^{n} [x_i - h_i, x_i], \qquad f(y + k^y) - f(y) > sk^y$$

를 만족하는 구간 $[y, y + k^y]$ 을 잡을 수 있고, 다시 비탈리 도움정리에 의하여

$$\mu(B \setminus ([y_1, y_1 + k_1] \cup \cdots \cup [y_m, y_m + k_m])) < \epsilon$$

이 되도록 서로소인 구간들을 잡으면 $\mu(B) > \alpha - \epsilon$ 이므로

$$\mu(B \cap ([y_1, y_1 + k_1] \cup \cdots \cup [y_m, y_m + k_m])) > \alpha - 2\epsilon$$

이 된다. 따라서, 위와 마찬가지로

$$\sum_{j=1}^{m} [f(y_j + k_j) - f(y_j)] > s \sum_{j=1}^{m} k_j > s(\alpha - 2\epsilon) \tag{6}$$

을 얻게 된다.

이제 f 가 단조증가함수라 가정하자. 각 $i = 1, 2, \ldots, n$ 에 대하여 $J_i = \{j : [y_j, y_j + k_j] \subset [x_i - h_i, x_i]\}$ 라 두면

$$\sum_{j \in J_i} [f(y_j + k_j) - f(y_j)] \leq f(x_i) - f(x_i - h_i)$$

가 되고, $\bigsqcup_{i=1}^{n} J_i = \{1, 2, \ldots, m\}$ 이므로 위 부등식에 $\sum_{i=1}^{n}$ 을 붙이고 (5) 와 (6) 을 적용하면

$$s(\alpha - 2\epsilon) < r(\alpha + \epsilon)$$

를 얻게 된다. 이 부등식이 임의의 양수 $\epsilon > 0$ 에 대하여 성립하므로 $\alpha = 0$, 즉 $\mu(A_{r,s}) = 0$ 임을 알게 된다. 그런데 집합 A 는 셀수있는 집합모임 $\{A_{r,s}\}$ 의 합집합이므로 $\mu(A) = 0$ 임이 증명된다. 마찬가지 방법을 적용하여, 다음 집합

$$\{x \in I : D_+ f(x) < D^- f(x)\},$$
$$\{x \in I : D_- f(x) < D^- f(x)\},$$
$$\{x \in I : D_+ f(x) < D^+ f(x)\}$$

들도 모두 영측도집합임을 보일 수 있고, 따라서 f 가 단조증가함수이면 (3) 의 값들이 거의 모든 점에서 일치함을 알 수 있다. 이제, 단조증가함수 $f : [a, b] \to \mathbb{R}$ 가 거의 모든 점에서 미분가능하다는 것을 보이

려면 이 값들이 거의 모든 점에서 유한임을 보이면 된다. 이를 위하여 집합

$$C = \{x \in [a, b] : D^+ f(x) = +\infty\}$$

가 영측도임을 보이는데, 위에서 사용한 것과 본질적으로 같은 방법을 쓴다.

우선 임의의 실수 $\gamma > 0$ 를 고정하자. 그러면 각 $x \in C$ 에 대하여

$$[x, x + h^x] \subset [a, b], \qquad f(x + h^x) - f(x) > \gamma h^x$$

를 만족하는 구간 $[x, x + h^x]$ 를 잡을 수 있다. 그러면 비탈리 도움정리에 의하여

$$\mu(C \setminus ([x_1, x_1 + h_1] \cup \cdots \cup [x_n, x_n + h_n]) < \epsilon$$

이고 서로소인 구간들을 택할 수 있다. 위 부등식들을 이 구간 위에서 모두 더하면 $f : [a, b] \to \mathbb{R}$ 이 단조증가이므로

$$f(b) - f(a) \geq \sum_{i=1}^{n} [f(x_i + h_i) - f(x_i)] > \gamma \sum_{i=1}^{n} h_i > \gamma[\mu(C) - \epsilon]$$

을 얻는다. 그러므로, 임의의 양수 $\gamma > 0$ 에 대하여 $f(b) - f(a) \geq \gamma\mu(C)$ 가 성립하고, 따라서 $\mu(C) = 0$ 이므로 다음 정리를 얻는다.

정리 2.1.2. (르벡) 임의의 단조증가함수 $f : [a, b] \to \mathbb{R}$ 는 거의 모든 점에서 미분가능하다.(3)

명제 2.1.3. 단조증가함수 $f : [a, b] \to \mathbb{R}$ 의 도함수 f' 는 잴수있는 함수이고 부등식

$$\int_a^b f' \leq f(b) - f(a)$$

을 만족한다.

(3) 르벡 정리를 증명하는 방법은 여러 가지가 있는데, 예를 들어서 [31] 의 3 절, [5] 의 V 장 3 절, [17] 의 1.2 절, 혹은 [22] 의 31 절 등을 참조하라.

증명: 단조감소하고 0 으로 수렴하는 양수열 $\langle h_n \rangle$ 을 잡고, 각 $n = 1, 2, \dots$ 에 대하여

$$g_n(x) = \frac{f(x + h_n) - f(x)}{h_n}$$

이라 두자. 단, $x > b$ 인 경우는 $f(x) = f(b)$ 이라 둔다. 함수 f 가 거의 모든 점에서 미분가능하다는 것을 알고 있으므로 거의 모든 점에서 $\lim g_n = f'$ 이고, 명제 1.2.3 에 의하여 f' 은 잴수있는 함수이다. 또한

$$\begin{aligned}\int_a^b g_n &= \frac{1}{h_n}\int_a^b [f(x+h_n) - f(x)]dx \\ &= \frac{1}{h_n}\int_b^{b+h_n} f - \frac{1}{h_n}\int_a^{a+h_n} f \le f(b) - f(a)\end{aligned}$$

를 얻는데,(4) $g_n \ge 0$ 이므로 파투 정리를 이용하면

$$\int_a^b f' \le \liminf_{n\to\infty} \int_a^b g_n \le f(b) - f(a)$$

임을 알 수 있다. □

이제 (1) 과 같이 정의된 함수의 미분을 논하기 앞서, 이런 함수가 연속임을 먼저 보이자.

명제 2.1.4. 잴수있는 집합 E 에서 정의된 L^1-함수 $f \in L^1(E)$ 가 주어져 있을 때, 임의의 양수 $\epsilon > 0$ 에 대하여 다음 성질

$$A \in \mathfrak{M}, \quad m(A) < \delta \implies \int_A |f| < \epsilon$$

을 만족하는 양수 $\delta > 0$ 가 존재한다.

증명: 함수 $|f|$ 가 유계이면 이는 당연하다. 이제, 각 $n = 1, 2, \dots$ 에 대하여

$$f_n(x) = \begin{cases} f(x), & |f(x)| \le n, \\ n, & |f(x)| > n \end{cases}$$

(4) 여기서 마지막 부등식은 f 가 단조증가이므로 성립한다.

라 두자. 그러면 함수열 $\langle |f_n| \rangle$ 이 단조증가하고 $|f|$ 로 점별수렴하므로, 단조수렴정리에 의하여 $\int_E |f| - \int_E |f_n| < \frac{\epsilon}{2}$ 인 자연수 n 을 잡을 수 있다. 만일 $A \in \mathfrak{M}$ 이고 $m(A) < \frac{\epsilon}{2n}$ 이면

$$\int_A |f| = \int_A (|f| - |f_n|) + \int_A |f_n| < \int_E (|f| - |f_n|) + \frac{\epsilon}{2n} n < \epsilon$$

이 된다. □

이제, 첫번째 미적분학의 기본정리를 쓰고 증명하자.

정리 2.1.5. 르벡적분가능한 함수 $f : [a, b] \to \mathbb{R}$ 에 대하여

$$F(x) = F(a) + \int_a^x f, \qquad x \in [a, b]$$

라 정의하면, 거의 모든 점에서 $F' = f$ 가 성립한다.

증명: 등식 $f = f_+ - f_-$ 에 의하여 $f \geq 0$ 인 경우만 증명하면 된다. 이 경우 F 가 단조증가함수이므로 거의 모든 점에서 미분가능하다. 먼저 f 가 유계함수라 가정하고 $f \leq M$ 이라 하자. 단조감소하고 0 으로 수렴하는 양수열 $\langle h_n \rangle$ 을 잡고 각 자연수 $n = 1, 2, \ldots$ 에 대하여

$$f_n(x) = \frac{F(x + h_n) - F(x)}{h_n} = \frac{1}{h_n} \int_x^{x+h_n} f$$

라 두면, $0 \leq f_n \leq M$ 이고 거의 모든 점에서 $f_n \to F'$ 이다. 르벡 수렴정리를 적용하여 계산하면 F 가 연속이므로

$$\begin{aligned} \int_a^x F' = \lim_{n\to\infty} \int_a^x f_n &= \lim_{n\to\infty} \frac{1}{h_n} \int_a^x [F(t + h_n) - F(t)]dt \\ &= \lim_{n\to\infty} \frac{1}{h_n} \int_x^{x+h_n} F - \lim_{n\to\infty} \frac{1}{h_n} \int_a^{a+h_n} F \\ &= F(x) - F(a) = \int_a^x f \end{aligned}$$

가 된다. 따라서 각 $x \in [a,b]$ 에 대하여 $\int_a^x (F' - f) = 0$ 이므로, 명제 1.2.11 을 적용하면 원하는 결론을 얻는다.

이제, $f \geq 0$ 인 일반적인 경우에 증명하기 위하여 함수열 $\langle f_n \rangle$ 을

$$f_n(x) = \begin{cases} f(x), & f(x) \leq n, \\ n, & f(x) > n \end{cases}$$

으로 정의하자. 그러면 단조증가함수 $x \mapsto \int_a^x (f - f_n)$ 의 도함수는 거의 모든 점에서 0 보다 크거나 같으며, 함수 $x \mapsto \int_a^x f_n$ 의 도함수는 방금 증명한 바에 의하여 f_n 과 거의 모든 점에서 일치한다. 따라서, 각 $n = 1, 2, \ldots$ 에 대하여 부등식

$$F'(x) = \frac{d}{dx}\int_a^x (f - f_n) + \frac{d}{dx}\int_a^x f_n \geq f_n(x)$$

이 거의 모든 점에서 성립한다. 그러므로 부등식 $F' \geq f$ 역시 거의 모든 점에서 성립하여

$$\int_a^b F' \geq \int_a^b f = F(b) - F(a)$$

를 얻고, 명제 2.1.3 에 의하여 이 부등식은 등식이 된다. 다시 말하여, $\int_a^b (F' - f) = 0$ 인데, $F' \geq f$ 이므로 명제 1.2.10 을 적용하면 증명이 끝난다. □

다음은 르벡 정리의 또 다른 응용인데, 함수열의 극한으로 정의된 함수의 미분을 구하는 데에 요긴하게 쓰인다.

정리 2.1.6. (푸비니[(5)]) 구간 $[a,b]$에서 정의된 단조증가함수로 이루어진 급수 $\sum_n f_n$ 이 s 로 점별수렴하면, 거의 모든 점에서 $s' = \sum_n f_n'$

(5) Guido Fubini (1879~1943), 이탈리아 수학자. Pisa 에서 공부하고 Génova, Torino 등지에서 활동하였다. 파시스트 정권 때 대학에서 쫓겨난 뒤에, 미국으로 가서 Princeton 과 뉴욕에서 활동하였다. 보통 푸비니 정리라 하면 이중적분에 관한 정리 4.2.3 을 일컫는다.

이 성립한다.

증명: 급수 $\sum_n f_n$ 의 부분합수열을 s_n 이라 두자. 우선 르벡 정리를 적용하면 영측도집합 E 바깥의 모든 점에서 s'_n 와 s' 이 모두 존재하고

$$s'_1 \leq s'_2 \leq \cdots \leq s'_n \leq s'_{n+1} \cdots \leq s' \tag{7}$$

이 성립함을 확인할 수 있다. 따라서, 수열 $\langle s'_n(x) \rangle$ 이 거의 모든 점에서 수렴함을 알 수 있다. 이제 이 극한값이 $s'(x)$ 임을 보이면 되는데, 이 수열이 단조증가하므로 적절한 부분수열을 잡아서 $s'(x)$ 로 수렴함을 보이면 된다. 이를 위하여 각 $k = 1, 2, \ldots$ 에 대하여 급수 $\sum_{k=1}^{\infty} [s(b) - s_{n(k)}(b)]$ 가 수렴하도록 $n(k)$ 를 잡고 $g_k = s - s_{n(k)}$ 라 두면, 각 g_k 가 단조증가함수임을 바로 알 수 있다. 또한

$$\sum_{k=1}^{\infty} g_k(x) \leq \sum_{k=1}^{\infty} g_k(b) = \sum_{k=1}^{\infty} [s(b) - s_{n(k)}(b)] < \infty$$

이므로 $\sum_k g_k$ 는 모든 점에서 수렴한다. 따라서, 증명 첫머리에서 사용한 방법대로 르벡 정리를 다시 적용하면 거의 모든 점에서 $\sum_k g'_k$ 가 수렴한다. 다시 말하여 $\sum_{k=1}^{\infty} (s' - s'_{n(k)})$ 가 거의 모든 점에서 수렴하므로, 당연히 $\lim_k s'_{n(k)} = s'$ 이 거의 모든 점에서 성립한다. □

연습문제 2.1.4. 위 증명과정에서 (7) 을 증명하여라. 또한, 각 g_k 가 단조증가 함수임을 보여라.

2.2 절대연속함수와 미분의 적분

다음 등식

$$\int_a^x f' = f(x) - f(a), \qquad x \in [a, b] \tag{8}$$

을 르벡적분으로 설명할 때, 제기되는 문제는 두 가지이다. 우선 f 가 거의 모든 점에서 미분가능할 때, 그 도함수 f' 이 적분가능하겠는가 하는 점인데, 그렇지 못하다.

연습문제 2.2.1. 단위구간 $[0,1]$ 에서 정의된 함수

$$f(x) = x^2 \sin \frac{1}{x^2} \quad (\text{단, } f(0) = 0)$$

는 모든 점에서 미분가능하지만, $\displaystyle\int_0^1 |f'| = +\infty$ 임을 보여라.

한편, 다음에 살펴보는 칸토르함수를 생각하면, f 가 거의 모든 점에서 미분가능하고 f' 이 적분가능하더라도 등식 (8) 이 성립한다는 보장이 없음을 알 수 있다.

보기 1. (르벡) 지난 1.1 절의 보기 2 에서 만든 칸토르집합을 생각하고, 각 $n = 1, 2, \ldots$ 에 대하여

$$g_n = \frac{3^n}{2^n}\chi_{C_n}, \qquad f_n(x) = \int_0^x g_n, \quad x \in [0,1]$$

이라 정의하자. 닫힌집합 C_n 을 구성하는 2^n 개의 닫힌구간 중 하나를 I 라 두면

$$\int_I g_n = \frac{3^n}{2^n} \cdot \frac{1}{3^n} = \frac{1}{2^n}, \quad \int_I g_{n+1} = \frac{3^{n+1}}{2^{n+1}} \cdot \frac{1}{3^{n+1}} \cdot 2 = \frac{1}{2^n}$$

로서 두 값이 같다. 따라서, $x \in [0,1] \setminus C_n$ 이면 $f_n(x) = f_{n+1}(x)$ 이고, $x \in C_n$ 이면

$$|f_n(x) - f_{n+1}(x)| \le \int_I (g_n + g_{n+1}) = \frac{1}{2^{n-1}}$$

이 된다. 따라서, 함수열 $\langle f_n \rangle$ 은 단조증가 연속함수로 고르게 수렴하는데, 그 극한함수 ϕ 를 칸토르함수라 한다.

지금까지 살펴본 바에 의하면, 함수 ϕ 는 칸토르집합을 구성할 때 들어내는 열린구간들 위에서 상수함수이므로 거의 모든 점에서 $\phi' = 0$

이다. 따라서, ϕ' 이 르벡적분가능함에도 불구하고 등식 (8) 이 성립하지 않는다. □

연습문제 2.2.2. 칸토르함수 ϕ 가 등식 $\phi(x) + \phi(1-x) = 1$ 을 만족함을 보여라. 또한, 적분값 $\int_0^1 \phi$ 를 구하여라.

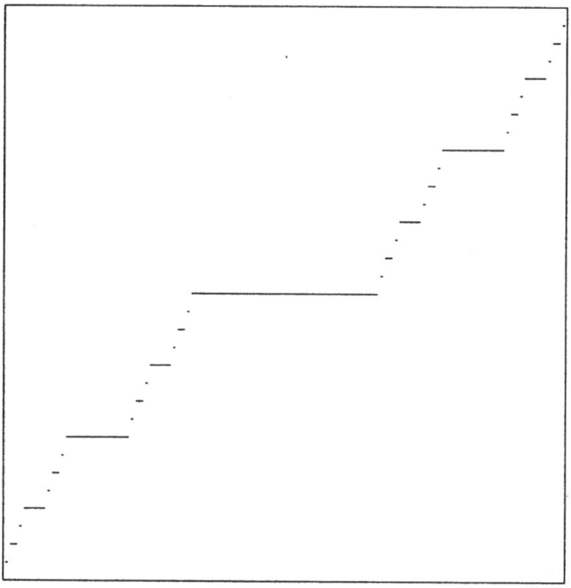

등식 (8) 이 언제 성립하는지 알아보기 위하여, 우선 (1) 과 같이 적분으로 정의된 함수 F 의 성질을 보다 세밀히 살펴볼 필요가 있다. 명제 2.1.4 는 함수 F 가 연속임을 말해 주는데, 사실은 보다 강력한 연속성질이 성립함을 알 수 있다. 함수 $f : [a,b] \to \mathbb{C}$ 가 주어져 있을 때, 임의의 $\epsilon > 0$ 에 대하여 다음 성질

$$\{(a_i, b_i) : i = 1, 2, \ldots, n\} \text{ 이 서로소인 } [a,b] \text{ 의 부분구간모임이고}$$

$$\sum_{i=1}^{n}(b_i - a_i) < \delta \text{ 이면 } \sum_{i=1}^{n}|f(b_i) - f(a_i)| < \epsilon \text{ 이다}$$

을 만족하는 양수 $\delta > 0$ 가 존재하면 f 를 절대연속함수라 한다. 함수 f 가 적분가능하면, 명제 2.1.4 에 의하여 (1) 과 같이 정의된 함수 F 는 절대연속임을 알 수 있다. 따라서, 절대연속은 함수 f 가 등식 (8) 을 만족하기 위한 필요조건임을 알 수 있다. 절대연속함수는 당연히 고른연속함수이지만, 칸토르함수를 생각하면 그 역은 성립하지 않는다.

연습문제 2.2.3. 칸토르함수가 절대연속이 아님을 정의에 의하여 보여라.

연습문제 2.2.4. 유계구간 $[a, b]$ 에서 정의된 두 절대연속함수의 합과 곱이 절대연속임을 보여라.

이제 임의의 절대연속함수에 대하여 등식 (8) 이 성립함을 보이는 것이 이 절의 목적이다. 이를 위하여 먼저 절대연속함수가 거의 모든 점에서 미분가능하다는 것을 보여야 하는데, 절대연속함수가 단조증가함수의 차로 표시된다는 것을 보이면 된다. 이를 직접 증명할 수도 있으나 여기서는 유계변동함수를 이용하여 설명하자. 함수 $f : [a, b] \to \mathbb{C}$ 와 구간 $[a, b]$ 의 분할 $P = \{x_0, \ldots, x_n\}$ 가 주어졌을 때, 분할 P 에 의한 함수 f 의 변동 $V_a^b(f, P)$ 을

$$V_a^b(f, P) = \sum_{i=1}^{n} |f(x_i) - f(x_{i-1})|$$

로 정의한다. 집합 $\{V_a^b(f, P) : P \in \mathcal{P}[a, b]\}$ 가 위로 유계일 때, 함수 f 를 유계변동함수라 하고, 이 경우 전변동 $V_a^b(f)$ 를

$$V_a^b(f) = \sup\{V_a^b(f, P) : P \in \mathcal{P}[a, b]\}$$

로 정의한다. 임의의 단조함수가 유계변동임은 자명하다. 또한 유계변동함수의 합도 유계변동이므로 만일 g 와 h 가 단조증가함수이면 $g - h$ 가 유계변동함수이다. 이제 함수 $f : [a, b] \to \mathbb{R}$ 이 유계변동함수라 하자. 그러면, 임의의 $x \in (a, b)$ 에 대하여 함수 f 는 구간 $[a, x]$ 및 구간

$[x,b]$ 위에서도 유계변동이며 등식

$$V_a^b(f) = V_a^x(f) + V_x^b(f), \qquad x \in (a,b) \tag{9}$$

이 성립함을 쉽게 보일 수 있다. 따라서, 함수 $x \mapsto V_a^x(f)$ 가 단조증가 함수이다.

연습문제 2.2.5. 유계변동함수의 합과 곱이 유계변동임을 보여라. 또한, 등식 (9) 를 증명하여라.

만일 $a < x < y < b$ 이면

$$[V_a^y(f) - f(y)] - [V_a^x(f) - f(x)] = V_x^y(f) - [f(y) - f(x)]$$

인데 $f(y) - f(x) \le V_x^y(f)$ 이므로 함수 $x \mapsto V_a^x(f) - f(x)$ 가 단조증가 함수이다. 따라서, 등식 $f(x) = V_a^x(f) - [V_a^x(f) - f(x)]$ 를 생각하면 다음 정리가 증명된다.

정리 2.2.1. (죠르당[(6)]) 함수 $f : [a,b] \to \mathbb{R}$ 가 유계변동일 필요충분 조건은 f 가 단조증가함수의 차로 표시됨이다.

따라서, 유계닫힌구간에서 정의된 유계변동함수는 거의 모든 점에서 미분가능하다. 다음 명제를 보임으로써, 유계닫힌구간에서 정의된 임의의 절대연속함수가 거의 모든 점에서 미분가능함을 알게 된다.

명제 2.2.2. 모든 절대연속함수 $f : [a,b] \to \mathbb{C}$ 는 유계변동함수이다.

증명: 절대연속함수의 정의에서 $\epsilon = 1$ 에 대응하는 양수 $\delta > 0$ 를 잡고, $(b-a)/\delta$ 보다 큰 자연수 n 을 택한다. 이제 구간 $[a,b]$ 를 n 개의 부분구간으로 등분하는 분할 $P = \{x_0, x_1, \ldots, x_n\}$ 를 잡는다. 그러면

(6) Camille Jordan (1838~1921), 프랑스 수학자. École Polytechnique 에서 공부하고 이곳과 Collège de France 등에서 활동하였다.

$|x_i - x_{i-1}| < \delta$ 이므로 절대연속의 정의에 의하여 그 전변동 $V_{x_{i-1}}^{x_i}(f)$ 는 $\epsilon = 1$ 을 넘을 수 없다. 따라서

$$V_a^b(f) = \sum_{i=1}^{n} V_{x_{i-1}}^{x_i}(f) \le n$$

이 된다. □

칸토르함수를 생각하면, 연속함수가 거의 모든 점에서 미분가능하고 그 미분계수가 0 이더라도 그 함수가 상수함수일 필요가 없음을 알 수 있다. 다음 도움정리는 미적분학의 기본정리와 관련하여 절대연속함수의 핵심적인 성질인데, 그 증명에서 비탈리 도움정리를 다시 한번 사용한다.

도움정리 2.2.3. 만일 $f : [a,b] \to \mathbb{R}$ 이 절대연속이고 거의 모든 점에서 $f' = 0$ 이면 f 는 상수함수이다.

증명: 임의의 점 $c \in [a,b]$ 와 양수 $\epsilon > 0$ 및 $\alpha > 0$ 을 고정하고, 절대연속의 정의에 의하여 얻어지는 양수 $\delta > 0$ 를 잡자. 집합

$$E = \{x \in [a,c) : f'(x) = 0\}$$

의 각 점 $x \in E$ 에 대하여 다음 성질

$$[x, x + h_x] \subset [a,c], \qquad |f(x + h_x) - f(x)| < \alpha h_x$$

이 성립하는 양수 h_x 를 임의로 작게 잡을 수 있다. 그러면, 집합 E 에 비탈리 도움정리를 적용하여 다음 성질

$$a \le x_1 < x_1 + h_1 < x_2 < \cdots < x_{n-1} + h_{n-1} < x_n < x_n + h_n \le c,$$

$$\mu(E \setminus ([x_1, x_1 + h_1] \cup \cdots \cup [x_n, x_n + h_n])) < \delta \tag{10}$$

이 성립하도록 유한개의 구간 $\{[x_i, x_i + h_i] : i = 1, 2, \ldots, n\}$ 을 택할 수 있고, 이 구간들 위에서 위 부등식을 모두 더하면

$$\sum_{i=1}^{n} |f(x_i + h_i) - f(x_i)| \le \alpha \sum_{i=1}^{n} h_i < \alpha(c - a)$$

이 된다. 한편 (10) 과 절대연속의 정의에 의하여

$$|f(x_1) - f(a)| + \sum_{i=1}^{n-1} |f(x_{i+1}) - f(x_i + h_i)| + |f(c) - f(x_n + h_n)| < \epsilon$$

임을 알 수 있다. 위에서 얻은 두 부등식에 의하여

$$|f(c) - f(a)| < \alpha(c - a) + \epsilon$$

이 되는데, 이 부등식이 임의의 양수 $\alpha, \epsilon > 0$ 에 대하여 성립하므로 $f(c) = f(a)$ 이다. □

이제, 이 절의 중심내용인 미적분학의 두 번째 기본정리를 증명할 준비가 다 되었다.

정리 2.2.4. 함수 $f : [a, b] \to \mathbb{R}$ 에 대하여 다음은 동치이다.

(가) 함수 f 가 절대연속이다.

(나) 함수 f 가 거의 모든 점에서 미분가능하고 f' 이 르벡적분가능하며, 등식

$$f(x) = f(a) + \int_a^x f', \qquad x \in [a, b] \tag{11}$$

이 성립한다.

증명: 등식 (11) 에 의하여 정의된 함수가 절대연속임은 이미 설명한 바 있다. 역으로, f 가 절대연속이면 유계변동이므로 거의 모든 점에서 미분가능하고, f 는 두 단조증가함수의 차이 $f = f_1 - f_2$ 로 표현할 수 있다. 그러면 명제 2.1.3 에 의하여

$$\int_a^b |f'| \le \int_a^b f_1' + \int_a^b f_2' \le f_1(b) - f_1(a) + f_2(b) - f_2(a)$$

가 되어서 f' 이 르벡적분가능함을 알 수 있다. 이제,

$$g(x) = f(a) + \int_a^x f', \qquad x \in [a, b] \tag{12}$$

이라 두면 첫째 기본정리에 의하여 $g' = f'$ 이 거의 모든 점에서 성립한다. 그런데 g 가 절대연속함수이므로 가정에 의하여 $f-g$ 도 절대연속이고 도움정리 2.2.3 에 의하여 $f = g$ 가 되어서 증명이 끝난다. □

함수 $f : [a, b] \to \mathbb{R}$ 가 단조증가함수일 때 g 를 (12) 와 같이 정의하고

$$h(x) = f(x) - g(x), \qquad x \in [a, b]$$

라 두면 거의 모든 점에서 $h' = 0$ 이 성립한다. 따라서 임의의 단조증가함수는 절대연속함수 g 와 도함수가 거의 모든 점에서 0 인 함수 h 의 합으로 표시된다. 모든 유계변동함수는 단조증가함수의 차로 표시되므로, 임의의 유계변동함수 역시 절대연속함수와 도함수가 거의 모든 점에서 0 인 함수의 합으로 표시되는데, 이를 르벡 분해라 한다.

연습문제 2.2.6. 유계변동함수의 르벡 분해가 유일한지 살펴보아라.

이제, 절대연속함수와 연속함수의 차이점을 한 가지 더 살펴보자. 함수 $f : [a, b] \to \mathbb{R}$ 이 연속이고 $E \subset [a, b]$ 가 닫힌집합이면 $f(E)$ 도 유계닫힌집합이 된다. 따라서, $E \subset [a, b]$ 가 F_σ–집합이면 $f(E)$ 도 F_σ–집합이고 특히 잴수있는 집합이 된다. 그런데 명제 1.1.6 에 의하여 임의의 잴수있는 집합은 F_σ–집합과 영측도집합의 합집합으로 표시되므로, 만일 영측도집합 N 에 대하여 $f(N)$ 이 잴수있는 집합임을 안다면 임의의 잴수있는 집합 E 에 대하여 $f(E)$ 가 잴수있는 집합이라는 결론을 내릴 수 있을 것이다.

보기 2. 보기 1 에 있는 칸토르함수 $\phi : [0, 1] \to \mathbb{R}$ 와 항등함수의 합

$$\psi(x) = \phi(x) + x, \qquad x \in [0, 1]$$

을 생각하면 ψ 는 순증가함수이고 특히 $[0, 1]$ 에서 $[0, 2]$ 로 가는 연속 전단사함수이다. 또한 칸토르집합 C 를 만들 때 들어낸 부분 $[0, 1] \setminus C$ 위에서 ϕ 가 상수함수이므로 $\psi([0, 1] \setminus C)$ 의 측도는 1 이다. 따라서 $\psi(C)$

의 측도는 1 이고, 명제 1.3.8 에 의하여 $\psi(C)$ 는 잴수없는 부분집합 $A \subset \psi(C)$ 를 가진다. 만일 $\psi^{-1}(A) = B$ 라 두면 $B \subset C$ 이므로 $\mu(B) = 0$ 이고 특히 B 는 잴수있는 집합이다. 그러나, $\psi(B) = A$ 는 잴수없는 집합임을 알 수 있다.

함수 ψ 가 순증가 연속함수이므로 그 역함수 $\rho : [0,2] \to [0,1]$ 도 연속함수이다. 그러면 χ_B 는 잴수있는 함수이지만, 합성함수 $\chi_B \circ \rho = \chi_A$ 는 잴수없는 함수이다. 명제 1.2.3 (마) 와 비교하여 보아라. □

따라서 연속함수는 잴수있는 집합을 잴수있는 집합으로 보낸다는 보장이 없는데, 절대연속함수에서는 이런 문제가 없어진다.

명제 2.2.5. 함수 $f : [a,b] \to \mathbb{R}$ 가 절대연속이고 $N \subset [a,b]$ 이 영측도 집합이면 $f(N)$ 도 영측도집합이다.

증명: 먼저 $f(\{a\})$ 와 $f(\{b\})$ 는 영측도집합이므로 양끝점 a, b 가 N 에 들어가지 않는다고 가정해도 상관없다. 임의의 양수 $\epsilon > 0$ 을 고정하고 절대연속함수의 정의를 충족하는 양수 $\delta > 0$ 를 잡자. 또한

$$N \subset U \subset [a,b], \qquad \mu(U) < \delta$$

인 열린집합 $U = \bigsqcup_{k=1}^{\infty} (a_k, b_k)$ 을 택하고, 각 구간 $[a_k, b_k]$ 위에서

$$f(c_k) = \sup\{f(x) : x \in [a_k, b_k]\}, \quad f(d_k) = \inf\{f(x) : x \in [a_k, b_k]\}$$

인 $c_k, d_k \in [a_k, b_k]$ 를 잡자. 그러면 임의의 $n = 1, 2, \ldots$ 에 대하여

$$\sum_{k=1}^{n} \mu\left[f(a_k, b_k)\right] = \sum_{k=1}^{n} |f(c_k) - f(d_k)| < \epsilon$$

임을 알 수 있다. 그런데, $f(N) \subset f(U) \subset \bigcup_{k=1}^{\infty} f(a_k, b_k)$ 이므로

$$\mu\left[f(N)\right] \le \sum_{k=1}^{\infty} \mu\left[f(a_k, b_k)\right] \le \epsilon$$

임을 알 수 있다. □

따름정리 2.2.6. 함수 $f : [a,b] \to \mathbb{R}$ 이 절대연속이고 $E \subset [a,b]$ 가 잴수있는 집합이면 $f(E)$ 도 잴수있는 집합이다.

2.3 연습문제

2.3.1. 구간 $[0,1]$ 의 서로 다른 점들로 이루진 집합 $\{x_n\}$ 와 절대수렴하는 실급수 $\sum_n r_n$ 과 $\sum_n s_n$ 이 주어져 있다. 함수 $f_n : [0,1] \to \mathbb{R}$ 을

$$f_n = r_n \chi_{\{x_n\}} + s_n \chi_{(x_n,1]}, \qquad s = \sum_{n=1}^{\infty} f_n$$

으로 정의하였을 때, s 가 유계변동함수임을 보여라. 또한 s 가 거의 모든 점에서 미분가능하고 그 미분계수가 0 임을 보여라. 이를 이용하여 거의 모든 점에서 $f' = 0$ 인 순증가함수 f 를 만들어라.

2.3.2. 칸토르함수 $\phi : [0,1] \to \mathbb{R}$ 을 $(-\infty, +\infty)$ 로 확장하기 위하여, $x < 0$ 일 때 $\phi(x) = 0$, $x > 1$ 일 때 $\phi(x) = 1$ 이라 정의하자. 또한, 구간 $I = [a,b]$ 에 대하여 $\phi_I(x) = \phi\left(\dfrac{x-a}{b-a}\right)$ 라 두자. 이제, 구간열

$$I_1 = [0,1],\ I_2 = [0,\tfrac{1}{2}],\ I_3 = [\tfrac{1}{2},1],\ I_4 = [0,\tfrac{1}{4}], I_5 = [\tfrac{1}{4},\tfrac{2}{4}], \ldots, I_8 = [0,\tfrac{1}{8}], \ldots$$

을 잡은 후,

$$f(x) = \sum_{n=1}^{\infty} \frac{1}{2^n} \phi_{I_n}(x)$$

이라 정의하자. 함수 f 는 $[0,1]$ 위에서 순증가 연속함수이고, 거의 모든 점에서 $f' = 0$ 임을 보여라.

2.3.3. 함수 $f : [a,b] \to \mathbb{R}$ 과 분할 $P = \{x_0, x_1, \ldots, x_n\}$ 에 대하여

$$\lambda(f,P) = \sum_{i=1}^{n} \left[(x_i - x_{i-1})^2 + (f(x_i)) - f(x_{i-1})^2 \right]^{1/2}$$

라 정의하고, 그래프의 길이 $\Lambda(f)$ 를

$$\Lambda(f) = \sup\{\lambda(f,P) : P \in \mathcal{P}\}$$

라 정의한다.

(가) 임의의 단조증가함수 $f : [a,b] \to [c,d]$에 대하여 $\Lambda(f) \le (b-a)+(d-c)$ 임을 보여라.

(나) 칸토르함수 $\phi : [0,1] \to \mathbb{R}$ 에 대하여 $\Lambda(\phi)$ 를 구하여라.

2.3.4. 구간 $[a,b]$ 위에서 정의된 함수 $f : [a,b] \to \mathbb{R}$ 이 유계변동이고 사이값정리를 만족하면 f 가 연속임을 보여라. 여기서, 구간의 상이 항상 구간일 때 사이값정리를 만족한다고 말한다.

2.3.5. 함수 $f : [a,b] \to \mathbb{R}$ 이 미분가능하고 그 도함수가 유계이면 f 는 절대연속임을 보여라.

2.3.6. 각 $f, g \in L^1[a,g]$ 에 대하여 $F(x) = \int_a^x f$, $G(x) = \int_a^x g$ 라 정의하면, 다음 등식

$$\int_a^b Fg + \int_a^b fG = F(b)G(b) - F(a)G(a)$$

이 성립함을 보여라. 또한, 구간 $[a,b]$ 에서 정의된 두 절대연속함수 f, g 에 대하여, 등식

$$\int_a^b fg' + \int_a^b f'g = f(b)g(b) - f(a)g(a)$$

을 증명하여라.

2.3.7. 적분가능함수 $f : [a,b] \to \mathbb{R}$ 에 대하여 함수 F 를 (1) 과 같이 정의하였을 때, $V_a^b(F) = \int_a^b |f|$ 임을 보여라. 만일 $f \in L^1(\mathbb{R})$ 이고

$$F(x) = \int_{-\infty}^x f, \qquad x \in \mathbb{R}$$

이라 정의하면 $\lim_{a\to\infty} V_{-a}^a(F) = \int_{\mathbb{R}} |f|$ 임을 보여라.

2.3.8. 함수 $f : \mathbb{R} \to \mathbb{R}$ 이 $\mathbb{R}$ 위에서 유계변동이면(7) f 는 단조증가함수의 차로 표시됨을 보여라.

---

(7) 함수 $f : \mathbb{R} \to \mathbb{R}$ 이 임의의 유계구간 $[a,b]$ 위에서 유계변동이고 $\lim_{a\to\infty} V_{-a}^a(f)$ 가 유한값이면 f 가 $\mathbb{R}$ 위에서 유계변동함수라 한다.

2.3.9. 함수 $f : \mathbb{R} \to \mathbb{R}$ 에 대하여 다음이 동치임을 보여라.

(가) 르벡적분가능함수 $g \in L^1(\mathbb{R})$ 이 존재하여 $f(x) = \int_{-\infty}^{x} g$ 가 성립한다.

(나) f 는 $\mathbb{R}$ 위에서 유계변동, 임의의 유계구간 $[a, b]$ 위에서 절대연속이고, $\lim_{x \to -\infty} f(x) = 0$ 이 성립한다.

2.3.10. 함수 $f(x) = x^p \sin \frac{1}{x^q}$ (단, $f(0) = 0$) 가 주어져 있다.

(가) 단위구간 $[0, 1]$ 위에서 함수 f 가 절대연속일 양수 p, q 의 조건을 구하여라.

(나) 단위구간 $[0, 1]$ 위에서 함수 f 가 유계변동함수일 양수 p, q 의 조건을 구하여라.

제 3 장 적분가능함수공간

이 장에서는 앞으로 중요한 역할을 하게 될 노음공간 $L^p(E)$ 에 대하여 살펴보는데, 특히 이 공간이 완비공간임을 보인다. 또한 유계닫힌구간에서 정의된 $L^p[a,b]$ 의 중요 성질로서, 연속함수공간이 $L^p[a,b]$ 의 조밀한 부분공간임을 보이고, 이와 더불어 잴수있는 함수를 연속함수로 접근시킬 수 있음을 보인다. 지금까지 실수축에 제한하여 측도론을 전개하였는데, 이제 임의의 집합에서 측도론을 전개한 후 마찬가지로 L^p–공간을 정의하면, 이는 기존의 좌표공간이나 수열공간을 모두 수용하게 된다.

3.1 L^p–공간

잴수있는 집합 $E \subset \mathbb{R}$ 과 양수 $p > 0$ 에 대하여 조건

$$\int_E |f|^p < \infty$$

을 만족하는 잴수있는 함수 $f : E \to \mathbb{C}$ 의 집합을 $L^p(E)$ 라 하자. 먼저 이 집합이 벡터공간임을 보이려 하는데, 이를 위하여 몇 가지 부등식이 필요하다. 집합 $L^1(E)$ 가 벡터공간임은 이미 알고 있다.

함수 $\varphi : (a,b) \to \mathbb{R}$ (단, $-\infty \le a < b \le +\infty$) 이 다음 조건

$$a < s < t < u < b \Longrightarrow \frac{\varphi(t) - \varphi(s)}{t - s} \le \frac{\varphi(u) - \varphi(t)}{u - t} \tag{1}$$

을 만족할 때, φ 를 볼록함수라 부른다.

연습문제 3.1.1. 함수 $f:(a,b)\to\mathbb{R}$ 이 볼록일 필요충분조건은

$$a<x,y<b,\ 0\le\lambda\le1 \Longrightarrow \varphi((1-\lambda)x+\lambda y)\le(1-\lambda)\varphi(x)+\lambda\varphi(y)$$

임을 보여라.

정리 3.1.1. (옌센[(1)] 부등식) 함수 $f:[0,1]\to(a,b)$ 가 적분가능하고, $\varphi:(a,b)\to\mathbb{R}$ 이 볼록함수이면 (단, $-\infty\le a<b\le+\infty$) 부등식

$$\varphi\left(\int_0^1 f\right)\le\int_0^1(\varphi\circ f)$$

이 성립한다.

증명: 먼저 $\alpha=\displaystyle\int_0^1 f$ 라 두면 $a<\alpha<b$ 이다. 이제,

$$\beta=\sup\left\{\frac{\varphi(\alpha)-\varphi(s)}{\alpha-s}:a<s<\alpha\right\}$$

라 두면 각 $s\in(a,\alpha)$ 에 대하여

$$\varphi(s)-\varphi(\alpha)\ge\beta(s-\alpha) \tag{2}$$

이 성립한다.[(2)] 또한 (1) 에 의하면 각 $u\in(\alpha,b)$ 에 대하여

$$\beta\le\frac{\varphi(u)-\varphi(\alpha)}{u-\alpha}$$

이므로, 결국 임의의 $s\in(a,b)$ 에 대하여 부등식 (2) 가 성립함을 알 수 있다. 따라서, 각 $x\in[0,1]$ 에 대하여

$$(\varphi\circ f)(x)-\varphi(\alpha)\ge\beta(f(x)-\alpha)$$

(1) Johan Ludvig William Valdemar Jensen (1859~1925), 덴마크 수학자. 수학은 거의 독학으로 공부하였다. 전화회사의 기사로 일하면서 틈틈이 수학을 연구하였다.

(2) 만일 φ 가 미분가능하면 $\beta=\varphi'(\alpha)$ 이다.

이므로

$$\int_0^1 (\varphi \circ f) - \varphi(\alpha) \geq \beta \left(\int_0^1 f - \alpha \right) = 0$$

을 얻는다. □

특히 지수함수가 볼록이므로 다음 부등식

$$\exp\left(\int_0^1 f \right) \leq \int_0^1 e^f$$

을 얻는다. 양수 $a_1, \ldots, a_n$ 의 합이 1 일 때, 각 $i = 1, 2, \ldots, n$ 에 대하여 $x_i = a_1 + \cdots + a_i$ 이라 두면 (단, $x_0 = 0$) 단위구간 $[0,1]$ 의 분할 $\{x_0, x_1, \ldots, x_n\}$ 을 얻는다. 이제, 함수 $f : [0,1] \to \mathbb{R}$ 을 정의하는데, 각 구간 $(x_{i-1}, x_i]$ 위에서 $f = s_i$ 라 하자 (단, $s_i \in \mathbb{R}$). 그러면 다음 부등식

$$a_i > 0,\ \sum_{i=1}^n a_i = 1 \implies e^{a_1 s_1 + \cdots + a_n s_n} \leq a_1 e^{s_1} + \cdots + a_n e^{s_n}$$

을 얻는다. 만일 $e^{s_i} = t_i$ 라 두면, 또 다른 부등식

$$a_i > 0,\ \sum_{i=1}^n a_i = 1,\ t_i \geq 0 \implies t_1^{a_1} \cdot \cdots \cdot t_n^{a_n} \leq a_1 t_1 + \cdots + a_n t_n \tag{3}$$

을 얻게 된다.

두 양수 $0 < p, q < \infty$ 가 다음 관계식

$$\frac{1}{p} + \frac{1}{q} = 1$$

을 만족하면 이를 켤레지수라 부르는데, 편의상 $1, \infty$ 도 켤레지수라 한다. 다음 정리의 두 부등식은 앞으로 핵심적인 역할을 하는데, 각각 휠더[(3)] 부등식, 민코프스키[(4)] 부등식이라 부른다.

---

(3) Otto Ludwig Hölder (1859~1937), 독일 수학자. 베를린에서 공부하고 Königsberg (Kaliningrad, 현재 러시아 영토) 및 Leibzig 에서 활동하였다.

(4) Hermann Minkowski (1864~1909), 독일 수학자. Königsberg 및 베를린에서 공부하고, Bonn, Zürich, Göttingen 등지에서 활동하였다.

정리 3.1.2. 두 양수 p, q가 켤레지수일 때, 잴수있는 집합 E에서 정의된 잴수있는 함수 $f, g : E \to [0, \infty]$에 대하여 부등식

$$\int_E fg \le \left(\int_E f^p\right)^{1/p} \left(\int_E g^q\right)^{1/q},$$
$$\left(\int_E (f+g)^p\right)^{1/p} \le \left(\int_E f^p\right)^{1/p} + \left(\int_E g^p\right)^{1/p}$$

이 성립한다.

증명: 만일 f^p의 적분값이 0이면 명제 1.2.10 (가) 에 의하여 f가 거의 모든 점에서 0이므로 증명할 것이 없다. 만일 f^p의 적분값이 $+\infty$이라도 마찬가지이므로, $A = \left(\int_E f^p\right)^{1/p}$ 와 $B = \left(\int_E g^q\right)^{1/q}$ 가 유한 양수값을 가질 경우만 생각하면 된다. 이 경우, f와 g는 거의 모든 점에서 유한값을 가진다. 만일

$$F = \frac{f}{A}, \qquad G = \frac{g}{B}$$

라 두면 $\int_E F^p = \int_E G^q = 1$ 이다. 그런데, 부등식 (3) 에 의하여

$$F(x)G(x) \le \frac{1}{p}F(x)^p + \frac{1}{q}G(x)^q, \qquad x \in E$$

가 성립하고, 따라서 횔더 부등식

$$\frac{1}{AB}\int_E fg = \int_E FG \le \frac{1}{p}\int_E F^p + \frac{1}{q}\int_E G^q = \frac{1}{p} + \frac{1}{q} = 1$$

을 얻는다.

이제, 횔더 부등식을 이용하여 얻어지는 다음 두 부등식

$$\int_E f \cdot (f+g)^{p-1} \le \left(\int_E f^p\right)^{1/p} \left(\int_E (f+g)^{(p-1)q}\right)^{1/q}$$
$$\int_E g \cdot (f+g)^{p-1} \le \left(\int_E g^p\right)^{1/p} \left(\int_E (f+g)^{(p-1)q}\right)^{1/q}$$

을 더하고 등식 $(f+g)^p = f\cdot(f+g)^{p-1} + g\cdot(f+g)^{p-1}$ 및 $(p-1)q = p$ 를 사용하면 다음 부등식

$$\int_E (f+g)^p \le \left(\int_E (f+g)^p\right)^{1/q}\left[\left(\int_E f^p\right)^{1/p} + \left(\int_E g^p\right)^{1/p}\right]$$

이 성립함을 알 수 있다. 만일 $\int_E (f+g)^p = 0$ 이면 증명할 것이 없고, $\int_E (f+g)^p > 0$ 이면 위 부등식의 양변을 $\left(\int_E (f+g)^p\right)^{1/q}$ 로 나누어 민코프스키 부등식을 얻는다. □

잴수있는 함수 $f: E \to \mathbb{C}$ 와 $p \in [1,\infty)$ 에 대하여

$$\|f\|_p = \left(\int_E |f|^p\right)^{1/p}$$

라 정의한다. 그러면 부등식

$$\|fg\|_1 \le \|f\|_p\|g\|_q, \quad (\text{단}, 1 < p, q < \infty, \frac{1}{p}+\frac{1}{q}=1) \tag{4}$$

및

$$\|f+g\|_p \le \|f\|_p + \|g\|_p \quad (\text{단}, 1 \le p < \infty) \tag{5}$$

이 성립하는데, 이 또한 각각 횔더 부등식 및 민코프스키 부등식으로 불린다. 민코프스키 부등식에 의하면 $L^p(E)$ 가 벡터공간이 됨을 바로 알 수 있다.

연습문제 3.1.2. 두 함수 $f \in L^p(E)$ 와 $g \in L^q(E)$ 가 주어져 있을 때, 부등식 (4) 에서 등호가 성립할 필요충분조건은 적절한 상수 A, B 에 대하여 (단, $A \ge 0$, $B \ge 0$, $A^2 + B^2 > 0$) 등식 $A|f|^p = B|g|^q$ 이 거의 모든 점에서 성립함임을 보여라.

연습문제 3.1.3. 두 함수 $f, g \in L^p(E)$ 가 주어져 있을 때, 부등식 (5) 에서 등호가 성립할 필요충분조건을 구하여라. [도움말: $p=1$ 인 경우와 $1 < p < \infty$ 인 경우로 나누어서 생각하여라.]

이제, 새로운 벡터공간 $L^\infty(E)$ 을 정의하자. 잴수있는 함수 $f : E \to [0, \infty]$ 에 대하여

$$\operatorname{ess\,sup} f = \inf\{\alpha \in \mathbb{R} : \mu(f^{-1}((\alpha, \infty])) = 0\}$$

이라 정의하자. 위 정의에 나오는 집합이 비어있으면 $\operatorname{ess\,sup} f = \infty$ 라 정한다. 또한 잴수있는 함수 $f : E \to \mathbb{C}$ 에 대하여

$$\|f\|_\infty = \operatorname{ess\,sup}|f| \tag{6}$$

라 정의하고, $\|f\|_\infty < \infty$ 인 잴수있는 함수 $f : E \to \mathbb{C}$ 전체의 집합을 $L^\infty(E)$ 로 쓴다.

연습문제 3.1.4. 부등식 $|f(x)| \le \alpha$ 가 거의 모든 점 x 에서 성립할 필요충분조건이 $\|f\|_\infty \le \alpha$ 임을 보여라.

연습문제 3.1.5. 부등식 (4) 가 $p = 1, q = \infty$ 일 때에도 성립함을 보이고, 이 부등식에서 등호가 성립할 필요충분조건을 구하여라. 부등식 (5) 역시 $p = \infty$ 일 때 성립함을 보이고, 등호가 성립할 필요충분조건을 구하여라. 집합 $L^\infty(E)$ 가 벡터공간임을 보여라.

일반적으로, 복소벡터공간 X 에 함수 $\| \ \| : X \to [0, \infty)$ 가 주어져서 다음 성질들

(노1) $x \in X,\ \|x\| = 0 \implies x = 0,$

(노2) $\alpha \in \mathbb{C},\ x \in X \implies \|\alpha x\| = |\alpha|\|x\|,$

(노3) $x, y \in X \implies \|x + y\| \le \|x\| + \|y\|$

을 만족하면 이를 노음공간이라 한다. 좌표공간 $\mathbb{C}^n$ 은 그 대표적인 예이다. 지금까지 논의한 바에 의하면 벡터공간 $L^p(E)$ 는 (단, $1 \le p \le \infty$) (노3) 을 만족한다. 등식 $\|\alpha f\|_p = |\alpha|\|f\|_p$ 가 임의의 $\alpha \in \mathbb{C}$ 와 $p \in [1, \infty]$ 에 대하여 성립하는 것은 자명하지만, $L^p(E)$ 는 조건 (노1) 을 만족하지 못한다. 그러나 $\|f\|_p = 0$ 이면 거의 모든 점에서 $f = 0$ 이므로, 이제

부터 $L^p(E)$ 의 두 함수값이 거의 모든 점에서 일치하면 이를 같은 것으로 이해한다. 거의 모든 점에서 함수값이 일치한다는 것은 동치관계를 이루므로, 이에 의하여 생기는 동치류를 $L^p(E)$ 의 원소로 이해하면 $L^p(E)$ 는 노음공간이 된다. 따라서, 노음공간 $L^p(E)$ 의 원소는 엄밀히 말하여 함수가 아니고 동치류에 의하여 생기는 함수모임이다. 그러나, 그 동치류에 속하는 함수 하나를 마치 $L^p(E)$ 의 원소인 것처럼 쓰기로 한다.

노음공간의 수열 $\langle x_n \rangle$ 이 주어져 있을 때, 임의의 양수 $\epsilon > 0$ 에 대하여 다음 성질

$$m, n > N \implies \|x_n - x_m\| < \epsilon$$

을 만족하는 자연수 N 이 존재하면 이 수열 $\langle x_n \rangle$ 을 코시[(5)]수열이라 한다. 노음공간 $L^p(E)$ 에서는 좌표공간과 마찬가지로 임의의 코시수열이 수렴한다는 것을 보이려 하는데, 이는 $L^p(E)$ 의 핵심적인 성질로서 측도론이 도입된 이유 가운데 하나이다. 모든 코시수열이 수렴하는 노음공간을 바나하[(6)]공간이라 한다. 이제 $L^p(E)$ 가 바나하공간임을 보이는데, $1 \le p < \infty$ 인 경우와 $p = \infty$ 인 경우로 나누어 생각한다. 먼저 $p = \infty$ 인 경우를 살펴보자.

---

(5) Augustin Louis Cauchy (1789~1857), 프랑스 수학자. 원래, 토목공학을 전공하려 하였으나, École Polytechnique 의 라플라스 등이 권하여 수학을 하게 되었다. 1816 년부터 École Polytechnique 의 교수로 있으면서 수많은 논문과 저작을 남겼으나, 1830 년 혁명 이후 정치적인 이유(왕당파)로 쫓겨 나기도 했다가 1848 년 복귀하였다. 다음은 그에 관한 전기이다: B. Belhoste, *Augustin-Louis Cauchy, A Biography*, Springer-Verlag, 1986.

(6) Stefan Banach (1892~1945), 폴란드 수학자. 정식으로 수학교육을 받은 바 없지만, 1922 년부터 Lwów (Lviv, 이차대전 이후 우크라이나에 편입됨) 에서 활동하였으며 폴란드 수학회장을 역임하였다. 이차대전 중 Lwów 가 독일군에 점령되었을 때, 실험실에서 사용하는 이를 키우는 일에 동원되어 건강을 해쳤다. 다음은 그에 관한 전기이다: R. Kałuzà, *The Life of Stefan Banach. Through a Reporter's Eyes*, Translated from the Polish by A. Kostant and W. Woyczyńsky, Birkhäuser, 1996.

노음공간 $L^\infty(E)$ 의 코시수열 $\langle f_n \rangle$ 이 주어져 있을 때,

$$A_k = \{x \in E : |f_k(x)| > \|f_k\|_\infty\},$$
$$B_{m,n} = \{x \in E : |f_n(x) - f_m(x)| > \|f_n - f_m\|_\infty\}$$

라 정의하자. 이 집합들의 합집합을 F 라 두면 $\mu(F) = 0$ 이다. 또한, 임의의 $x \in E \setminus F$ 에 대하여

$$|f_n(x) - f_m(x)| \le \|f_n - f_m\|_\infty \to 0 \qquad (m, n \to \infty)$$

이므로, $\langle f_n \rangle$ 은 $E \setminus F$ 위에서 유계함수로 고르게 수렴한다. 이 극한함수를 f 라 두면 (단, $x \in F$ 이면 $f(x) = 0$ 이라 둔다), $f \in L^\infty(E)$ 이고 $\|f_n - f\|_\infty \to 0$ 이다.

이제, $1 \le p < \infty$ 이라 하고, $L^p(E)$ 의 코시수열 $\langle f_n \rangle$ 을 잡자. 그러면 적절한 부분수열 $\langle f_{n_i} \rangle$ 을 잡아서

$$\|f_{n_{i+1}} - f_{n_i}\|_p < \frac{1}{2^i}, \qquad i = 1, 2, \ldots$$

가 되도록 할 수 있다. 이제

$$g_k = \sum_{i=1}^{k} |f_{n_{i+1}} - f_{n_i}|, \qquad g = \sum_{i=1}^{\infty} |f_{n_{i+1}} - f_{n_i}|$$

라 두면 민코프스키 부등식에 의하여 $\|g_k\|_p \le \sum_{i=1}^{k} \frac{1}{2^i} < 1$ 이고, 파투 정리에 의하여 $\|g\|_p \le \liminf_k \|g_k\|_p \le 1$ 이고 명제 1.2.8 에 의하여 g 가 거의 모든 점에서 유한값을 가지므로, 급수

$$f_{n_1}(x) + \sum_{i=1}^{\infty} (f_{n_{i+1}}(x) - f_{n_i}(x))$$

는 거의 모든 점 x 에서 절대수렴한다. 그 극한함수를 f 라 두면 (단, 위 급수가 수렴하지 않는 점에서는 $f = 0$ 이라 둔다), 거의 모든 점 x 에 대하여 등식

$$f(x) = \lim_{i \to \infty} f_{n_i}(x)$$

이 성립한다. 이제,

$$m, n \geq N \implies \|f_m - f_n\|_p < \epsilon$$

인 자연수 N 을 잡자. 그러면 각 $m \geq N$ 에 대하여

$$\int_E |f - f_m|^p \leq \liminf_{i\to\infty} \int_E |f_{n_i} - f_m|^p \leq \epsilon^p$$

이므로, $f - f_m \in L^p(E)$ 로부터 $f \in L^p(E)$ 일 뿐 아니라 $\|f - f_m\|_p \to 0$ 임이 증명되었다.

정리 3.1.3. (리쓰[(7)]–피셔[(8)]) 각 $p \in [1, \infty]$ 에 대하여 $L^p(E)$ 는 바나하공간이다.

수렴하는 수열은 당연히 코시수열이므로, 다음 명제도 이미 증명되었다.

명제 3.1.4. 만일 $L^p(E)$ (단, $1 \leq p \leq \infty$) 의 수열 $\langle f_n \rangle$ 이 $f \in L^p(E)$ 로 수렴하면 (즉, $\|f_n - f\|_p \to 0$ 이면) 거의 모든 점에서 f 로 점별수렴하는 부분수열을 가진다.

연습문제 3.1.6. 구간열

$$I_1 = [0,1],\ I_2 = [0, \frac{1}{2}],\ I_3 = [\frac{1}{2}, 1],\ I_4 = [0, \frac{1}{4}], I_5 = [\frac{1}{4}, \frac{2}{4}], \ldots, I_8 = [0, \frac{1}{8}], \ldots$$

을 잡은 후, $f_n = \chi_{I_n}$ 이라 두자. 그러면 $\|f_n\|_p \to 0$ 이지만 (단, $1 \leq p < \infty$) 함수열 $\langle f_n \rangle$ 은 어느 점에서도 수렴하지 않음을 보여라. 이러한 성질을 가지는 연속함수열을 잡아 보아라.

---

(7) Frigyes Riesz (1880∼1956), 헝가리 수학자. 부다페스트 및 Göttingen 에서 공부하고 Szeged 에서 활동하다가 1946 년부터 부다페스트로 옮겼다.

(8) Ernst Fischer (1875∼1956), 오스트리아 수학자.

3.2 잴수있는 함수와 연속함수

명제 1.1.6 에서 살펴본 바와 같이, 실직선의 잴수있는 집합은 거의 열린집합과 비슷하다. 이 절에서는 잴수있는 함수가 적절한 의미에서 거의 연속함수임을 보이려 한다. 이를 위하여 연속함수의 예를 충분히 준비해 둘 필요가 있다.

열린구간 $U = (a, b)$ 와 그 안에 들어 있는 유계닫힌집합 K 에 대하여 $c = \inf K$, $d = \sup K$ 라 두면 $K \subset [c, d] \subset (a, b)$ 가 된다. 이 때, 좌표평면 위의 네 점 $(a, 0)$, $(c, 1)$, $(d, 1)$, $(b, 0)$ 을 차례로 선분으로 잇는 그래프를 생각하면, 다음 성질

$$0 \le f \le 1, \quad f|_K = 1, \qquad f|_{\mathbb{R}\setminus U} = 0 \tag{7}$$

을 만족하는 연속함수 $f : \mathbb{R} \to [0, 1]$ 을 찾을 수 있다. 이제 임의의 열린집합 $U = \bigsqcup_{n=1}^{\infty}(a_n, b_n)$ 를 생각하여, $K \subset U$ 이면 하이네–보렐 정리를 적용함으로써 적절한 자연수 N 에 대하여 $K \subset \bigsqcup_{n=1}^{N}(a_n, b_n)$ 이 됨을 알 수 있다. 또한, 각 $n = 1, 2, \ldots, N$ 에 대하여 $K_n = K \cap (a_n, b_n)$ 이라 두면 K_n 역시 유계닫힌집합이므로 방금 증명한 것을 적용하여 얻은 함수들을 모두 더하면, 다음을 얻는다.

도움정리 3.2.1. 임의의 유계닫힌집합 $K \subset \mathbb{R}$ 와 열린집합 $U \subset \mathbb{R}$ 가 $K \subset U$ 이면, (7) 을 만족하는 연속함수 $f : \mathbb{R} \to [0, 1]$ 가 존재한다.

다음 정리는 유한측도집합에서 정의된 잴수있는 함수가 연속함수와 거의 비슷함을 말해 준다.

정리 3.2.2. (루진[(9)]) 유계구간 $[a, b]$ 위에서 정의된 잴수있는 함수 $f : [a, b] \to \mathbb{C}$ 가 있을 때, 임의의 양수 $\epsilon > 0$ 에 대하여

$$\mu(\{x \in [a, b] : f(x) \neq g(x)\}) < \epsilon \tag{8}$$

(9) Nikolai Nikolaievich Luzin (1883~1950), 러시아 수학자. 모스크바에서 공부하고 활동하였다.

을 만족하는 연속함수 $g : [a, b] \to \mathbb{C}$ 가 존재한다. 만일 $f \in L^\infty[a, b]$ 이면 $\|g\|_\infty \le \|f\|_\infty$ 가 되도록 연속함수 g 를 택할 수 있다.

증명: 먼저 $0 \le f < 1$ 인 경우를 생각하자. 정리 1.2.4 에서 만든 단순함수열 $\langle s_n \rangle$ 을 생각하고, $t_1 = s_1$, $t_n = s_n - s_{n-1}$ 이라 하자. 만일 $T_n = \{x \in [a, b] : t_n(x) \ne 0\}$ 이라 두면 $t_n = 2^{-n}\chi_{T_n}$ 임을 알 수 있다. 명제 1.1.6 을 적용하면, 각 $n = 1, 2, \ldots$ 에 대하여

$$K_n \subset T_n \subset U_n, \qquad \mu(U_n \setminus K_n) < \frac{\epsilon}{2^n}$$

이 되는 유계닫힌집합 K_n 과 열린집합 U_n 을 잡을 수 있다. 이제 도움정리 3.2.1 을 적용하여

$$0 \le h_n \le 1, \quad h_n|_{K_n} = 1, \qquad h_n|_{\mathbb{R}\setminus U_n} = 0$$

을 만족하는 연속함수 $h_n : \mathbb{R} \to [0, 1]$ 을 택하고,

$$g(x) = \sum_{n=1}^{\infty} \frac{1}{2^n} h_n(x), \qquad x \in [a, b]$$

라 정의하자. 그러면 이 급수가 고르게 수렴하므로 g 는 연속함수이다. 각 $n = 1, 2, \ldots$ 에 대하여

$$x \notin U_n \setminus K_n \implies t_n(x) = \frac{1}{2^n}\chi_{T_n} = \frac{1}{2^n} h_n(x)$$

이므로, 만일 $x \notin \bigcup_{n=1}^{n} (U_n \setminus K_n)$ 이면

$$f(x) = \lim_{n\to\infty} s_n(x) = \sum_{n=1}^{\infty} t_n(x) = \sum_{n=1}^{\infty} \frac{1}{2^n} h_n(x) = g(x)$$

가 성립한다. 그런데 $\mu[\bigcup_{n=1}^{\infty}(U_n \setminus K_n)] < \epsilon$ 이므로, $0 \le f < 1$ 인 경우에 증명이 끝난다. 따라서 $0 \le f < M$ 인 경우에도 증명이 되고, 유계 복소함수인 경우

$$f = u + iv = u_+ - u_- + i(v_+ - v_-) \tag{9}$$

를 생각하면 된다.

일반적인 잴수있는 함수 $f:[a,b]\to\mathbb{C}$ 의 경우,

$$A_n=\{x\in[a,b]:|f(x)|>n\},\qquad n=1,2,\ldots$$

이라 두면 $\langle A_n\rangle$ 이 감소하는 집합열이므로, 따름정리 1.1.5 에 의하여 $\lim_n\mu(A_n)=\mu(\bigcap_n A_n)=0$ 이 된다. 이제, $\mu(A_N)<\epsilon/2$ 인 자연수 N 을 잡고 $h=(1-\chi_{A_N})\cdot f$ 라 두면, A_N 바깥에서 $h=f$ 이고 h 는 유계함수이다. 따라서, 집합 $\{x:h(x)\neq g(x)\}$ 의 측도가 $\epsilon/2$ 보다 작은 연속함수 g 를 찾으면 (8) 을 만족하게 된다.

끝으로, $f\in L^\infty$ 인 경우

$$\varphi(z)=\begin{cases} z, & |z|\le\|f\|_\infty,\\ \dfrac{z}{|z|}\|f\|_\infty, & |z|>\|f\|_\infty\end{cases}$$

라 두면 $\varphi:\mathbb{C}\to\mathbb{C}$ 는 연속함수이고 $|\varphi|\le\|f\|_\infty$ 이다. 따라서, (8) 을 만족하는 연속함수 g 를 잡은 후, $g_1=\varphi\circ g$ 를 생각하면

$$\{x:f(x)\neq g_1(x)\}\subset\{x:f(x)\neq g(x)\}\cup\{x:|f(x)|>\|f\|_\infty\}$$

이므로, g_1 이 원하는 연속함수가 된다. □

연습문제 3.2.1. 함수 $f:[a,b]\to\mathbb{R}$ 가 주어져 있다. 만일 임의의 양수 $\epsilon>0$ 에 대하여 (8) 을 만족하는 연속함수 g 가 존재하면, f 가 잴수있는 함수임을 보여라.

연습문제 3.2.2. 구간 $[a,b]$ 위에서 정의된 잴수있는 유계함수 $f:[a,b]\to\mathbb{C}$ 가 있을 때, 거의 모든 점에서 f 로 수렴하는 고른유계 연속함수열 $\langle f_n\rangle$ 이 존재함을 보여라.

구간 $[a,b]$ 위에서 정의된 연속함수 $f:[a,b]\to\mathbb{C}$ 를 모두 모은 벡터공간 $C[a,b]$ 는 $L^p[a,b]$ 의 부분공간이 된다. 이제, $1\le p<\infty$ 인 경우,

$C[a,b]$ 가 $L^p[a,b]$ 의 조밀한 부분공간이 됨을 보이자. 이 경우 역시, 정리 1.2.4 를 이용하여 단순함수부터 생각하는 것이 편리하다.

도움정리 3.2.3. 구간 $[a,b]$ 에서 정의된 단순함수 $s : [a,b] \to \mathbb{C}$ 전체의 집합 S 는 $L^p[a,b]$ 안에서 조밀하다 (단, $1 \le p < \infty$).

증명: 먼저 $f \ge 0$ 인 $f \in L^p[a,b]$ 를 잡자. 정리 1.2.4 에서 잡은 단순함수열 $\langle s_n \rangle$ 을 생각하면, $|f - s_n|^p \le f^p$ 이고 f^p 가 적분가능하므로, 르벡수렴정리에 의하여

$$\|f - s_n\|_p = \left(\int_a^b |f - s_n|^p \right)^{1/p} \to 0$$

가 된다. 일반적인 $f \in L^p[a,b]$ 인 경우, (9) 를 이용하면 된다. □

정리 3.2.4. 각 $p \in [1,\infty)$ 에 대하여, $C[a,b]$ 는 $L^p[a,b]$ 의 조밀한 부분공간이다.

증명: 임의의 $f \in L^p[a,b]$ 에 대하여 $\|f - s\|_p \le \epsilon$ 인 단순함수 s 를 잡자. 그러면, 루진 정리에 의하여

$$\mu(\{x \in [a,b] : g(x) \ne s(x)\}) < \left(\frac{\epsilon}{2\|s\|_\infty} \right)^p, \qquad |g| \le \|s\|_\infty$$

인 연속함수 g 를 잡을 수 있다. 그러면,

$$\|g - s\|_p = \left(\int_a^b |g - s|^p \right)^{1/p} \le \left[(2\|s\|_\infty)^p \left(\frac{\epsilon}{2\|s\|_\infty} \right)^p \right]^{1/p} = \epsilon$$

이므로, $\|f - g\|_p \le \|f - s\|_p + \|s - g\|_p < 2\epsilon$ 이 된다. □

노음공간 $L^p(\mathbb{R})$ 에서는 정리 3.2.4 가 어떠한 방식으로 성립하는지 살펴보자. 함수 $f : \mathbb{R} \to \mathbb{C}$ 의 받침 $\operatorname{supp} f$ 를 집합 $\{x : f(x) \ne 0\}$ 의 닫힘으로 정의하고, 받침이 유계구간에 들어가는 연속함수 전체의 벡터공간을 $C_c(\mathbb{R})$ 이라 쓴다.

정리 3.2.5. 각 $p \in [1, \infty)$ 에 대하여, $C_c(\mathbb{R})$ 은 $L^p(\mathbb{R})$ 의 조밀한 부분공간이다.

증명: 단조수렴정리를 적용하면, $n \to \infty$ 일 때

$$\int_{-n}^{n} |f|^p = \int_{\mathbb{R}} \chi_{[-n,n]} |f|^p \nearrow \int_{\mathbb{R}} |f|^p$$

임을 알 수 있고, 따라서

$$\int_{\mathbb{R}\setminus[-N,N]} |f|^p < \epsilon^p$$

인 자연수 N 을 잡을 수 있다. 또한, 구간 $[-N, N]$ 위에서 정리 3.2.4 를 적용하여 $\|g - f|_{[-N,N]}\|_p < \epsilon$ 인 $g \in C[-N, N]$ 을 택하자. 그러면,

$$\int_{-N}^{N} |g - f|^p \le \epsilon^p$$

가 된다. 끝으로 $|g|^p \le M$ 일 때, 네 점

$$(-N, 0),\ (-N + \frac{\epsilon^p}{2M}, 1),\ (N - \frac{\epsilon^p}{2M}, 1),\ (N, 0)$$

을 차례로 선분으로 잇는 그래프를 생각하여 $h \in C_c(\mathbb{R})$ 를 잡되, 그 받침이 $[-N, N]$ 에 들어가도록 하자. 그러면 gh 역시 받침이 $[-N, N]$ 에 들어가는 연속함수가 되고 (단, $g|_{\mathbb{R}\setminus[-N,N]} = 0$ 이라 둔다)

$$\begin{aligned}\|g - gh\|_p^p &\le \int_{-N}^{-N+\epsilon^p/2M} |g - gh|^p + \int_{N-\epsilon^p/2M}^{N} |g - gh|^p \\ &\le \frac{\epsilon^p}{2M} 2^p M + \frac{\epsilon^p}{2M} 2^p M = (2\epsilon)^p\end{aligned}$$

이 된다. 따라서 부등식

$$\begin{aligned}\|f - gh\|_p &\le \|f - g\|_p + \|g - gh\|_p \\ &= \left(\int_{-N}^{N} |f - g|^p + \int_{\mathbb{R}\setminus[-N,N]} |f - g|^p \right)^{1/p} + 2\epsilon \\ &< (\epsilon^p + \epsilon^p)^{1/p} + 2\epsilon = (2^{1/p} + 2)\epsilon\end{aligned}$$

을 얻으므로 증명이 끝난다. □

집합 X 의 곱집합 $X \times X$ 에서 정의된 함수 $d : X \times X \to [0, \infty)$ 가 다음 성질들

(거1) $d(x, y) = 0 \implies x = y$ 이다,
(거2) $d(x, y) = d(y, x)$ 이다,
(거3) $d(x, y) \le d(x, z) + d(z, y)$ 이다

을 만족하면 d 를 거리라 하고, 거리가 주어진 집합을 거리공간이라 한다. 노음공간의 두 점 $x, y \in X$ 에 대하여 $d(x, y) = \|x - y\|$ 라 정의하면 거리가 되므로, 임의의 노음공간은 거리공간이다. 임의의 코시수열이 수렴하는 거리공간을 완비거리공간이라 한다. 거리공간의 거리를 부분집합에 제한하면 다시 거리가 되므로, 거리공간의 부분집합은 다시 거리공간인데 이를 부분공간이라 한다. 한편 $\widetilde{X}$ 가 완비거리공간이고 X 가 $\widetilde{X}$ 의 조밀한 부분공간이면 $\widetilde{X}$ 를 X 의 완비화공간이라 하는데, 정리 3.2.5 는 $L^p(\mathbb{R})$ 이 거리공간 $(C_c(\mathbb{R}), \| \ \|_p)$ 의 완비화공간임을 말한다.

실수축 위에서 정의된 연속함수 가운데 $\lim_{x \to \pm\infty} f(x) = 0$ 인 것들을 모두 모은 벡터공간을 $C_0(\mathbb{R})$ 이라 쓰자. 이 공간에 노음

$$\|f\|_{\sup} = \sup\{|f(x)| : x \in \mathbb{R}\}$$

을 부여하면, 노음공간이 된다.

연습문제 3.2.3. 임의의 $f \in C_0(\mathbb{R})$ 에 대하여 $\|f\|_{\sup} = \|f\|_\infty$ 가 성립함을 보여라.

연습문제 3.2.4. 노음공간 $C_0(\mathbb{R})$ 이 바나하공간임을 보여라. 또한, $C_c(\mathbb{R})$ 이 $C_0(\mathbb{R})$ 의 조밀한 부분공간임을 보여라.

다음 정리는 정리 3.2.5 의 간단한 응용인데, 푸리에적분을 공부할 때 매우 요긴하게 쓰인다. 실수축에서 정의된 함수 $f : \mathbb{R} \to \mathbb{C}$ 와 점

$y \in \mathbb{R}$ 에 대하여 그 평행이동 f_y 를

$$f_y(x) = f(x-y), \qquad x \in \mathbb{R} \tag{10}$$

로 정의한다. 명제 1.1.2 (다) 에 의하면, $L^p(\mathbb{R})$ 에 있는 함수를 평행이동했을 때 다시 $L^p(\mathbb{R})$ 에 들어간다.

정리 3.2.6. 각 함수 $f \in L^p(\mathbb{R})$ 에 대하여 (단, $1 \le p < \infty$)

$$y \mapsto f_y : \mathbb{R} \to L^p(\mathbb{R})$$

은 고른연속함수이다.

증명: 정리 3.2.5 를 이용하여 $\|f-g\|_p < \epsilon$ 인 연속함수 $g \in C_c(\mathbb{R})$ 를 잡자. 그러면 g 가 고른연속이므로

$$|x-y| < \delta \implies |g(x) - g(y)| < \epsilon$$

인 $\delta \in (0,1)$ 가 존재한다. 만일 $\operatorname{supp} g \subset [a,b]$ 이면, $|x-y| < \delta$ 일 때

$$\begin{aligned} \|g_x - g_y\|_p^p = \int_{\mathbb{R}} |g_x - g_y|^p &= \int_{\mathbb{R}} |g_0 - g_{y-x}|^p \\ &= \int_{a-\delta}^{b+\delta} |g_0 - g_{y-x}|^p \le (b-a+2)\epsilon^p \end{aligned}$$

을 얻는다. 따라서, $|x-y| < \delta$ 이면

$$\begin{aligned} \|f_x - f_y\|_p &\le \|f_x - g_x\|_p + \|g_x - g_y\|_p + \|g_y - f_y\|_p \\ &\le \|(f-g)_x\|_p + (b-a+2)^{1/p}\epsilon + \|(f-g)_y\|_p \\ &= 2\|f-g\|_p + (b-a+2)^{1/p}\epsilon < (2 + (b-a+2)^{1/p})\epsilon \end{aligned}$$

이 되어서, 증명이 끝난다. □

이제, 관심을 약간 돌려서 점별수렴하는 함수열이 고른수렴과 얼마나 차이를 가지는가 알아보자.

도움정리 3.2.7. 유한측도집합 $E \subset \mathbb{R}$에서 정의된 잴수있는 복소함수열 $\langle f_n \rangle$이 거의 모든 점에서 $f : E \to \mathbb{C}$로 수렴한다고 가정하자. 그러면, 임의의 양수 $\epsilon > 0$과 $\delta > 0$에 대하여 다음 성질

$$n \geq N,\ x \in E \setminus A \implies |f(x) - f_n(x)| < \epsilon$$

과 $\mu(A) < \delta$를 만족하는 집합 $A \subset E$와 자연수 N을 잡을 수 있다.

증명: 각 $n = 1, 2, \dots$ 에 대하여

$$A_n = \bigcup_{k=n}^{\infty} \{x \in E : |f_k(x) - f(x)| \geq \epsilon\}$$

이라 두자. 그러면, $x \notin A_n$ 은

$$k \geq n \Longrightarrow |f_k(x) - f(x)| < \epsilon$$

을 뜻한다. 따라서, $\lim_{n\to\infty} f_n(x) = f(x)$ 이면 $x \notin A_n$ 인 자연수 n 이 존재하므로 $x \notin \bigcap_n A_n$ 이다. 즉,

$$\bigcap_{n=1}^{\infty} A_n \subset \{x : \lim_{n\to\infty} f_n(x) \neq f(x)\}$$

인데, $\langle A_n \rangle$ 이 단조감소하므로 따름정리 1.1.5 에 의하여 $\lim_{n\to\infty} \mu(A_n) = 0$ 이 된다. 따라서, $\mu(A_N) < \delta$ 인 A_N 을 잡을 수 있고, 만일 $x \in E \setminus A_N$ 이면 각 $n \geq N$ 에 대하여 $|f_n(x) - f(x)| < \epsilon$ 이 된다. □

연습문제 3.2.5. 도움정리 3.2.7 에서 전제 조건 $\mu(E) < \infty$ 이 필수적임을 보여라.

루진 정리는 임의의 잴수있는 함수가 임의의 작은 집합 바깥에서 연속함수와 일치함을 말해 주는데, 점별수렴하는 함수열에 대해서도 유사한 정리가 있다.

정리 3.2.8. (에고로프[10]) 유한측도집합 $E \subset \mathbb{R}$에서 정의된 잴수있는 복소함수열 $\langle f_n \rangle$이 거의 모든 점에서 $f : E \to \mathbb{C}$로 수렴한다고 가정하자. 그러면 임의의 양수 $\epsilon > 0$에 대하여 다음 성질

$$\mu(A) < \epsilon, \qquad \langle f_n \rangle \text{이 } E \setminus A \text{ 위에서 고르게 수렴한다}$$

을 만족하는 집합 $A \subset E$를 잡을 수 있다.

증명: 각 양수 $\dfrac{1}{m}$과 $\dfrac{\epsilon}{2^m}$ (단, $m = 1, 2, \ldots$)에 대하여 도움정리 3.2.7을 적용하여

$$x \in E \setminus A_m,\ n \geq N_m \implies |f_n(x) - f(x)| < \frac{1}{m}$$

가 성립하고 $\mu(A_m) < \dfrac{\epsilon}{2^m}$인 집합 $A_m \subset E$와 자연수 N_m을 잡을 수 있다. 이제, $A = \bigcup_{m=1}^{\infty} A_m$이라 두면

$$\mu(A) \leq \sum_{m=1}^{\infty} \mu(A_m) < \sum_{m=1}^{\infty} \frac{\epsilon}{2^m} = \epsilon$$

이 성립한다. 또한, 각 $m = 1, 2, \ldots$ 에 대하여

$$n \geq N_m \implies \sup_{x \in E \setminus A} |f(x) - f_n(x)| \leq \sup_{x \in E \setminus A_m} |f(x) - f_n(x)| \leq \frac{1}{m}$$

이 성립하므로 함수열 $\langle f_n \rangle$가 $E \setminus A$ 위에서 f로 고르게 수렴함을 알 수 있다. □

연습문제 3.2.6. 에고로프 정리에서 전제 조건 $\mu(E) < \infty$이 필수적임을 보여라.

---

(10) Dimitry Fedorovich Egorov (1869~1931), 러시아 수학자. 모스크바에서 공부하고 활동하였다. 1922 년부터 모스크바 수학회 회장을 역임하였다. 스탈린 집권 후 체포당해 유배지에서 죽었다.

3.3 양측도와 적분

실직선의 르벡측도부터 시작하여 지금까지 논의한 바를 잘 살펴보면 적분의 정의를 비롯한 많은 부분이 실직선의 거리구조나 연산구조 등 특정 성질과 무관함을 알 수 있는데, 이 절에서는 이 점을 살펴본다. 명제 1.1.2 (다) 가 실직선의 연산과 르벡측도의 관련을 설명하는 것이라면, 정리 1.1.3 (사) 와 명제 1.1.6 은 실직선의 위상과 잴수있는 집합의 관계를 말해 주고 있음을 유의하자.

지난 1.1 절에서 정의한 바와 마찬가지로, 집합 X 의 부분집합모임 $\mathfrak{S}$ 가 다음 성질

(σ1) $\emptyset \in \mathfrak{S}$,

(σ2) $A \in \mathfrak{S} \implies A^c \in \mathfrak{S}$,

(σ3) $A_n \in \mathfrak{S}\ (n = 1, 2, \dots) \implies \bigcup_{n=1}^{\infty} A_n \in \mathfrak{S}$

을 만족할 때, 이를 σ–대수라 부른다. 만일 함수 $\mu : \mathfrak{S} \to [0, \infty]$ 가 다음 성질

$$\{A_n \in \mathfrak{S} : n = 1, 2, \dots\} \text{ 가 서로소} \implies \mu\left(\bigsqcup_{n=1}^{\infty} A_n\right) = \sum_{n=1}^{\infty} \mu(A_n) \tag{11}$$

을 만족하고 $\mu(\emptyset) = 0$ 이면, 이를 양측도 혹은 그냥 측도라 한다. 또한, 집합모임 $\mathfrak{S}$ 에 들어가는 X 의 부분집합들을 잴수있는 집합이라 부른다. 다음 명제는 지난 1.1 절에서 공부한 내용 중에서 실직선의 위상이나 실수의 연산과 상관없는 것은 그대로 성립함을 보여 준다.

명제 3.3.1. 양측도 $(X, \mathfrak{S}, \mu)$ 에 대하여 다음이 성립한다.

(가) $A \subset B$ 이면 (단, $A, B \in \mathfrak{S}$) $\mu(A) \le \mu(B)$ 이다.

(나) 잴수있는 단순증가 집합열 $\langle A_n \rangle$ 에 대하여 등식

$$\mu(\textstyle\bigcup_{n=1}^{\infty} A_n) = \lim_{n\to\infty} \mu(A_n)$$

이 성립한다.

(다) 잴수있는 단순감소 집합열 $\langle A_n \rangle$ 에서 $\mu(A_1) < \infty$ 이면 등식

$$\mu(\bigcap_{n=1}^{\infty} A_n) = \lim_{n\to\infty} \mu(A_n)$$

이 성립한다.

증명: 등식 (11) 에 $A_1 = A,\ A_2 = B \setminus A,\ A_3 = A_4 = \cdots = \emptyset$ 을 대입하면 $\mu(A) + \mu(B \setminus A) = \mu(B)$ 이므로 (가) 가 증명된다. (나) 와 (다) 는 따름정리 1.1.5 에서 증명한 것과 같다. □

연습문제 3.3.1. 잴수있는 집합열 $\langle E_n \rangle$ 에 대하여 부등식

$$\mu(\bigcup_{n=1}^{\infty}\bigcap_{i=n}^{\infty} E_i) \le \liminf_{n\to\infty} \mu(E_n)$$

이 성립함을 보여라. 또한, 각 집합 E_n 이 유한측도를 가지는 집합에 포함되어 있으면 부등식

$$\mu(\bigcap_{n=1}^{\infty}\bigcup_{i=n}^{\infty} E_i) \ge \limsup_{n\to\infty} \mu(E_n)$$

이 성립함을 보여라.

지난 1.1 절에서 르벡측도를 만든 과정을 임의의 집합 X 에서 다시 한번 되짚어 보자. 먼저 임의의 집합 $S \subset X$ 에 대하여 $\mu(S) \in [0, \infty]$ 를 정의하였는데, 실직선의 성질과 관련 없는 핵심 성질들을 모아 보면 다음

(외1) $\mu(\emptyset) = 0$,

(외2) 만일 $S \subseteq T$ 이면 $\mu(S) \le \mu(T)$ 이다,

(외3) 임의의 셀수있는 집합모임 $\{S_n : n = 1, 2, \dots\}$ 에 대하여

$$\mu\left(\bigcup_{n=1}^{\infty} S_n\right) \le \sum_{n=1}^{\infty} \mu(S_n)$$

이 성립한다

에 열거한 세 가지이다. 일반적으로 이러한 세 가지 성질을 만족하는 함수 $\mu : \mathcal{P}(X) \to [0,\infty]$ 를 집합 X 의 외측도라 한다. 이제, 카라테오도리 조건

$$S \subseteq X \implies \mu(S) = \mu(S \cap E) + \mu(S \cap E^c)$$

을 만족하는 집합 $E \subset X$ 들의 모임을 $\mathfrak{S}$ 라 하고 정리 1.1.3 및 정리 1.1.4 의 증명을 그대로 따라가면 다음을 얻는다.

명제 3.3.2. 집합 X 에 외측도 $\mu : \mathcal{P}(X) \to [0,\infty]$ 가 주어져 있을 때, 카라테오도리 조건을 만족하는 집합모임 $\mathfrak{S}$ 는 σ–대수가 되고, $\mu(S) = 0$ 이면 $S \in \mathfrak{S}$ 이다. 또한 μ 를 $\mathfrak{S}$ 에 제한하면 측도가 된다.

지난 1.2 절과 1.3 절에서 공부한 내용도 거의 그대로 성립하는데, 다시 한번 정리하여 보자. 지금부터 집합 X 에 σ–대수 $\mathfrak{S}$ 와 양측도 $\mu : \mathfrak{S} \to [0,\infty]$ 가 주어져 있다고 가정한다.

집합 X 에서 정의된 함수 $f : X \to \mathbb{R}^*$ 가 다음 조건

$$a \in \mathbb{R} \implies \{x \in X : f(x) > a\} \in \mathfrak{S}$$

을 만족하면, 이를 **잴수있는 함수**라 한다. 다음 두 명제의 증명은 명제 1.2.1 및 명제 1.2.3 과 같다.

명제 3.3.3. 집합 X 에서 정의된 함수 $f : X \to \mathbb{R}^*$ 에 대하여 다음은 동치이다.

(가) 함수 f 는 잴수있는 함수이다.
(나) 임의의 $a \in \mathbb{R}$ 에 대하여 $\{x \in X : f(x) \geq a\} \in \mathfrak{S}$ 이다.
(다) 임의의 $a \in \mathbb{R}$ 에 대하여 $\{x \in X : f(x) < a\} \in \mathfrak{S}$ 이다.
(라) 임의의 $a \in \mathbb{R}$ 에 대하여 $\{x \in X : f(x) \leq a\} \in \mathfrak{S}$ 이다.

명제 3.3.4. 집합 X 에서 정의된 함수 $f : X \to [-\infty, \infty]$ 에 대하여 다음이 성립한다.

(가) 만일 f, g 가 잴수있고 $\alpha \in \mathbb{R}$ 이면 $f + g, fg, \alpha f$ 도 잴수있다.

(나) 각 $n = 1, 2, \ldots$ 에 대하여 f_n 이 잴수있으면 함수 $x \mapsto \inf_n f_n(x)$ 와 $x \mapsto \sup_n f_n(x)$ 도 잴수있다.

(다) 각 $n = 1, 2, \ldots$ 에 대하여 함수 f_n 이 잴수있으면 점별극한함수 $\limsup_n f_n$, $\liminf_n f_n$, $\lim_n f_n$ 도 잴수있다.

(라) 함수 $f : X \to \mathbb{R}^*$ 이 잴수있고 $g : \mathbb{R} \to \mathbb{R}$ 이 연속이면 그 합성함수 $g \circ f$ 도 잴수있다. 여기서, $f(x) = \pm\infty$ 인 $x \in E$ 에 대해서는 $(g \circ f)(x) = \pm\infty$ 도 같이 정의한다.

이제 잴수있는 함수 $f : X \to \mathbb{R}^*$ 의 적분을 정의하는데, 1.2 절에서 한 것과 같이 단순함수부터 시작한다. 잴수있는 함수 $f : X \to \mathbb{R}$ 의 치역이 유한집합이면, 이를 단순함수라 한다. 치역이 $\{c_1, \ldots, c_n\}$ 인 단순함수 $s : X \to \mathbb{R}$ 가 있을 때, 각 $i = 1, 2, \ldots, n$ 에 대하여 $E_i = \{x \in X : s(x) = c_i\}$ 라 두면 $\{E_i\}$ 는 서로소이고, 다음

$$s = \sum_{i=1}^{n} c_i \chi_{E_i}$$

과 같이 특성함수들의 선형결합으로 표시할 수 있다. 이제 $s \geq 0$ 일 때, 그 적분을

$$\int_E s d\mu = \sum_{i=1}^{n} c_i \mu(E_i)$$

라 정의하면 1.2 절의 (8), (9) 가 그대로 성립한다. 잴수있는 함수 $f : X \to [0, +\infty]$ 의 적분 $\int_X f d\mu$ 역시 1.2 절의 (10) 과 같이 정의하고, 만일 $\int_X f d\mu < \infty$ 이면 f 를 적분가능함수라 한다. 함수 $f : X \to \mathbb{R}^*$ 및 $f : X \to \mathbb{C}$ 의 적분 $\int_X f d\mu$ 역시 1.2 절의 (12) 및 (16) 으로 정의하고, 적분가능성도 마찬가지로 정의한다.

연습문제 3.3.2. 만일 $E \in \mathfrak{S}$ 이면, $\mathfrak{T} = \{A \cap E : A \in \mathfrak{S}\}$ 라 두고 μ 를 $\mathfrak{T}$ 위에 제한하면 다시 양측도가 됨을 보여라. 따라서, 잴수있는 함수 $f : X \to \mathbb{R}^*$ 에 대하여 $\int_E f d\mu$ 를 정의할 수 있는데, $\int_E f d\mu = \int_X f\chi_E d\mu$ 임을 보여라.

이제, 정리 1.2.4 이후에 나오는 1.2 절과 1.3 절의 내용은 거의 모두 성립하는데, 중요한 내용만 다시 적어 보자.

서로소인 잴수있는 집합모임 $\{A_n : n = 1, 2, \ldots\}$ 에 대하여 $A = \bigsqcup_{n=1}^{\infty} A_n$ 이라 하자. 잴수있는 함수 $f : X \to [0, \infty]$ 및 적분가능함수 $f : X \to \mathbb{C}$ 에 대하여 등식

$$\int_A f d\mu = \sum_{n=1}^{\infty} \int_{A_n} f d\mu \tag{12}$$

이 성립한다. 또한, 잴수있는 함수 $f, g : X \to [0, \infty]$ 혹은 적분가능함수 $f, g : X \to \mathbb{C}$ 에 대하여 등식

$$\int_X (\alpha f + \beta g) d\mu = \alpha \int_X f d\mu + \beta \int_X g d\mu$$

이 성립한다 (단, α, β 는 상수).

집합 X 에서 $[0, +\infty]$ 로 가는 잴수있는 임의의 함수열 $\langle f_n \rangle$ 에 대하여, 부등식

$$\int_X \left(\liminf_{n\to\infty} f_n \right) d\mu \le \liminf_{n\to\infty} \int_X f_n d\mu$$

이 성립한다. 함수열 $\langle f_n \rangle$ 이 거의 모든 점에서 f 로 수렴하는 경우, 만일 $0 \le f_1 \le f_2 \le \cdots$ 이거나 $|f_n| \le g \ (n = 1, 2, \ldots)$ 인 $g \in L^1(X)$ 가 존재하면, 등식

$$\int_X f d\mu = \lim_{n\to\infty} \int_X f_n d\mu$$

이 성립한다. 따라서, X 에서 $[0, +\infty]$ 로 가는 임의의 잴수있는 함수열 $\langle f_n \rangle$ 에 대하여 등식

$$\int_X \left(\sum_{n=1}^{\infty} f_n \right) d\mu = \sum_{n=1}^{\infty} \int_X f_n d\mu \tag{13}$$

을 얻는다. 또한, 집합 X 에서 $\mathbb{C}$ 로 가는 L^1–함수열 $\langle f_n \rangle$ 에 대하여 급수 $\displaystyle\sum_{n=1}^{\infty} \int_X |f_n| d\mu$ 가 수렴하면, 거의 모든 $x \in X$ 에 대하여 급수 $\displaystyle\sum_{n=1}^{\infty} f_n(x)$ 가 절대수렴한다. 이 때, 그 극한값을 $f(x) = \displaystyle\sum_{n=1}^{\infty} f_n(x)$ 라 두면 $f \in L^1(X)$ 이고 그 적분값은

$$\int_X f d\mu = \sum_{n=1}^{\infty} \int_X f_n d\mu$$

로 주어진다. 두 함수가 거의 모든 점에서 일치함을 보일 때 유용하게 쓰이는 명제 1.2.10 도 물론 성립한다.

연습문제 3.3.3. 만일 $f \in L^1(X)$ 가 등식 $\left| \int_X f d\mu \right| = \int_X |f| d\mu$ 를 만족하면 $\alpha f = |f|$ 가 거의 모든 점에서 성립하는 상수 α 가 존재함을 보여라.

다음 명제는 적분가능함수 $f : X \to \mathbb{C}$ 의 치역을 결정하는 데에 요긴하게 쓰인다.

명제 3.3.5. 집합 X 의 측도 $\mu(X)$ 가 유한값이고, $F \subset \mathbb{C}$ 가 닫힌집합이라 하자. 만일 $f \in L^1(X, \mathfrak{S}, \mu)$ 가 다음 조건

$$E \in \mathfrak{S},\ \mu(E) > 0 \implies \frac{1}{\mu(E)} \int_E f d\mu \in F$$

을 만족하면 거의 모든 점 $x \in X$ 에 대하여 $f(x) \in F$ 가 성립한다.

증명: 임의의 근방 $N(\alpha, r) \subset \mathbb{C} \setminus F$ 에 대하여 $E_{\alpha,r} = \{x \in X : f(x) \in N(\alpha, r)\}$ 라 두자. 만일 $\mu(E_{\alpha,r}) > 0$ 이라면

$$\begin{aligned} \left| \frac{1}{\mu(E_{\alpha,r})} \int_{E_{\alpha,r}} f d\mu - \alpha \right| &= \frac{1}{\mu(E_{\alpha,r})} \left| \int_{E_{\alpha,r}} (f - \alpha) d\mu \right| \\ &\le \frac{1}{\mu(E_{\alpha,r})} \int_{E_{\alpha,r}} |f - \alpha| d\mu \le r \end{aligned}$$

인데, 이는 $\dfrac{1}{\mu(E_{\alpha,r})}\displaystyle\int_{E_{\alpha,r}} f d\mu \in F$ 에 모순이므로 $\mu(E_{\alpha,r}) = 0$ 이다. 그런데, 열린집합 $\mathbb{C} \setminus F$ 는 이에 포함되는 셀수있는 근방들의 합집합으로 표시되므로 집합 $\{x \in X : f(x) \in \mathbb{C} \setminus F\}$ 의 측도는 0 임을 알 수 있다. □

연습문제 3.3.4. 명제 3.3.5 에서 $F = [0, \infty)$ 혹은 $F = \{z \in \mathbb{C} : |z| \le 1\}$ 일 때, 어떤 결론을 얻을 수 있는지 살펴보아라.

집합 X 의 멱집합 $\mathcal{P}(X)$ 는 당연히 σ–대수이다. 각 $A \in \mathcal{P}(X)$ 에 대하여 $c(A)$ 를 집합 A 의 원소의 개수라 정의하면 이는 양측도가 되는데, 함수 $f : X \to \mathbb{C}$ 의 적분 $\displaystyle\int_X f dc$ 를 그냥 $\displaystyle\sum_{x\in X} f(x)$ 라 쓴다. 이 때 주의할 점이 있는데, $\sum_{x\in X} f(x)$ 는 함수 f 가 $f \ge 0$ 이거나, 적분가능할 때에만 그 의미가 있다는 점이다. 여기서 함수 f 가 적분가능하다는 말은 물론 $\sum_{x\in X} |f(x)| < \infty$ 이란 뜻이다. 어느 경우에나, $X = \bigsqcup_{n=1}^{\infty} X_n$ 이면 (12) 에 의하여 등식

$$\sum_{x\in X} f(x) = \sum_{n=1}^{\infty} \sum_{x\in X_n} f(x) \tag{14}$$

이 성립한다.

명제 3.3.6. 함수 $f : X \to \mathbb{C}$ 에 대하여 등식

$$\sum_{x\in X} |f(x)| = \sup \left\{ \sum_{x\in F} |f(x)| : F \subset X \text{ 는 유한집합이다} \right\}$$

이 성립한다.

연습문제 3.3.5. 명제 3.3.6 을 증명하여라.

연습문제 3.3.6. 만일 $\sum_{x\in X} |f(x)| < \infty$ 이면 $\{x \in X : f(x) \neq 0\}$ 이 셀수있는 집합임을 보여라.

자연수집합에서 정의된 함수에 등식 (13) 및 레비 정리를 적용하면, 등식

$$\sum_{n=1}^{\infty}\sum_{m=1}^{\infty} a_{m,n} = \sum_{m=1}^{\infty}\sum_{n=1}^{\infty} a_{m,n} \tag{15}$$

이 언제 성립하는지 알 수 있다.[11]

따름정리 3.3.7. 각 자연수 $m, n = 1, 2, \ldots$ 에 대하여 $a_{m,n} \in \mathbb{C}$ 이 주어져 있을 때, 다음이 성립한다.

(가) 만일 $a_{m,n} \geq 0$ 이면, 등식 (15) 가 성립한다.

(나) 다음 성질

$$\sum_n b_n < \infty, \qquad \sum_{m=1}^{\infty} |a_{m,n}| \leq b_n, \quad n = 1, 2, \ldots$$

을 만족하는 급수 $\sum b_n$ 이 있으면, 등식 (15) 가 성립한다.

이제, 함수 $f : X \to \mathbb{C}$ 와 $p \in [1, \infty)$ 에 대하여

$$\|f\|_p = \left(\int_X |f|^p d\mu\right)^{1/p}$$

라 정의하고, $\|f\|_\infty$ 역시 (6) 과 같이 정의한다. 또한, $\|f\|_p < \infty$ 인 함수 $f : X \to \mathbb{C}$ 전체의 집합을 $L^p(X, \mathfrak{S}, \mu)$, 줄여서 $L^p(X, \mu)$ 혹은 $L^p(\mu)$ 라 쓴다. 만일 $E \subset \mathbb{R}$ 이 잴수있는 집합이고 m 이 르벡측도라면 $L^p(E, m)$ 을 그냥 $L^p(E)$ 라 쓴다. 그러면, 3.1 절에서 다룬 내용 역시 그대로 성립함을 확인할 수 있고, $L^p(\mu)$ 는 바나하공간이 된다. 또한, 실직선의 위상과 직접 관련이 없는 도움정리 3.2.3 도 다음과 같이 성립한다.

명제 3.3.8. 단순함수 $s : X \to \mathbb{C}$ 가운데 $\mu\{x \in X : s(x) \neq 0\} < \infty$ 를 만족하는 것들 전체의 집합 $\mathcal{S}$ 는 $L^p(\mu)$ 안에서 (단, $1 \leq p < \infty$) 조밀하다.

---

(11) 이는 등식 (14) 의 특별한 경우로 생각할 수도 있다.

증명: 만일 $f \in L^p(\mu)$ 이면 정리 1.2.4 의 증명에 나오는 집합 A_{ni} 와 B_n 은 모두 유한측도집합이고, 따라서 단순함수 s_n 은 $\mathcal{S}$ 에 들어간다. 나머지 증명은 도움정리 3.2.3 과 같다. □

특히, 개수를 세는 측도에 의한 공간 $L^p(X, \mathcal{P}(X), c)$ 는 $\ell^p(X)$ 라 쓴다. 만일 X 가 자연수집합이면 이를 그냥 ℓ^p 라 쓴다. 따라서, ℓ^∞ 는 유계수열공간이고, ℓ^1 는 절대수렴하는 수열들을 모아 놓은 공간이 된다. 특히 노음공간 $\ell^p(\{1, 2, \ldots, n\})$ 은 좌표공간 $\mathbb{C}^n$ 에 다음

$$\|x\|_p = (|x_1|^p + \cdots + |x_n|^p)^{1/p}, \qquad x = (x_1, \ldots, x_n) \tag{16}$$

과 같이 노음이 부여된 노음공간 $(\mathbb{C}^n, \| \ \|_p)$ 이 된다.

벡터공간 V 의 부분집합 $S \subset V$ 가 다음 조건

$$x, y \in S, \ 0 \le t \le 1 \implies tx + (1-t)y \in S$$

을 만족하면 S 를 **볼록집합**이라 부른다.

연습문제 3.3.7. 각 $p \in (0, \infty)$ 와 $x \in \mathbb{C}^n$ 에 대하여 $\|x\|_p$ 를 (16) 과 같이 정의하자. 이 때, 집합 $\{x \in \mathbb{C}^n : \|x\|_p \le 1\}$ 이 볼록집합일 필요충분조건은 $p \ge 1$ 임을 보여라. 또한, $x \mapsto \|x\|_p$ 가 노음이 될 p 의 조건을 구하여라.

끝으로 서로 다른 $p < q$ 에 대하여 $L^p(X, \mu)$ 와 $L^q(X, \mu)$ 의 관계를 알아보는데, 이는 측도 μ 의 성질에 따라서 다른 결과가 나타난다. 먼저 다음 관계

$$1 \le p < q \le \infty \implies \ell^p(X) \subset \ell^q(X) \tag{17}$$

가 성립함을 보이자. 각 $f \in \ell^p(X)$ 에 대하여 $F = \{x \in X : |f(x)| \ge 1\}$ 라 두면 이는 유한집합이다. 따라서

$$\begin{aligned} \sum_{x \in X} |f(x)|^q &= \sum_{x \in F} |f(x)|^q + \sum_{x \in X \setminus F} |f(x)|^q \\ &\le \sum_{x \in F} |f(x)|^q + \sum_{x \in X \setminus F} |f(x)|^p < \infty \end{aligned}$$

이 되고, $f \in \ell^q$ 임을 알 수 있다. 이제, $0 < p < q < \infty$ 이고 $\mu(X) < \infty$ 일 때 $r = \dfrac{q}{p} > 1$ 의 켤레지수를 s 라 두면

$$\int_X |f|^p \le \left(\int_X |f|^{pr}\right)^{1/r} \left(\int_X 1^s\right)^{1/s} = \left(\int_X |f|^q\right)^{p/q} [\mu(X)]^{(q-p)/q}$$

이므로

$$\|f\|_p \le \|f\|_q [\mu(X)]^{(q-p)/pq}$$

이 성립한다. 따라서, 다음

$$\mu(X) < \infty,\ 1 \le p < q \le \infty \implies L^q(X,\mu) \subset L^p(X,\mu) \qquad (18)$$

이 성립한다.

연습문제 3.3.8. 만일 X 가 무한집합일 때, $1 \le p < q < \infty$ 이면 $\ell^p(X) \subsetneq \ell^q(X)$ 임을 보여라. 또한, $L^q[a,b] \subsetneq L^p[a,b]$ 임을 보여라.

연습문제 3.3.9. 서로 다른 $p, q \in [1,\infty)$ 에 대하여 $L^p(\mathbb{R}) \not\subset L^q(\mathbb{R})$ 임을 보여라.

3.4 연습문제

3.4.1. 임의의 볼록함수가 연속임을 보여라.

3.4.2. 함수 $\phi : [0,\infty) \to \mathbb{R}$ 가 연속 순증가함수이고 $\phi(0) = 0$ 을 만족한다 하자. 이 때, 임의의 양수 $a, b > 0$ 에 대하여 다음 부등식

$$ab \le \int_0^a \phi + \int_0^b \phi^{-1}$$

이 성립함을 보이고, 등호가 성립할 조건을 찾아라. 이를 이용하여 부등식

$$ab \le \frac{1}{p}a^p + \frac{1}{q}b^q$$

을 증명하여라. 단, a, b, p, q 는 양수이고 $\dfrac{1}{p} + \dfrac{1}{q} = 1$ 이다.

3.4.3. 임의의 양측도 μ 에 대하여 $1 \leq p < q < r < \infty$ 이면 $L^p(\mu) \cap L^r(\mu) \subset L^q(\mu)$ 임을 보여라.

3.4.4. 노음공간 $L^p(\mu)$ 의 함수열 $\langle f_n \rangle$ 과 $f \in L^p(\mu)$ 가 주어져 있다. 만일 $\|f_n\|_p \to \|f\|_p$ 이고 $\langle f_n \rangle$ 이 거의 모든 점에서 f 로 점별수렴하면 $\|f_n - f\|_p \to 0$ 이 성립함을 보여라.

3.4.5. 만일 A 가 $L^\infty[0,1]$ 의 조밀한 부분집합이면 A 는 셀수없음을 보여라.

3.4.6. 만일 $1 \leq p < \infty$ 이면 $L^p[0,1]$ 은 셀수있는 조밀부분집합을 가짐을 보여라.

3.4.7. 각 $p \in (1,\infty)$ 에 대하여 $f \in L^p(\mathbb{R})$ 일 필요충분조건이

$$\sum_{n=-\infty}^{\infty} 2^{np}\mu\{x : 2^{n-1} < |f(x)| \leq 2^n\} < \infty$$

임을 보여라.

3.4.8. 거리공간 (X,d) 의 코시수열 전체의 집합을 $X^\#$ 이라 두고

$$\rho(\xi,\eta) = \lim_{n\to\infty} d(\xi_n,\eta_n), \qquad \xi,\eta \in X^\#$$

이라 정의하자.

(가) 임의의 $\xi,\eta \in X^\#$ 에 대하여 극한값 $\lim_{n\to\infty} d(\xi_n,\eta_n)$ 이 존재함을 보여라.

(나) 각 $\xi,\eta \in X^\#$ 에 대하여 $\xi \sim \eta \iff \rho(\xi,\eta) = 0$ 이라 정의하였을 때, 이는 동등관계가 됨을 보여라.

(다) 몫집합 $X^\# = X/\sim$ 의 두 원소 $[\xi]$ 와 $[\eta]$ 에 대하여

$$\widetilde{d}([\xi],[\eta]) = \rho(\xi,\eta)$$

라 정의하면, $\widetilde{d}$ 가 잘 정의되고 $(\widetilde{X},\widetilde{d}\,)$ 가 완비거리공간이 됨을 보여라.

(라) 각 $x \in X$ 및 $n = 1,2,\ldots$ 에 대하여 $\overline{x}_n = x$ 라 정의하면 다음 대응관계

$$x \mapsto [\overline{x}] : X \to \widetilde{X}$$

가 단사사상이 되고, 그 치역이 $\widetilde{X}$ 의 조밀한 부분집합이 됨을 보여라.

(마) 만일 $\widetilde{X}_1$ 과 $\widetilde{X}_2$ 가 모두 X 의 완비화공간이면 $\widetilde{X}_1$ 에서 $\widetilde{X}_2$ 로 가는 등거리 전단사 사상이 존재함을 보여라. 여기서 거리공간 사이의 사상 $\phi : (X_1,d_1) \to (X_2,d_2)$ 가 등거리사상이라 함은 등식

$$d_2(\phi(x),\phi(y)) = d_1(x,y), \qquad x,y \in X$$

이 성립함을 뜻한다.

3.4.9. 에고로프 정리를 이용하여 르벡 수렴정리를 증명하여라.

3.4.10. 에고로프 정리를 이용하여 루진 정리를 증명하여라.

3.4.11. 양측도 μ 가 주어져 있는 집합 X 에서 정의된 잴수있는 복소함수열 $\langle f_n \rangle$ 과 잴수있는 복소함수 f 가 주어져 있다. 이 때, 다음

$$\lim_{n\to\infty} \mu\{x \in X : |f(x) - f_n(x)| \geq \epsilon\} = 0$$

이 성립하면 $\langle f_n \rangle$ 이 f 로 **측도수렴**한다고 말한다.

(가) 만일 $\|f_n - f\|_1 \to 0$ 이면 $\langle f_n \rangle$ 이 f 로 측도수렴함을 보여라.

(나) 함수열 $\langle f_n \rangle$ 이 f 로 측도수렴할 필요충분조건은 $\langle f_n \rangle$ 의 임의의 부분수열이 거의 모든 점에서 f 로 점별수렴하는 부분수열을 가짐임을 보여라.

(다) 단조수렴정리, 파투 정리, 르벡 수렴정리에서 '점별수렴'을 '측도수렴'으로 바꾸어도 됨을 보여라.

(라) 연습문제 3.4.4 에서 '거의 모든 점에서 점별수렴'을 '측도수렴'으로 바꾸어도 됨을 보여라.

3.4.12. 임의의 집합 $A \subset \mathbb{R}$ 에 대하여 $\mu(A) = \delta_0(A) + \delta_1(A)$ 라 정의하였을 때, μ 가 측도임을 보여라. 여기서 δ_0 와 δ_1 은 1.1 절의 보기 4 에서 정의한 디락 측도이다. 또한 $L^p(\mathbb{R}, \mu)$ 에서 $(\mathbb{C}^2, \| \ \|_p)$ 로 가는 전단사 등거리 선형사상이 있음을 보여라.

제 4 장 이중적분

다변수함수를 다루다 보면 적분의 순서를 바꾸어야 할 경우가 자주 등장한다. 이 문제를 르벡적분으로 다루려면 당연히 평면에서 측도를 정의하여야 하는데, 여기서는 일반적인 양측도의 곱측도를 먼저 정의한다. 이를 이용하여 이중적분을 정의하고, 어떤 조건 아래에서 이중적분과 반복적분이 같아지는지 살펴본다. 이중적분은 특히 푸리에해석에서 자주 나오는 콘볼류션을 정의하고 그 성질을 공부하는 데에 필수적이다.

4.1 곱측도

집합 X, Y 에 각각 양측도 $(X, \mathfrak{S}, \mu)$ 와 $(Y, \mathfrak{T}, \nu)$ 가 주어져 있을 때, 그 곱집합 $X \times Y$ 에 측도를 정의하여 보자. 우선 곱집합 $X \times Y$ 에 σ–대수를 정해야 하는데, 잴수있는 상자들의 집합모임

$$\mathfrak{R} = \{S \times T \subset X \times Y : S \in \mathfrak{S},\ T \in \mathfrak{T}\}$$

이 포함되어야 함은 당연하다. 집합 $X \times Y$ 에 σ–대수가 정해지면, 그 측도를 정의하는 방법은 분명하다. 집합 $E \subset X \times Y$ 와 $x \in X, y \in Y$ 에 대하여

$$E_x = \{y \in Y : (x, y) \in E\}, \qquad E^y = \{x \in X : (x, y) \in E\}$$

라고 정의하자. 만일 각 $x \in X, y \in Y$ 에 대하여 $E_x \in \mathfrak{T}$, $E^y \in \mathfrak{S}$ 이면, 두 함수

$$\begin{aligned} \varphi : x \mapsto \nu(E_x) &= \int_Y \chi_E(x,y)d\nu(y), \\ \psi : y \mapsto \mu(E^y) &= \int_X \chi_E(x,y)d\mu(x) \end{aligned} \tag{1}$$

를 정의할 수 있다. 만일 두 함수 $\varphi : X \to [0,\infty]$ 와 $\psi : Y \to [0,\infty]$ 가 각각 잴수있는 함수이고 등식

$$\int_X \varphi d\mu = \int_Y \psi d\nu \tag{2}$$

이 성립한다면, 이 공통값을 E 의 측도로 정의하는 것이 타당할 것이다. 결론부터 말하면, $\mathfrak{R}$ 을 포함하는 최소의 σ–대수를 $\mathfrak{S} \times \mathfrak{T}$ 라 두었을 때, 임의의 $E \in \mathfrak{S} \times \mathfrak{T}$ 가 위 성질들을 모두 만족한다는 것을 보이려 한다.

먼저 최소의 σ–대수가 무엇인지 그 의미를 분명히 할 필요가 있다. 임의의 집합 Z 의 부분집합모임 $\mathfrak{U}$ 가 있을 때, $\mathfrak{U}$ 를 포함하는 모든 σ–대수들의 모임 $\mathbf{\Omega}$ 를 생각하자. 멱집합을 생각하면 $\mathbf{\Omega}$ 는 비어있지 않으므로 그 교집합

$$\mathfrak{V} = \bigcap \{\mathfrak{W} : \mathfrak{W} \in \mathbf{\Omega}\}$$

을 생각할 수 있다. 우선 $\emptyset \in \mathfrak{V}$ 임은 자명하다. 만일 $A \in \mathfrak{V}$ 이면 각 $\mathfrak{W} \in \mathbf{\Omega}$ 에 대하여 $A \in \mathfrak{W}$ 이고 따라서 $A^c \in \mathfrak{W}$ 이므로, $A^c \in \mathfrak{V}$ 임을 알 수 있다. 똑같은 방법으로, 각 $n = 1, 2, \ldots$ 에 대하여 $A_n \in \mathfrak{V}$ 이면 $\bigcup_n A_n \in \mathfrak{V}$ 임을 알 수 있다. 따라서 $\mathfrak{V}$ 는 σ–대수가 되는데, 만일 $\mathfrak{W}$ 가 $\mathfrak{U}$ 를 포함하는 σ–대수라면 $\mathfrak{V} \subset \mathfrak{W}$ 이므로, $\mathfrak{V}$ 는 $\mathfrak{U}$ 를 포함하는 최소의 σ–대수가 된다.

우선, 각 $E \in \mathfrak{S} \times \mathfrak{T}$ 와 $x \in X$ 에 대하여 $E_x \in \mathfrak{T}$ 를 보이기 위하여

$$\mathfrak{A} = \{E \in \mathfrak{S} \times \mathfrak{T} : E_x \in \mathfrak{T}\ (x \in X)\}$$

라 두자. 그러면 $\mathfrak{R} \subset \mathfrak{A}$ 임이 분명하므로 $\mathfrak{A}$ 가 σ–대수라는 것을 보이면 $\mathfrak{A} \supset \mathfrak{S} \times \mathfrak{T}$ 가 된다. 우선 $\emptyset \in \mathfrak{A}$ 임은 자명하다. 만일 $E \in \mathfrak{A}$ 이면 $(E^c)_x = (E_x)^c$ 이므로 $E^c \in \mathfrak{A}$ 가 된다. 또한, 각 $n = 1, 2, \ldots$ 에 대하여 $E_n \in \mathfrak{A}$ 이면 $(\bigcup_n E_n)_x = \bigcup_n (E_n)_x$ 이므로 $\bigcup_n E_n \in \mathfrak{A}$ 임을 알 수 있다. 물론, $E \in \mathfrak{S} \times \mathfrak{T}$ 일 때 $E^y \in \mathfrak{S}$ 임도 마찬가지로 증명되어 다음

$$E \in \mathfrak{S} \times \mathfrak{T} \implies E_x \in \mathfrak{T},\ E^y \in \mathfrak{S}, \qquad x \in X,\ y \in Y \tag{3}$$

을 얻는다.

연습문제 4.1.1. 위 논증 과정에서 $(E^c)_x = (E_x)^c$ 와 $(\bigcup_n E_n)_x = \bigcup_n (E_n)_x$ 가 성립함을 보여라.

이제부터, X 와 Y 가 유한측도를 가지는 부분집합들로 분할될 수 있다고 가정한다. 즉,

$$X = \bigsqcup_{n=1}^{\infty} X_n, \qquad Y = \bigsqcup_{m=1}^{\infty} Y_m$$

이라 가정한다 (단, 각 $m, n = 1, 2, \ldots$ 에 대하여 $\mu(X_n), \nu(Y_m) < \infty$). 이제, 각 $E \in \mathfrak{S} \times \mathfrak{T}$ 에 대하여 등식 (2) 가 성립하는 것을 보이기 위하여 두 집합모임

$$\begin{aligned}\mathfrak{B} =& \{E \in \mathfrak{S} \times \mathfrak{T} :\ \text{(1) 에서 정의한 두 함수 } \varphi \text{ 와 } \psi \text{ 가 잴수있고,}\\ &\qquad\qquad \text{등식 (2) 가 성립한다}\},\\ \mathfrak{C} =& \{E \in \mathfrak{S} \times \mathfrak{T} : E \cap (X_n \times Y_m) \in \mathfrak{B}\ (m, n = 1, 2, \ldots)\}\end{aligned}$$

을 생각하자.

도움정리 4.1.1. 집합모임 $\mathfrak{B}$ 와 $\mathfrak{C}$ 에 대하여 다음이 성립한다.

(가) $\mathfrak{B}$ 는 단조증가하는 집합열의 합집합에 대하여 닫혀있다.
(나) $\mathfrak{B}$ 는 서로소인 집합열의 합집합에 대하여 닫혀있다.

(다) $\mathfrak{C}$ 는 단조증가 집합열의 합집합과 단조감소 집합열의 교집합에 대하여 닫혀있다.

(라) 만일 $E_1, \ldots, E_N \in \mathfrak{R}$ 이 서로소이면 $\bigsqcup_{n=1}^{N} E_n \in \mathfrak{C}$ 이다.

증명: 집합모임 $\mathfrak{B}$ 의 단조증가 집합열 $\langle E_i \rangle$ 를 택하여 그 합집합을 E 라 두고, 이에 대응하는 (1) 의 함수를 각각 φ_i, ψ_i 및 φ, ψ 라 하자. 그러면, $\langle (E_i)_x \rangle$ 가 단조증가하는 집합열이고 그 합집합이 E_x 이므로 명제 3.3.1 (나) 에 의하여 $\varphi_i \nearrow \varphi$ 임을 알 수 있다. 그런데 φ_i 가 잴수있으므로 φ 도 잴수있고, ψ_i, ψ 에 대하여도 같은 말을 할 수 있다. 따라서 단조수렴정리를 적용하면

$$\int_X \varphi d\mu = \lim_{i \to \infty} \int_X \varphi_i d\mu = \lim_{i \to \infty} \int_Y \psi_i d\nu = \int_Y \psi d\nu$$

를 얻고, (가) 가 증명되었다. (나) 는 (가) 로부터 바로 나온다.

만일 $\langle E_i \rangle$ 가 $\mathfrak{C}$ 의 단조증가 집합열이면 각 $m, n = 1, 2, \ldots$ 에 대하여

$$\langle E_i \cap (X_n \times Y_m) : i = 1, 2, \ldots \rangle \tag{4}$$

이 $\mathfrak{B}$ 의 단조증가 집합열이므로 (가) 를 적용하여 $\bigcup_i E_i \in \mathfrak{C}$ 임을 알 수 있다. 만일 $\langle E_i \rangle$ 이 $\mathfrak{C}$ 의 단조감소 집합열이면 집합열 (4) 의 교집합을 생각하자. 이 때, (가) 의 증명과 같은 방법을 사용하되 명제 3.3.1 (다) 와 르벡 수렴정리를 이용하면 그 교집합이 $\mathfrak{B}$ 에 들어감을 알 수 있고, 따라서 (다) 가 증명된다. 또한 $\mathfrak{R} \subset \mathfrak{C}$ 임은 분명하므로 (나) 에 의하여 (라) 가 성립한다. □

이제 $\mathfrak{R}$ 을 포함하면서 도움정리 4.1.1 의 (다) 와 (라) 를 만족하는 최소의 집합모임을 $\mathfrak{D}$ 라 두자. 그러면

$$\mathfrak{D} \subset \mathfrak{C} \subset \mathfrak{S} \times \mathfrak{T} \tag{5}$$

인데, $\mathfrak{D}$ 가 σ–대수임을 보이려 한다. 우선 서로소인 유한개의 잴수있는 상자들의 합집합으로 표시되는 집합들의 모임을 $\mathfrak{E}$ 라 두자. 그러면

$\mathfrak{D}$ 는 $\mathfrak{E}$ 를 포함하고 단조증가 집합열의 합집합과 단조감소 집합열의 교집합에 대하여 닫혀있는 최소의 집합모임이다.

연습문제 4.1.2. 임의의 집합모임을 포함하고 단조증가 집합열의 합집합과 단조감소 집합열의 교집합에 대하여 닫혀있는 최소의 집합모임이 존재함을 보여라.

간단한 집합계산에 의하여 집합모임 $\mathfrak{E}$ 가 차집합과 합집합에 대하여 닫혀있음을 알 수 있다. 즉, 다음

$$E, F \in \mathfrak{E} \implies E \setminus F \in \mathfrak{E},\ F \setminus E \in \mathfrak{E},\ E \cup F \in \mathfrak{E} \tag{6}$$

이 성립한다.

연습문제 4.1.3. (6) 을 증명하여라.

이제, 임의의 $E \subset X \times Y$ 에 대하여

$$\Omega(E) = \{F \subset X \times Y : E \setminus F \in \mathfrak{D},\ F \setminus E \in \mathfrak{D},\ E \cup F \in \mathfrak{D}\}$$

라 정의하면, $\Omega(E)$ 역시 도움정리 4.1.1 의 (다) 를 만족한다.

연습문제 4.1.4. 집합모임 $\Omega(E)$ 가 도움정리 4.1.1 의 (다) 를 만족함을 보여라.

만일 $E, F \in \mathfrak{E}$ 이면 (6) 에 의하여 $F \in \Omega(E)$ 이고 따라서 $\mathfrak{E} \subset \Omega(E)$ 이므로 $\mathfrak{D} \subset \Omega(E)$ 임을 알 수 있다. 즉,

$$E \in \mathfrak{E} \implies \mathfrak{D} \subset \Omega(E)$$

임을 보였다. 따라서, $E \in \mathfrak{D}$ 이고 $F \in \mathfrak{E}$ 이면 $E \in \Omega(F)$ 인데 이는 $F \in \Omega(E)$ 와 동치이다. 따라서 $\mathfrak{E} \subset \Omega(E)$ 및 $\mathfrak{D} \subset \Omega(E)$ 을 얻는다. 다시 말하면

$$E \in \mathfrak{D} \implies \mathfrak{D} \subset \Omega(E)$$

가 증명되었는데, 이를 다른 말로 바꾸면 집합모임 $\mathfrak{D}$ 가 차집합과 합집합에 대하여 닫혀있음을 뜻한다. 그런데 $X \times Y \in \mathfrak{D}$ 이므로 $\mathfrak{D}$ 는 여집합에 대해서도 닫혀있음을 알 수 있다. 이제, 각 $n = 1, 2, \dots$ 에 대하여 $E_n \in \mathfrak{D}$ 일 때, $F_n = E_1 \cup \cdots \cup E_n$ 이라 두면 $\langle F_n \rangle$ 이 단조증가하고 $F_n \in \mathfrak{D}$ 이므로 $\bigcup_n E_n = \bigcup_n F_n \in \mathfrak{D}$ 가 되고, 따라서 $\mathfrak{D}$ 가 σ–대수임이 증명되었다. 그런데, $\mathfrak{S} \times \mathfrak{T}$ 가 $\mathfrak{E}$ 를 포함하는 최소의 σ–대수이므로 (5) 에 의하여

$$\mathfrak{D} = \mathfrak{E} = \mathfrak{S} \times \mathfrak{T} \tag{7}$$

가 증명되었다.

따라서, 만일 $E \in \mathfrak{S} \times \mathfrak{T} = \mathfrak{E}$ 이면 각 $m, n = 1, 2, \dots$ 에 대하여 $E \cap (X_n \times Y_m) \in \mathfrak{B}$ 가 되는데, 이 집합모임이 서로소이고 그 합집합이 바로 E 이므로 도움정리 4.1.1 (나) 에 의하여 $E \in \mathfrak{B}$ 임을 알게 된다. 따라서 $\mathfrak{S} \times \mathfrak{T} \subset \mathfrak{B}$ 임을 보였는데, 지금까지 논의한 내용을 정리하자. 만일 전체집합 X 가 유한측도를 가지는 부분집합열의 합집합으로 표시되면, (X, μ) 를 σ–유한측도라 한다.

정리 4.1.2. 양측도 $(X, \mathfrak{S}, \mu)$ 와 $(Y, \mathfrak{T}, \nu)$ 가 주어져 있을 때, 잴수있는 상자들을 포함하는 최소의 σ-대수를 $\mathfrak{S} \times \mathfrak{T}$ 라 쓰자. 만일 $E \in \mathfrak{S} \times \mathfrak{T}$ 이면, 임의의 $x \in X$ 와 $y \in Y$ 에 대하여 $E_x \in \mathfrak{T}$ 및 $E^y \in \mathfrak{S}$ 가 성립한다. 만일 $(X, \mathfrak{S}, \mu)$ 와 $(Y, \mathfrak{T}, \nu)$ 가 각각 σ-유한이면 (1) 에 의하여 정의된 함수 φ 와 ψ 가 각각 잴수있는 함수이고 등식 (2) 가 성립한다.

이제, 등식 (2) 의 공통값을 $(\mu \times \nu)(E)$ 라 쓰면,

$$\begin{aligned}(\mu \times \nu)(E) &= \int_X \left[\int_Y \chi_E(x, y) d\nu(y) \right] d\mu(x) = \int_X \nu(E_x) d\mu(x) \\ &= \int_Y \left[\int_X \chi_E(x, y) d\mu(x) \right] d\nu(y) = \int_Y \mu(E^y) d\nu(y) \end{aligned} \tag{8}$$

가 된다. 이제 $\mu \times \nu$ 가 측도임을 보이기 위하여 $E_n \in \mathfrak{S} \times \mathfrak{T}$ 이고 $E = \bigsqcup_n E_n$ 이라 하자. 그러면 $E_x = \bigsqcup_n (E_n)_x$ 이므로, 지난 3.3 절의 등식 (13) 을 적용하면

$$\begin{aligned}\sum_{n=1}^{\infty}(\mu \times \nu)(E_n) &= \sum_{n=1}^{\infty}\int_X \nu((E_n)_x)d\mu(x)\\ &= \int_X \sum_{n=1}^{\infty}\nu((E_n)_x)d\mu(x)\\ &= \int_X \nu(E_x)d\mu(x) = (\mu \times \nu)(E)\end{aligned}$$

가 성립하고, 따라서 $\mu \times \nu$ 가 측도임을 알 수 있다. 이러한 방법으로 얻은 $(X \times Y, \mathfrak{S} \times \mathfrak{T}, \mu \times \nu)$ 를 σ-유한측도 $(X, \mathfrak{S}, \mu)$ 와 $(Y, \mathfrak{T}, \nu)$ 의 곱측도라 부른다.

연습문제 4.1.5. 각 $S \in \mathfrak{S}$ 와 $T \in \mathfrak{T}$ 에 대하여 $(\mu \times \nu)(S \times T) = \mu(S)\nu(T)$ 임을 보여라.

연습문제 4.1.6. 양측도 $(X, \mathfrak{S}, \mu)$ 와 $(Y, \mathfrak{T}, \nu)$ 가 σ-유한일 때, $(X \times Y, \mathfrak{S} \times \mathfrak{T}, \mu \times \nu)$ 가 σ-유한임을 보여라.

이제, 르벡측도 $(\mathbb{R}, \mathfrak{M}, m)$ 의 곱이 무엇인지 알아보자. 먼저 $\mathbb{R}^2$ 의 열린집합 $U \subset \mathbb{R}^2$ 가 주어졌을 때, 집합모임

$$\{(a, b) \times (c, d) \subset U : a, b, c, d \text{ 는 유리수}\}$$

이 셀수있는 모임이고 그 합집합이 U 이므로 $U \in \mathfrak{M} \times \mathfrak{M}$ 임을 알 수 있다. 즉, 임의의 열린집합은 $\mathfrak{M} \times \mathfrak{M}$ 에 들어간다. 좌표공간 $\mathbb{R}^n$ 의 열린집합들을 포함하는 최소의 σ-대수를 $\mathfrak{B}_n$ 이라 쓰면,

$$\mathfrak{B}_2 \subset \mathfrak{M} \times \mathfrak{M}$$

이 된다. 집합모임 $\mathfrak{B}_n$ 에 들어가는 $\mathbb{R}^n$ 의 부분집합을 **보렐집합**이라고 한다. 닫힌집합이나 G_δ-집합, F_σ-집합 등은 보렐집합의 대표적인 예이다.

그런데, 집합모임 $\mathfrak{M}\times\mathfrak{M}$ 은 한 가지 결함을 가진다. 만일 $m(E)=0$ 인 집합 $E\in\mathfrak{M}$ 과 $F\notin\mathfrak{M}$ 인 $F\subset\mathbb{R}$ 을 택하면 (3) 에 의하여 $E\times F\notin\mathfrak{M}\times\mathfrak{M}$ 이다. 그러나, $E\times F\subset E\times\mathbb{R}$ 이고 $(m\times m)(E\times\mathbb{R})=0$ 이다. 다시 말하여, 영측도집합의 부분집합임에도 불구하고 잴수없는 집합이 있다는 것이다. 일반적으로, 측도 $(X,\mathfrak{S},\mu)$ 가 다음 성질

$$E\subset F,\ F\in\mathfrak{S},\ \mu(F)=0 \implies E\in\mathfrak{S}$$

을 만족하면 이를 완비측도라 부른다. 따라서, $(\mathbb{R}^2,\mathfrak{M}\times\mathfrak{M},m\times m)$ 은 완비측도가 아니다. 그러나, 실수축의 르벡측도 $(\mathbb{R},\mathfrak{M},m)$ 은 정리 1.1.3 의 (마) 에 의하여 완비측도이다.

명제 4.1.3. 양측도 $(X,\mathfrak{S},\mu)$ 에 대하여 집합모임

$$\mathfrak{S}^*=\{E\subset X: A\subset E\subset B \text{ 및 } \mu(B\setminus A)=0 \text{ 을 만족하는 } A,B\in\mathfrak{S} \text{ 가 존재한다.}\}$$

를 생각하고, 각 $E\in\mathfrak{S}^*$ 에 대하여 $\mu^*(E)=\mu(A)$ 라 정의하자. 그러면 $(X,\mathfrak{S}^*,\mu^*)$ 는 완비측도가 된다.

증명: 먼저 $\mu^*(E)$ 의 값이 A 의 선택에 관계없이 정해짐을 보이자. 만일 각 $i=1,2$ 에 대하여 $A_i\subset E\subset B_i$, $\mu(B_i\setminus A_i)=0$ 이면,

$$A_2\setminus A_1\subset E\setminus A_1\subset B_1\setminus A_1$$

이므로 $\mu(A_2\setminus A_1)=0$ 이다. 똑같은 이유로 $\mu(A_1\setminus A_2)=0$ 이므로 $\mu(A_1)=\mu(A_2)$ 임을 알 수 있다. 이제, $\mathfrak{S}^*$ 가 σ–대수임을 보이자. 먼저 $\emptyset\in\mathfrak{S}^*$ 임은 자명하다. 만일 $E\in\mathfrak{S}^*$ 이고, $A\subset E\subset B$, $\mu(B\setminus A)=0$ 이면 $B^c\subset E^c\subset A^c$ 가 되고, $A^c\setminus B^c=B\setminus A$ 이므로 $E^c\in\mathfrak{S}^*$ 임을 알 수 있다. 끝으로, 각 $n=1,2,\ldots$ 에 대하여 $A_n\subset E_n\subset B_n$ 이고 $\mu(B_n\setminus A_n)=0$ 이라 하자. 만일 $A=\bigcup_n A_n$, $E=\bigcup E_n$, $B=\bigcup B_n$ 이

라 쓰면, $A \subset E \subset B$ 이고

$$B \setminus A = \bigcup_n (B_n \setminus A) \subset \bigcup_n (B_n \setminus A_n)$$

이므로 $\mu(B \setminus A) = 0$ 이 되어서 $E \in \mathfrak{S}^*$ 임을 알 수 있다. 또한,

$$\mu^*(E) = \mu(A) = \sum_{n=1}^{\infty} \mu(A_n) = \sum_{n=1}^{\infty} \mu^*(E_n)$$

이 되어서 $(X, \mathfrak{S}^*, \mu^*)$ 가 측도임이 증명된다.

끝으로 $(X, \mathfrak{S}^*, \mu^*)$ 가 완비측도임을 보이자. 만일 $E \subset F$, $F \in \mathfrak{S}^*$, $\mu^*(F) = 0$ 이면 적절한 $A, B \in \mathfrak{S}$ 에 대하여 $A \subset F \subset B$ 이고 $\mu(A) = \mu(B) = 0$ 이다. 따라서, $\emptyset \subset E \subset B$ 및 $\mu(B) = 0$ 으로부터 $E \in \mathfrak{S}^*$ 가 되므로 증명이 끝난다. □

연습문제 4.1.7. 만일 $(X, \mathfrak{S}, \mu)$ 가 완비측도이면 $\mathfrak{S}^* = \mathfrak{S}$ 임을 보여라.

이제, $\mathbb{R}^2$ 에 주어진 두 측도 $(\mathbb{R}^2, \mathfrak{B}_2, m \times m)$ 과 $(\mathbb{R}^2, \mathfrak{M} \times \mathfrak{M}, m \times m)$ 에 대하여 $\mathfrak{B}_2^*$ 와 $(\mathfrak{M} \times \mathfrak{M})^*$ 을 비교하여 보자. 먼저 $\mathfrak{B}_2 \subset \mathfrak{M} \times \mathfrak{M}$ 로부터 $\mathfrak{B}_2^* \subset (\mathfrak{M} \times \mathfrak{M})^*$ 임은 분명하다.

만일 $S \in \mathfrak{M}$ 이면 명제 1.1.6 에 의하여 $A \subset S \subset B$ 이고 $m(B \setminus A) = 0$ 인 F_σ–집합 A 와 G_δ–집합 B 를 잡을 수 있다. 그러면 $A \times \mathbb{R}$ 과 $B \times \mathbb{R}$ 이 각각 $\mathbb{R}^2$ 의 F_σ–집합 및 G_δ–집합이므로 $\mathfrak{B}_2$ 에 들어가고, 또한

$$(m \times m)[(B \times \mathbb{R}) \setminus (A \times \mathbb{R})] = (m \times m)[(B \setminus A) \times \mathbb{R})] = 0$$

이므로 $S \times \mathbb{R} \in \mathfrak{B}_2^*$ 임을 알 수 있다. 마찬가지로 $T \in \mathfrak{M}$ 이면 $\mathbb{R} \times T \in \mathfrak{B}_2^*$ 이므로 잴수있는 상자 $S \times T = (S \times \mathbb{R}) \cap (\mathbb{R} \times T)$ 는 $\mathfrak{B}_2^*$ 에 들어간다. 따라서 $\mathfrak{M} \times \mathfrak{M} \subset \mathfrak{B}_2^*$ 가 되고, $(\mathfrak{M} \times \mathfrak{M})^* \subset \mathfrak{B}_2^*$ 이므로

$$(\mathfrak{M} \times \mathfrak{M})^* = \mathfrak{B}_2^*$$

가 성립한다. 이 σ–대수를 $\mathfrak{M}_2$ 라 두고 이 위에서 정의된 측도 $(m\times m)^*$ 를 m_2 라 쓰면 완비측도 $(\mathbb{R}^2, \mathfrak{M}_2, m_2)$ 를 얻는데, 이를 $\mathbb{R}^2$ 의 르벡측도라 한다.(1)

연습문제 4.1.8. 귀납법을 이용하여 $\mathbb{R}^n$ 의 르벡측도를 정의하여라.

4.2 푸비니 정리

등식 (8) 은, $\mathfrak{S}\times\mathfrak{T}$ 에 들어가는 집합 위의 특성함수에 대하여 적분의 순서를 바꿀 수 있음을 말해 준다. 적분의 정의가 특성함수의 적분에서 시작했으므로 양수값을 취하는 잴수있는 함수나 적분가능한 함수에 대하여 같은 등식이 성립하리라 예상할 수 있다. 지금부터 집합 X, Y 에 양측도 $(X, \mathfrak{S}, \mu)$ 와 $(Y, \mathfrak{T}, \nu)$ 가 주어져 있다고 하자. 집합 $X\times Y$ 위에서 정의된 임의의 함수 f 에 대하여

$$f_x : y \mapsto f(x,y), \qquad f^y : x \mapsto f(x,y)$$

라 정의한다.

명제 4.2.1. 함수 $f : X\times Y \to \mathbb{R}^*$ 이 $\mathfrak{S}\times\mathfrak{T}$에 대하여 잴수있는 함수라 하자. 그러면, 임의의 $x\in X$ 와 $y\in Y$ 에 대하여 f_x 와 f^y 는 각각 $\mathfrak{T}$ 와 $\mathfrak{S}$ 에 대하여 잴수있는 함수이다.

증명: 임의의 $\alpha\in\mathbb{R}$ 에 대하여

$$E = \{(x,y)\in X\times Y : f(x,y) > \alpha\}$$

(1) 처음부터 $\mathbb{R}^n$ 의 르벡측도를 정의하는 것이 목적이라면, $\mathbb{R}^1$ 의 르벡측도를 정의하는 것과 마찬가지 방법을 적용할 수 있다. 참고문헌 [5] 의 4.5 절, [39] 의 5.1 절 혹은 연습문제 4.4.10 을 참조하라.

라 두면 $E_x = \{y \in Y : f_x(y) > \alpha\}$ 이다. 그런데 $E \in \mathfrak{S} \times \mathfrak{T}$ 이므로 (3) 에 의하여 $E_x \in \mathfrak{T}$ 가 되어 f_x 는 잴수있는 함수이다. 마찬가지로 f^y 도 잴수있는 함수이다. □

이제, 임의의 잴수있는 함수 $f : X \times Y \to [0, \infty]$ 에 대하여 적분의 순서를 바꿀 수 있음을 보이자. 여기서 잴수있다 함은 물론 $\mathfrak{S} \times \mathfrak{T}$ 에 대하여 잴수있다는 뜻이다.

연습문제 4.2.1. 함수 $f : \mathbb{R}^2 \to \mathbb{R}$ 이 $\mathbb{R}^2$ 의 르벡측도에 관하여 잴수있을 때, 각 $x \in \mathbb{R}$ 에 대하여 $f_x : \mathbb{R} \to \mathbb{R}$ 가 $\mathbb{R}$ 의 르벡측도에 관하여 항상 잴수있는지 살펴보아라.

정리 4.2.2. (토넬리[(2)]) 양측도 $(X, \mathfrak{S}, \mu)$ 와 $(Y, \mathfrak{T}, \nu)$ 가 각각 σ–유한이라고 하자. 그러면 임의의 잴수있는 함수 $f : X \times Y \to [0, \infty]$ 에 대하여 다음이 성립한다.

(가) 함수 $x \mapsto \int_Y f_x d\nu$ 와 $y \mapsto \int_X f^y d\mu$ 가 각각 잴수있는 함수이다.

(나) 등식

$$\int_X \left[\int_Y f_x d\nu \right] d\mu = \int_{X \times Y} f d(\mu \times \nu) = \int_Y \left[\int_X f^y d\mu \right] d\nu$$

이 성립한다.

증명: 정리 1.2.4 에서 살펴본 바와 같이 단조증가하고 f 로 점별수렴하는 단순함수열 $\langle s_n \rangle$ 을 잡을 수 있다. 이제,

$$\varphi(x) = \int_Y f_x d\nu, \qquad \varphi_n(x) = \int_Y (s_n)_x d\nu$$

라 두자. 정리 4.1.2 에 의하면 잴수있는 집합의 특성함수가 (가), (나) 를 만족하므로 단순함수 역시 마찬가지이다. 그런데, $s_n \nearrow f$ 이므로

(2) Leonida Tonelli (1885~1946), 이탈리아 수학자. Bologna 에서 공부하고, Bologna 와 Pisa 에서 활동하였다.

$(s_n)_x \nearrow f_x$ 이고 측도 ν 에 관한 단조수렴정리에 의하여 $\varphi_n \nearrow \varphi$ 이다. 따라서, φ 는 잴수있는 함수이다. 다시 측도 $\mu \times \nu$ 와 μ 에 관한 단조수렴정리를 이용하면

$$\int_{X\times Y} f d(\mu\times\nu) = \lim_{n\to\infty}\int_{X\times Y} s_n d(\mu\times\nu) = \lim_{n\to\infty}\int_X \varphi_n d\mu = \int_X \varphi d\mu$$

를 얻게 된다. 정리의 나머지 반도 똑같은 방법으로 증명된다. □

연습문제 4.2.2. 토넬리 정리를 이용하여 3.3 절의 등식 (13) 을 유도하여라.

적분가능함수에 대해서도 같은 정리가 성립하는데, 우선 함수 f 가 적분가능할 충분조건부터 살펴보고 증명에 들어간다.

정리 4.2.3. (푸비니) 양측도 $(X, \mathfrak{S}, \mu)$ 와 $(Y, \mathfrak{T}, \nu)$ 가 각각 σ-유한이라고 하자. 잴수있는 함수 $f : X\times Y \to \mathbb{C}$ 가

$$\int_X \left[\int_Y |f(x,y)| d\nu(y)\right] d\mu(x) < \infty$$

를 만족하면 다음이 성립한다.

(가) $f \in L^1(\mu\times\nu)$ 이다. 또한, 거의 모든 $x \in X$ 에 대하여 $f_x \in L^1(\nu)$ 이고, 거의 모든 $y \in Y$ 에 대하여 $f^y \in L^1(\mu)$ 이다.

(나) 거의 모든 점에서 정의된 두 함수 $x \mapsto \int_Y f_x d\nu$ 와 $y \mapsto \int_X f^y d\mu$ 가 각각 적분가능함수이다.

(다) 등식

$$\int_X \left[\int_Y f_x d\nu\right] d\mu = \int_{X\times Y} f d(\mu\times\nu) = \int_Y \left[\int_X f^y d\mu\right] d\nu$$

이 성립한다.

증명: 토넬리 정리에 의하여 $\int_{X\times Y} |f| = \int_X \left[\int_Y |f(x,y)| d\nu(y)\right] d\mu(x)$ 이므로 $f \in L^1(\mu\times\nu)$ 임을 알 수 있다. 등식 $f = u + iv$ 에 의하여

$f : X \times Y \to \mathbb{R}$ 인 경우만 증명하면 된다. 먼저

$$\varphi(x) = \int_Y f_x d\nu, \quad \varphi_1(x) = \int_Y (f_+)_x d\nu, \qquad \varphi_2(x) = \int_Y (f_-)_x d\nu$$

라 두자. 그러면, 토넬리 정리에 의하여

$$\int_X \varphi_1 d\mu = \int_{X\times Y} f_+ d(\mu \times \nu) < \infty$$

이므로, $\varphi_1 \in L^1(\mu)$ 이고, 마찬가지로 $\varphi_2 \in L^1(\mu)$ 이다. 그러므로

$$E = \{x \in X : \varphi_1(x) < \infty,\ \varphi_2(x) < \infty\}$$

라 두면, $\mu(E^c) = 0$ 이다. 그런데, 각 $x \in E$ 에 대하여 $f_x = (f_+)_x - (f_-)_x$ 이므로 $f_x \in L^1(\nu)$ 임을 알 수 있고, 따라서 거의 모든 $x \in X$ 에 대하여 $f_x \in L^1(\nu)$ 이다. 또한, 각 $x \in E$ 에 대하여 $\varphi(x) = \varphi_1(x) - \varphi_2(x)$ 인데, $\varphi_1, \varphi_2 \in L^1(\mu)$ 이므로 $\varphi \in L^1(\mu)$ 이다. 끝으로, f_+ 와 f_- 에 대하여 토넬리 정리를 적용하면

$$\begin{aligned}
\int_X \varphi d\mu &= \int_X \varphi_1 d\mu - \int_X \varphi_2 d\mu \\
&= \int_{X\times Y} f_+ d(\mu \times \nu) - \int_{X\times Y} f_- d(\mu \times \nu) \\
&= \int_{X\times Y} f d(\mu \times \nu)
\end{aligned}$$

가 되어서 정리의 반이 증명되었다. 나머지 반도 마찬가지 방법으로 증명된다. □

연습문제 4.2.3. 푸비니 정리에서 Y 가 자연수집합이고, 1.1 절의 보기 3 과 같은 측도를 주었을 때 어떤 결론을 얻을 수 있는지 살펴보아라. 집합 X 도 같이 놓으면 어떤 결론을 얻을 수 있는지 살펴보아라.

연습문제 4.2.4. 집합 $\mathbb{N} \times \mathbb{N}$ 위에서 다음

$$f(m,n) = \begin{cases} 2 - 2^{-m}, & m = n \\ -2 + 2^{-m}, & m = n+1 \\ 0, & \text{나머지 경우} \end{cases}$$

과 같이 정의된 함수 f 를 생각하자. 이 때, 두 가지 반복적분의 값을 구하고, 토넬리 정리 및 푸비니 정리의 가정과 어떤 관련이 있는지 살펴보아라. 집합 $[1,\infty)\times[1,\infty)$ 위에서 정의된 함수

$$f(x,y)=\frac{x^2-y^2}{(x^2+y^2)^2},\qquad x,y\in[1,\infty)$$

에 대해서도 같은 작업을 하여라.

좌표공간 $\mathbb{R}^n$ 위에서 정의된 함수가 σ–대수 $\mathfrak{B}_n$ 에 대하여 잴수있으면 이를 보렐함수라 부른다. 그냥 잴수있는 함수라 하면 르벡측도 $(\mathfrak{M}_n, m_n)$ 에 대하여 잴수있음을 뜻한다. 보렐함수는 물론 잴수있는 함수이다. 다음은 명제 3.3.4 (라) 의 확장이다.

명제 4.2.4. 양측도 $(X,\mathfrak{S},\mu)$ 에 대하여 잴수있는 함수인 $f:X\to\mathbb{R}$ 과 보렐함수 $g:\mathbb{R}\to\mathbb{R}$ 에 대하여 그 합성함수 $g\circ f:X\to\mathbb{R}$ 은 잴수있는 함수이다.

증명: 각 $\alpha\in\mathbb{R}$ 에 대하여 $g^{-1}(\alpha,\infty)\in\mathfrak{B}_1$ 이므로, 임의의 $E\in\mathfrak{B}_1$ 에 대하여 $f^{-1}(E)\in\mathfrak{S}$ 임을 보이면 된다. 이를 위하여

$$\mathfrak{A}=\{E\in\mathfrak{B}_1 : f^{-1}(E)\in\mathfrak{S}\}$$

라 두자. 그러면 $\mathfrak{A}$ 가 $\mathbb{R}$ 의 σ–대수임을 바로 확인할 수 있다. 그런데, 임의의 열린집합이 $\mathfrak{A}$ 에 들어가므로, $\mathfrak{A}=\mathfrak{B}_1$ 임을 알 수 있다. □

연습문제 4.2.5. 명제 4.2.4 의 증명에서 $\mathfrak{A}$ 가 σ–대수임을 증명하여라.

토넬리 정리나 푸비니 정리를 이변수함수에 대하여 적용하려면 이 함수가 $\mathfrak{M}\times\mathfrak{M}$ 에 대하여 잴수있는 함수임을 보여야 하는데, 이를 정의에 의하여 보이는 것은 매우 번거로운 일이다. 임의의 이변수 보렐함수는 $\mathfrak{M}\times\mathfrak{M}$ 에 대하여 잴수있는 함수이므로, 다음 명제는 이 경우 유용하게 쓰일 수 있다. 또한, 이를 이용하면 임의의 잴수있는 이변수함수에 대한 토넬리–푸비니 정리를 증명할 수 있다.

명제 4.2.5. 좌표공간 $\mathbb{R}^n$ 에서 정의된 잴수있는 함수 f 가 주어지면, 거의 모든 점에서 $f = g$ 인 보렐함수 g 가 존재한다.

증명: 우선 $f \geq 0$ 인 경우에 증명하면 된다. 따름정리 1.2.5 에 의하여 $f(x) = \sum_{k=1}^{\infty} c_k \chi_{E_k}$ 이라 쓰자. 물론, 여기서 각 E_k 는 $\mathfrak{M}_n$ 에 들어간다. 그러면 각 $k = 1, 2, \ldots$ 에 대하여 $A_k \subset E_k \subset B_k$, $m_n(B_k \setminus A_n) = 0$ 인 보렐집합 A_k, B_k 가 존재한다. 이제

$$g(x) = \sum_{k=1}^{\infty} c_k \chi_{A_k}(x), \qquad x \in \mathbb{R}^n$$

이라 두면, g 는 명제 3.3.4 에 의하여 보렐함수가 된다. 또한

$$\{x : f(x) \neq g(x)\} \subset \bigcup_{k=1}^{\infty} (E_k \setminus A_k) \subset \bigcup_{k=1}^{\infty} (B_k \setminus A_k)$$

이므로 거의 모든 점에서 $f = g$ 임을 알 수 있다. □

정리 4.2.6. (토넬리–푸비니) 좌표평면 $\mathbb{R}^2$ 에서 정의된 잴수있는 함수 f 에 대하여 다음이 성립한다.

(가) 거의 모든 점 x 및 y 에 대하여 f_x 및 f^y 는 잴수있는 함수이다.

(나) 만일 $0 \leq f \leq \infty$ 이면 등식

$$\int_{\mathbb{R}} \int_{\mathbb{R}} f(x,y)\,dxdy = \int_{\mathbb{R}\times\mathbb{R}} f\,dm_2 = \int_{\mathbb{R}} \int_{\mathbb{R}} f(x,y)\,dydx \tag{9}$$

이 성립한다.

(다) 만일 $f : \mathbb{R}^2 \to \mathbb{C}$ 이고 $\int_{\mathbb{R}} \int_{\mathbb{R}} |f(x,y)|\,dxdy < \infty$ 이면 $f \in L^1(m_2)$ 이다. 또한, 거의 모든 x, y 에 대하여 $f_x, f^y \in L^1(m_1)$ 이고 등식 (9) 가 성립한다.

증명: 명제 4.2.5 에 의하여, f 는 보렐함수 g 와 거의 모든 점에서 0 인 잴수있는 함수 h 의 합으로 표시할 수 있다. 앞에서 논의한 바와 같이

g 가 정리의 내용을 모두 만족하므로, h 에 대하여 증명하면 된다. 이를 위하여

$$E = \{(x,y) \in \mathbb{R}^2 : h(x,y) \neq 0\}$$

이라 두면 $E \in \mathfrak{M}_2$ 이고 $m_2(E) = 0$ 임을 알 수 있다. 따라서, $E \subset F$ 이고, $(m \times m)(F) = 0$ 인 $F \in \mathfrak{M} \times \mathfrak{M}$ 이 존재한다. 그러면 (8) 에 의하여 $\int_{\mathbb{R}} m(F_x)dx = (m \times m)(F) = 0$ 이므로,

$$A = \{x \in \mathbb{R} : m(F_x) > 0\}$$

이라 두면 $m(A) = 0$ 이다. 이제, $x \in \mathbb{R} \setminus A$ 를 고정하자. 그러면, $m(F_x) = 0$ 이고 $E_x \subset F_x$ 이므로 $m(E_x) = 0$ 이다. 그런데 $y \notin E_x$ 이면 $h_x(y) = h(x,y) = 0$ 이므로, h_x 는 잴수있는 함수일 뿐 아니라 거의 모든 점에서 $h_x = 0$ 이다. 따라서, 거의 모든 점 x 에서 h_x 는 잴수있는 함수이고, 이 때 거의 모든 점 y 에서 $h_x(y) = 0$ 이다. 따라서 (가) 가 증명되었고, 나머지 (나) 와 (다) 도 바로 확인된다. □

연습문제 4.2.6. 정리 4.2.6 의 증명을 마무리하여라.

보기 1. 집합 $[0, A] \times [0, \infty)$ 위에서 함수 $f(x,t) = e^{-xt}\sin x$ 에 대하여 푸비니 정리를 적용하여 보자. 먼저,

$$\frac{1}{x} = \int_0^\infty e^{-xt}dt, \qquad x > 0$$

이므로

$$\int_0^1 \int_0^\infty |e^{-xt}\sin x|dtdx \leq \int_0^1 x \int_0^\infty e^{-xt}\,dtdx \leq \int_0^1 dx = 1,$$
$$\int_1^A \int_0^\infty |e^{-xt}\sin x|dtdx \leq \int_1^A \int_0^\infty e^{-xt}dtdx = \int_1^A \frac{1}{x}dx < \infty$$

이 되어서, 푸비니 정리를 적용할 수 있다. 따라서

$$\begin{aligned}\int_0^A \frac{\sin x}{x}\,dx &= \int_0^A \int_0^\infty e^{-xt}\sin x\,dtdx \\ &= \int_0^\infty \int_0^A e^{-xt}\sin x\,dxdt \\ &= \int_0^\infty \left[\frac{e^{-At}}{1+t^2}(-t\sin A - \cos A) + \frac{1}{1+t^2}\right] dt\end{aligned}$$

가 된다. 그런데,

$$\int_0^\infty \left|\frac{e^{-tA}}{1+t^2}(-t\sin A - \cos A)\right| dt \le \int_0^\infty 2e^{-tA}dt = \frac{2}{A}$$

이므로

$$\lim_{A\to\infty}\int_0^\infty \frac{\sin x}{x}\,dx = \int_0^\infty \frac{1}{1+t^2}\,dt = \frac{\pi}{2}$$

임을 알 수 있다. □

4.3 적분가능함수의 곱하기

바나하공간 $L^p(X,\mu)$ (단, $1 \le p \le \infty$) 중에서 $L^1(X,\mu)$ 는 특별한 역할을 한다. 특히, 집합 X 에 연산이 주어지고 측도 μ 가 명제 1.1.2 (다)와 같은 성질을 가지면 $L^1(X,\mu)$ 에 곱하기를 정의할 수 있다. 여기서는 실수축의 르벡적분에 한하여 살펴보기로 하자.

잴수있는 함수 $f, g : \mathbb{R} \to \mathbb{C}$ 와 $x \in \mathbb{R}$ 에 대하여 다음 적분

$$\int_{\mathbb{R}} f(y)g(x-y)dy$$

을 생각하여 보자. 명제 4.2.5 에 의하여 f 와 g 가 각각 보렐함수라 가정하여도 위 적분의 값은 변하지 않는다. 그런데 이변수함수 $(x,y) \mapsto y$ 및 $(x,y) \mapsto x-y$ 가 모두 연속함수이므로, 명제 4.2.4 에 의하여 함수 $(x,y) \mapsto f(y)$ 와 $(x,y) \mapsto g(x-y)$ 가 모두 보렐함수이고, 명제 3.3.4

(가) 를 적용하면 그 곱

$$(x, y) \mapsto f(y)g(x-y) \tag{10}$$

도 보렐함수임을 알 수 있다.[3] 한편

$$\begin{aligned}\int_{\mathbb{R}}\left[\int_{\mathbb{R}}|f(y)g(x-y)|dx\right]dy &= \int_{\mathbb{R}}|f(y)|\left[\int_{\mathbb{R}}|g(x-y)|dx\right]dy \\ &= \int_{\mathbb{R}}|f(y)|dy\int_{\mathbb{R}}|g(x)|dx = \|f\|_1\|g\|_1\end{aligned}$$

이 되는데, 여기서 명제 1.1.2 (다) 가 사용되었다. 푸비니 정리를 적용하면 함수

$$x \mapsto \int_{\mathbb{R}} f(y)g(x-y)dy \tag{11}$$

가 거의 모든 점에서 정의되고 이 함수의 L^1–노음은

$$\begin{aligned}\int_{\mathbb{R}}\left|\int_{\mathbb{R}} f(y)g(x-y)dy\right|dx &\le \int_{\mathbb{R}}\left[\int_{\mathbb{R}}|f(y)g(x-y)|dx\right]dy \\ &= \|f\|_1\|g\|_1\end{aligned}$$

이 됨을 알 수 있다. 적분가능함수 $f, g \in L^1(\mathbb{R})$ 에 대하여 (11) 과 같이 정의된 새로운 L^1–함수를 $f * g$ 라 쓰고, 이를 f 와 g 의 곱하기 또는 콘볼류션이라 부른다. 방금 증명한 바를 다시 쓰면

$$\|f * g\|_1 \le \|f\|_1\|g\|_1, \qquad f, g \in L^1(\mathbb{R}) \tag{12}$$

이 된다.

명제 4.3.1. 각 $f, g, h \in L^1(\mathbb{R})$ 와 상수 $\alpha, \beta \in \mathbb{C}$에 대하여 다음이 성립한다.

---

(3) 함수 f, g 각 잴수있을 때, (10) 과 같이 정의된 함수는 실제로 잴수있는 이변수함수가 된다. 연습문제 4.4.11 을 참조하라.

(가) 거의 모든 점 x에 대하여 $[(f*g)*h](x) = [f*(g*h)](x)$가 성립한다.

(나) 각 x에 대하여 $(f*g)(x) = (g*f)(x)$이다.

(다) 거의 모든 점 x에 대하여 $[(\alpha f+\beta g)*h](x) = [\alpha(f*h)+\beta(g*h)](x)$가 성립한다.

증명: 먼저 $x \in \mathbb{R}$를 고정하고 계산하면,

$$\begin{aligned}[(f*g)*h](x) &= \int_{\mathbb{R}} (f*g)(y)h(x-y)dy \\ &= \int_{\mathbb{R}} \left[\int_{\mathbb{R}} f(z)g(y-z)dz\right] h(x-y)dy\end{aligned}$$

가 되고, 또한

$$\begin{aligned}[f*(g*h)](x) &= \int_{\mathbb{R}} f(z)(g*h)(x-z)dz \\ &= \int_{\mathbb{R}} f(z)\left[\int_{\mathbb{R}} g(y)h(x-z-y)dy\right] dz \\ &= \int_{\mathbb{R}} f(z)\left[\int_{\mathbb{R}} g(y-z)h(x-y)dy\right] dz\end{aligned}$$

이 된다. 그런데

$$\int_{\mathbb{R}}\int_{\mathbb{R}} |f(z)g(y-z)h(x-y)|dydz = [(|f|*|g|)*|h|](x)$$

이고 $|f|*|g|$와 $|h|$가 모두 L^1-함수이므로, 이 값은 거의 모든 x에 대하여 유한이다. 따라서, 이러한 x를 고정하고, 함수

$$(y,z) \mapsto f(z)g(y-z)h(x-y)$$

에 대하여 푸비니 정리를 적용하면 (가)가 증명된다. 또한, 다음

$$\begin{aligned}(f*g)(x) &= \int_{\mathbb{R}} f(y)g(x-y)dy \\ &= \int_{\mathbb{R}} f(-y)g(x+y)dy \\ &= \int_{\mathbb{R}} f(x-y)g(y)dy = (g*f)(x)\end{aligned}$$

과 같이 직접 계산하면 (나) 가 증명되는데, 둘째 등식에서 $m(E) = m(-E)$ 가 이용되었다. 또한, 거의 모든 x 에 대하여 두 함수

$$y \mapsto f(y)h(x-y), \qquad y \mapsto g(y)h(x-y)$$

가 L^1–함수이므로, 정리 1.3.2 를 적용하여 계산하면 (다) 를 얻는다. □

일반적으로, 바나하공간 X 에 연산 $(x, y) \mapsto xy$ 가 정의되어 결합법칙 및 배분법칙과 부등식

$$\|xy\| \le \|x\|\|y\|, \qquad x, y \in X$$

을 만족하면, 이를 바나하대수라 한다. 부등식 (12) 와 명제 4.3.1 의 (가) 와 (다) 에 의하여 $L^1(\mathbb{R})$ 은 바나하대수이다.

명제 4.3.2. 만일 함수 g 가 미분가능하고 $f, g, g' \in L^1(\mathbb{R})$ 이면, $f * g$ 가 미분가능하고

$$(f * g)' = f * g'$$

이 성립한다.

연습문제 4.3.1. 명제 4.3.2 를 증명하여라.

두 양수 p, q 가 1 보다 큰 켤레지수라 하자. 만일 $f \in L^p(\mathbb{R})$ 이고 $g \in L^q(\mathbb{R})$ 이면 횔더 부등식을 이용하여

$$\begin{aligned}\int_{\mathbb{R}} |f(y)g(x-y)|dy &= \int_{\mathbb{R}} |f(y)g_{-x}(-y)|dy \\ &\le \|f\|_p\|g_{-x}\|_q = \|f\|_p\|g\|_q\end{aligned}$$

을 얻는다. 따라서, 임의의 $x \in \mathbb{R}$ 에 대하여 $(f * g)(x)$ 가 정의되고, $\|f * g\|_\infty \le \|f\|_p\|g\|_q$ 임을 알 수 있다.

연습문제 4.3.2. 만일 $f \in L^1(\mathbb{R})$ 이고 $g \in L^\infty(\mathbb{R})$ 이면 $f * g$ 가 유계연속함수임을 보여라.

명제 4.3.3. 두 양수 $p, q \in (1, \infty)$ 가 켤레지수라 하자. 그러면 임의의 $f \in L^p(\mathbb{R})$ 와 $g \in L^q(\mathbb{R})$ 에 대하여 $f * g \in C_0(\mathbb{R})$ 이다.

증명: 횔더 부등식을 다시 한번 이용하면, 각 $x, y \in \mathbb{R}$ 에 대하여

$$\begin{aligned} |(f * g)(x) - (f * g)(y)| &\le \int_{\mathbb{R}} |f(z)(g_{-x}(-z) - g_{-y}(-z)|dz \\ &\le \|f\|_p \|g_{-x} - g_{-y}\|_q \end{aligned}$$

이므로, 정리 3.2.6 에 의하여 $f * g$ 는 연속이다. 이제 정리 3.2.5 를 적용하면,

$$\lim_{n\to\infty} \|f_n - f\|_p = 0, \qquad \lim_{n\to\infty} \|g_n - g\|_q = 0$$

인 $C_c(\mathbb{R})$ 의 수열 $\langle f_n \rangle$ 과 $\langle g_n \rangle$ 을 잡을 수 있다. 그런데 f_n 과 g_n 의 받침이 각각 $[-A, A]$ 와 $[-B, B]$ 에 들어가면, $f_n * g_n$ 의 받침은 구간 $[-A - B, A + B]$ 안에 들어가므로 $\langle f_n * g_n \rangle$ 도 $C_c(\mathbb{R})$ 의 함수열이다. 그러면

$$\begin{aligned} \|f_n * g_n - f * g\|_\infty &\le \|f_n * g_n - f_n * g\|_\infty + \|f_n * g - f * g\|_\infty \\ &\le \|f_n\|_p \|g_n - g\|_q + \|f_n - f\|_p \|g\|_q \end{aligned}$$

이므로, $\langle f_n * g_n \rangle$ 이 $f * g$ 로 고르게 수렴함을 알 수 있다. □

두 함수 f, g 에 대하여 $f * g$ 가 어떠한 함수인지 짐작하는 것은 그렇게 쉬운 일이 아니지만, 경우에 따라서 어느 정도 짐작이 가능할 때도 있다. 예를 들어, 특성함수

$$k_r = \frac{1}{2r}\chi_{[-r,r]}, \qquad r > 0 \tag{13}$$

가 주어졌을 때, $k_r * f$ 의 성질을 몇 가지 살펴보자. 정의에 의하여

$$(k_r * f)(x) = \int_{-\infty}^{\infty} k_r(x - y) f(y) dy = \frac{1}{2r} \int_{x-r}^{x+r} f(y) dy$$

이 되는데 이는 f 를 각 점 x 의 근방 $[x - r, x + r]$ 에서 평균한 것이므로, 원래 함수보다 보기 좋은 모양이 되고 $r \to 0$ 에 따라 f 에 접근하리라 짐작할 수 있다.

실제로 $f \in L^1(\mathbb{R})$ 일 때, 함수 $k_r * f$ 는 항상 연속이 된다. 이를 보이기 위하여 명제 2.1.4를 이용하자. 임의의 양수 $\epsilon > 0$ 에 대하여, 다음 성질

$$E \in \mathfrak{M}, \quad m(E) \le \delta \implies \int_E |f(t)|dt < 2r\epsilon$$

을 만족하는 양수 $\delta > 0$ 를 구간 $(0, 2r)$ 안에서 잡을 수 있다. 만일 $|x-y| < \dfrac{\delta}{2} < r$ 이고

$$E = [x-r, x+r] \bigtriangleup [y-r, y+r]$$

이라 두면 (단, $A \bigtriangleup B = (A \cup B) \setminus (A \cap B)$), $m(E) \le \delta$ 이다. 따라서

$$\begin{aligned} |(k_r * f)(x) - (k_r * f)(y)| &= \frac{1}{2r}\left|\int_{x-r}^{x+r} f(t)dt - \int_{y-r}^{y+r} f(t)dt\right| \\ &\le \frac{1}{2r}\int_E |f(t)|dt < \epsilon \end{aligned}$$

이 되어, $f * k_r$ 이 $\mathbb{R}$ 위에서 고른연속함수임을 알 수 있다.

만일 f 가 고른연속함수라 하면, 임의의 양수 $\epsilon > 0$ 에 대하여

$$|x-y| < \delta \implies |f(x) - f(y)| < \epsilon$$

인 양수 $\delta > 0$ 를 잡을 수 있다. 이 때, $r < \delta$ 이면

$$|f(x) - (f * k_r)(x)| \le \frac{1}{2r}\int_{x-r}^{x+r} |f(x) - f(t)|dt < \epsilon$$

이므로 $f * k_r$ 은 $r \to 0$ 에 따라 f 로 고르게 수렴한다.

연습문제 4.3.3. 함수 $f = \chi_{[-1,1]}$ 이 주어져 있을 때, $r = 1, \frac{1}{2}, \frac{1}{3}, \frac{1}{5}, \frac{1}{10}$ 에 대하여 $x \mapsto (f * k_r)(x)$ 의 그래프를 그려라. 또한, 함수 $f(x) = \max\{1 - |x|, 0\}$ 에 대하여 같은 작업을 하여라.

연습문제 4.3.4. 함수열 $\langle f_n \rangle$ 이 다음

$$f_0 = \chi_{[-1,1]}, \qquad f_{n+1} = f_n * f_0, \quad n = 0, 1, 2, \ldots$$

과 같이 정의되어 있을 때, 이 함수열의 그래프가 어떻게 변해 가는지 그려 보아라.

4.4 연습문제

4.4.1. 르벡측도 $([0,1],\mathfrak{M},m)$ 과 개수를 세는 측도 $([0,1],\mathcal{P}([0,1]),c)$ 를 생각하자. 집합 $\Delta = \{(x,y) \in [0,1] \times [0,1] : x = y\}$ 가 σ–대수 $\mathfrak{M} \times \mathcal{P}([0,1])$ 에 들어감을 보여라. 적분값 $\iint \chi_\Delta dmdc$ 와 $\iint \chi_\Delta dcdm$ 을 비교하여라.

4.4.2. 함수 $f : \mathbb{R} \to (0,\infty)$ 에 대하여

$$A(f) = \{(x,y) : 0 < y < f(x)\}, \qquad G(f) = \{(x,y) : y = f(x)\}$$

라 정의하자. 함수 f 가 잴수있을 때 $A(f)$ 와 $G(f)$ 가 각각 $\mathbb{R}^2$ 의 잴수있는 집합이고, $m_2(A(f)) = \int_{\mathbb{R}} f$ 및 $m_2(G(f)) = 0$ 가 성립함을 보여라.

4.4.3. 함수 $f(x,y) = \dfrac{1}{\sqrt{x^2+y^2}}$ 가 집합 $[-1,1] \times [-1,1]$ 위에서 르벡적분가능함을 보여라. 이 때, 임의의 $x \in [-1,1]$ 에 대하여 $f_x \in L^1[-1,1]$ 이 되는지 살펴보아라.

4.4.4. 함수 $f(x,y) = \dfrac{xy}{(1-|x|)^2+(1-|y|)^2}$ 가 집합 $[-1,1] \times [-1,1]$ 위에서 르벡적분가능한지 살펴보고, 적분값 $\iint f(x,y)dxdy$ 와 $\iint f(x,y)dydx$ 의 값을 비교하여라.

4.4.5. 르벡적분가능함수 $f : [0,1] \times [0,1] \to \mathbb{R}$ 에 대하여 등식

$$\int_0^1 \int_0^x f(x,y)dydx = \int_0^1 \int_y^1 f(x,y)dxdy$$

이 성립함을 보여라. 이를 이용하여 적분값 $\displaystyle\int_0^1 \int_y^1 e^{-x^2}dxdy$ 을 구하여라.

4.4.6. 함수 $f \in L^1([0,1] \times [0,1])$ 에 대하여

$$F(x) = \int_{[0,x]\times[0,x]} f, \qquad x \in [0,1]$$

라 정의하였을 때, F 가 절대연속임을 보이고, 그 도함수를 f 에 관한 식으로 나타내어라.

4.4.7. 적분가능함수 $f \in L^1(X, \mathfrak{S}, \mu)$ 와 $g \in L^1(Y, \mathfrak{T}, \nu)$ 에 대하여 $h(x,y) = f(x)g(y)$ 라 정의하였을 때, h 는 곱측도 $\mu \times \nu$ 에 관하여 적분가능하고 등식

$$\int_{X\times Y} hd(\mu\times\nu) = \int_X fd\mu \int_Y gd\nu$$

이 성립함을 보여라.

4.4.8. 양측도 $(X, \mathfrak{S}, \mu)$ 와 $(Y, \mathfrak{T}, \nu)$ 가 σ–유한이라 하자. 만일 $\mathfrak{S}\times\mathfrak{T}$ 에서 정의된 측도 λ 가 다음 성질

$$E \in \mathfrak{S},\ T \in \mathfrak{T} \implies \lambda(E\times F) = \mu(E)\nu(T)$$

를 만족하면 $\lambda = \mu \times \nu$ 임을 보여라.

4.4.9. 명제 3.3.2 에 의하여 만들어진 측도는 완비측도임을 보여라.

4.4.10. 임의의 집합 $S \subset \mathbb{R}\times\mathbb{R}$ 에 대하여

$$\mu_2(E) = \inf\left\{\sum_{n=1}^{\infty}(b_n - a_n)(d_n - c_n) : E \subset \bigcup_{n=1}^{\infty}(a_n, b_n)\times(c_n, d_n)\right\}$$

이라 정의하자.

(가) μ_2 가 $\mathbb{R}\times\mathbb{R}$ 의 외측도임을 보여라.

(나) 임의의 $E, F \in \mathfrak{M}$ 에 대하여 $\mu_2(E\times F) = m_1(E)m_1(F)$ 임을 보여라.

(다) 명제 3.3.2 에 의하여 만든 양측도를 $(\mathbb{R}\times\mathbb{R}, \mathfrak{S}, \mu)$ 이라 하자. 이 때, $E \in \mathfrak{S}$ 이면 다음

$$B \subset E \subset A, \qquad \mu(A\setminus B) = 0$$

을 만족하는 보렐집합 $A, B \in \mathfrak{B}_2$ 가 존재함을 보여라.

(라) $\mathfrak{S} = (\mathfrak{M}\times\mathfrak{M})^*$ 임을 보여라.

(마) 임의의 $E \in \mathfrak{S}$ 에 대하여 $\mu_2(E) = m_2(E)$ 임을 보여라.

4.4.11. (가) 함수 $R_\theta : \mathbb{R}^2 \to \mathbb{R}^2$ 를 평면 위에서 θ 각도만큼 회전시키는 함수라 하자. 이 때, 집합 $A \subset \mathbb{R}^2$ 에 대하여 $A \in \mathfrak{M}_2$ 와 $R_\theta(A) \in \mathfrak{M}_2$ 가 동치임을 보여라.

(나) 함수 $S : \mathbb{R}^2 \to \mathbb{R}$ 을 $S(x,y) = x - y$ 로 정의하자. 임의의 집합 $E \subset R$ 에 대하여

$$R_{\pi/4}[S^{-1}(E)] = \left(\frac{1}{\sqrt{2}}E\right)\times\mathbb{R}$$

임을 보여라.

(다) 임의의 $E \in \mathfrak{M}_1$ 에 대하여 $S^{-1}(E) \in \mathfrak{M}_2$ 임을 보여라.

(라) 함수 $f, g : \mathbb{R} \to \mathbb{R}$ 이 잴수있을 때, (10) 에 의하여 정의된 이변수함수가 잴수있음을 보여라.

제 5 장 푸리에변환

임의의 주기함수를 삼각급수로 나타내고자 한 푸리에의 발상은 미분방정식의 풀이에 큰 공헌을 했을 뿐 아니라, 적분론을 비롯한 해석학 전반에 걸쳐서 여러 가지 자극제가 되었다. 이 장에서는 주기함수의 푸리에급수 및 적분가능함수의 푸리에변환을 공부하는데, 푸비니 정리와 적분가능함수의 곱하기가 중요한 도구이다.

5.1 푸리에급수

실수군 $\mathbb{R}$ 을 부분군 $\{2\pi n : n = 0, \pm1, \pm2, \dots\}$ 으로 나눈 몫을 $\mathbb{T}$ 라 두고, 실수축의 거리를 그대로 쓰자. 주기가 2π 인 주기함수는 $\mathbb{T}$ 위에서 정의된 함수로 이해할 수 있고, 역으로 $\mathbb{T}$ 위에서 정의된 함수는 주기가 2π 인 주기함수로 생각할 수 있다. 특히, $\mathbb{T}$ 위의 연속함수는 주기가 2π 인 연속함수, 혹은 $f(-\pi) = f(\pi)$ 인 $[-\pi, \pi]$ 위의 연속함수로 이해할 수 있다. 또한 $\mathbb{T} = (-\pi, \pi]$ 이므로 르벡측도를 그대로 쓸 수 있는데, 그 측도값을 1 로 하기 위하여

$$\int_{\mathbb{T}} f = \frac{1}{2\pi} \int_{-\pi}^{\pi} f(x)dx$$

로 정의한다.

지난 4.3 절에서 정의한 $L^1(\mathbb{R})$ 의 곱하기 $f * g$ 는 $L^1(\mathbb{T})$ 에서도 똑같이 정의되어 $L^1(\mathbb{T})$ 는 바나하대수가 된다. 다시 한번 반복하면, 각 $f, g : \mathbb{T} \to \mathbb{C}$ 와 $t \in \mathbb{T}$ 에 대하여

$$(f * g)(t) = \int_{\mathbb{T}} f(s)g(t-s)ds$$

라 정의한다. 만일 $f, g \in L^1(\mathbb{T})$ 이면, 지난 4.3 절과 같이 $(f * g)(t)$ 가 거의 모든 $t \in \mathbb{T}$ 에 대하여 정의되고 $f * g \in L^1(\mathbb{T})$ 임을 확인할 수 있다. 또한, 다음 부등식

$$\|f * g\|_1 \leq \|f\|_1 \|g\|_1, \qquad f, g \in L^1(\mathbb{T})$$

이 성립하며, 명제 4.3.1 과 같은 등식이 성립한다.

이제, 각 $f \in L^1(\mathbb{T})$ 와 정수 $n = 0, \pm 1, \pm 2, \ldots$ 에 대하여

$$\widehat{f}(n) = \int_{\mathbb{T}} f(t)e^{-int}dt$$

라 정의하면 $|\widehat{f}(n)| \leq \|f\|_1$ 이다. 각 $n = 0, \pm 1, \pm 2, \ldots$ 에 대하여

$$u_n(t) = e^{int}, \qquad t \in \mathbb{T} \tag{1}$$

라 두면 관계식

$$u_n * f = \widehat{f}(n)u_n, \qquad n \in \mathbb{Z},\ f \in L^1(\mathbb{T}) \tag{2}$$

이 바로 확인되는데, 특히 $(u_n * f)(0) = \widehat{f}(n)$ 이다. 또한, 다음 관계

$$\widehat{u_n}(m) = \begin{cases} 1, & m = n, \\ 0, & m \neq n \end{cases}$$

가 성립한다. 무한급수

$$\sum_{n=-\infty}^{\infty} \widehat{f}(n)u_n \tag{3}$$

를 $f \in L^1(\mathbb{T})$ 의 푸리에[(1)]급수라 부르고, 그 계수 $\{\widehat{f}(n) : n \in \mathbb{Z}\}$ 를 f 의 푸리에계수라 부른다. 주의할 것은, 푸리에계수에 적절한 조건이 없으면 급수 (3) 이 함수로서 의미가 없다는 점이다.

연습문제 5.1.1. 만일 $\widehat{f} \in \ell^1(\mathbb{Z})$ 이면 급수 (3) 이 연속함수로 고르게 수렴함을 보여라.

명제 5.1.1. 각 $f, g \in L^1(\mathbb{T})$ 및 상수 $a, b \in \mathbb{C}$ 와 $n \in \mathbb{Z}$ 에 대하여 다음 등식들

$$\widehat{af + bg}(n) = a\widehat{f}(n) + b\widehat{g}(n), \quad \widehat{f * g}(n) = \widehat{f}(n)\,\widehat{g}(n) \tag{4}$$

이 성립한다. 또한, 각 $t \in \mathbb{T}$ 에 대하여 다음 등식

$$\widehat{f_t}(n) = \widehat{f}(n)u_n(-t), \qquad n \in \mathbb{Z} \tag{5}$$

이 성립한다.

증명: 첫째 등식은 정리 1.3.2 에 의하여 자명하다. 둘째 등식은 푸비니 정리를 써서 다음

$$\begin{aligned}
\widehat{f * g}(n) &= \int_{\mathbb{T}} (f * g)(t) e^{-int} dt \\
&= \int_{\mathbb{T}} e^{-int} \int_{\mathbb{T}} f(t-s) g(s) ds\, dt \\
&= \int_{\mathbb{T}} g(s) e^{-ins} \int_{\mathbb{T}} f(t-s) e^{-in(t-s)} dt\, ds \\
&= \int_{\mathbb{T}} g(s) e^{-ins} ds \int_{\mathbb{T}} f(t) e^{-int} dt = \widehat{g}(n)\widehat{f}(n)
\end{aligned}$$

(1) Jean Baptiste Joseph Fourier (1768~1830), 프랑스 수학자. 혁명의 와중에서 공부가 중단되기도 하고 여러 번 체포당하는 등 우여곡절을 겪었다. 나폴레옹의 이집트 침략 때 따라가서 이집트 역사를 연구하기도 하였으며, 그 후 Grenoble 지역의 지방 장관으로 재직하며 행정수완을 보이기도 하였다. 푸리에전개에 관한 그의 논문은 처음에 라플라스, 라그랑쥐 등의 반대에 부딪혀 빛을 보지 못하다가 나중에야 출판되었다. 다음은 그에 관한 전기이다: J. Herivel, *Joseph Fourier. The Man and the Physicist*, Oxford Univ. Press, 1971.

과 같이 계산하면 되므로, (4) 가 증명되었다. 등식 (5) 역시 직접 계산하면

$$\widehat{f_t}(n) = \int_{\mathbb{T}} f(s-t)e^{-ins}ds = \int_{\mathbb{T}} f(s)e^{-in(s+t)}ds = \widehat{f}(n)u_n(-t)$$

이 된다. □

명제 5.1.2. 만일 f 가 주기 2π 인 미분가능함수이고 $f' \in L^1(\mathbb{T})$ 이면 등식

$$\widehat{f'}(n) = in\widehat{f}(n), \qquad n \in \mathbb{Z}$$

이 성립한다.

증명: 부분적분을 이용하면

$$\widehat{f'}(n) = \int_{\mathbb{T}} f'(t)e^{-int}dt = in\int_{\mathbb{T}} f(t)e^{-int}dt = in\widehat{f}(n)$$

임을 확인할 수 있다. □

다음 정리는 정리 3.2.4 의 변형인데, 정리 3.2.5 를 증명할 때 사용한 방법 중 일부를 그대로 적용할 수 있다.

정리 5.1.3. 각 $p \in [1, \infty)$ 에 대하여, 연속함수공간 $C(\mathbb{T})$ 는 $L^p(\mathbb{T})$ 의 조밀한 부분공간이다.

집합 $\mathbb{T}$ 에서 정의된 함수 f 와 $t \in \mathbb{T}$ 에 대하여, 그 평행이동을 3.2 절의 (10) 과 같이

$$f_t(s) = f(s-t), \qquad s \in \mathbb{T}$$

라 정의한다. 다음 정리는 정리 3.2.6 과 똑같이 증명하되 정리 3.2.5 대신 정리 5.1.3 을 이용하면 되는데, 그 계산은 오히려 간단하다.

정리 5.1.4. 각 함수 $f \in L^p(\mathbb{T})$ 에 대하여 (단, $1 \le p < \infty$) 함수

$$t \mapsto f_t : \mathbb{T} \to L^p(\mathbb{T})$$

는 고른연속함수이다.

연습문제 5.1.2. 정리 5.1.3 과 정리 5.1.4 를 증명하여라.

이제, 푸리에급수를 공부하는 데에 핵심적인 역할을 하는 다음 정리를 증명할 준비가 다 되었다. 다음 정리의 등식 (7) 은, 함수열 $\langle h_n \rangle$ 이 바나하대수 $L^1(\mathbb{T})$ 에서 항등원과 비슷한 역할을 한다는 것을 말해준다.

정리 5.1.5. 함수열 $\langle h_n \rangle$ 이 다음 성질

$$h_n \ge 0, \qquad \int_{\mathbb{T}} h_n = 1, \qquad \lim_{n\to\infty} \int_{\mathbb{T}\setminus[-\delta,\delta]} h_n = 0 \ (0 < \delta < \pi) \tag{6}$$

을 만족하면,(2) 임의의 $f \in L^1(\mathbb{T})$ 에 대하여

$$\lim_{n\to\infty} \|f - h_n * f\|_1 = 0 \tag{7}$$

이 성립한다.

증명: 먼저 정리 5.1.4 를 적용하여, 다음 성질

$$|s| < \delta \implies \|f - f_s\|_1 < \epsilon$$

을 가지는 양수 $\delta > 0$ 를 잡고,

$$n \ge N \implies \int_{\mathbb{T}\setminus[-\delta,\delta]} h_n(s)ds < \frac{\epsilon}{2\|f\|_1}$$

---

(2) 여기서 세 번째 조건이 뜻하는 바는, 임의의 $\delta \in (0, \pi)$ 에 대하여 $\lim_{n\to\infty} \int_{\mathbb{T}\setminus[-\delta,\delta]} h_n = 0$ 이 성립한다는 뜻이다.

인 자연수 N 을 잡자. 그러면 등식

$$\begin{aligned}f(t) - (h_n * f)(t) &= f(t)\int_{\mathbb{T}} h_n(s)ds - \int_{\mathbb{T}} h_n(s)f(t-s)\,ds \\ &= \int_{\mathbb{T}} h_n(s)[f(t) - f_s(t)]\,ds\end{aligned}$$

이 각 $t \in \mathbb{T}$ 에 대하여 성립하므로, $n \geq N$ 이면

$$\begin{aligned}\|f - h_n * f\|_1 &\leq \int_{\mathbb{T}}\int_{\mathbb{T}} h_n(s)|f(t) - f_s(t)|\,ds\,dt \\ &= \int_{\mathbb{T}} h_n(s)\int_{\mathbb{T}} |f(t) - f_s(t)|\,dt\,ds \\ &= \int_{\mathbb{T}} h_n(s)\|f - f_s\|_1\,ds \\ &= \int_{[-\delta,\delta]} h_n(s)\|f - f_s\|_1\,ds + \int_{\mathbb{T}\setminus[-\delta,\delta]} h_n(s)\|f - f_s\|_1\,ds \\ &\leq \epsilon\int_{[-\delta,\delta]} h_n(s)ds + 2\|f\|_1\int_{\mathbb{T}\setminus[-\delta,\delta]} h_n(s)\,ds \\ &\leq \epsilon + \epsilon = 2\epsilon\end{aligned}$$

을 얻는다. □

정리 5.1.5 의 증명 방법은 매우 전형적인 것으로 여러 가지 경우에 적용할 수 있다. 이 방법은 다음 정리에서도 그대로 적용되는데, 오히려 계산이 간단하고 토넬리-푸비니 정리를 쓸 필요도 없다. 중요한 내용이므로 다시 한번 반복한다.

정리 5.1.6. 함수열 $\langle h_n \rangle$ 이 성질 (6) 을 만족하면, 임의의 $f \in C(\mathbb{T})$ 에 대하여 $\lim_{n\to\infty} \|f - h_n * f\|_\infty = 0$ 이 성립한다.

증명: 함수 f 가 고른연속이므로

$$|s| < \delta \implies \|f - f_s\|_\infty < \epsilon$$

을 가지는 양수 $\delta > 0$ 를 잡고,

$$n \geq N \implies \int_{\mathbb{T}\setminus[-\delta,\delta]} h_n(s)ds < \frac{\epsilon}{2\|f\|_\infty}$$

인 자연수 N 을 잡자. 그러면, 각 $t \in \mathbb{T}$ 와 $n \geq N$ 에 대하여 부등식

$$\begin{aligned}|f(t)-(h_n * f)(t)| &\leq \int_{\mathbb{T}} h_n(s)|f(t)-f_s(t)|\,ds \\ &= \left(\int_{[-\delta,\delta]} + \int_{\mathbb{T}\setminus[-\delta,\delta]}\right) h_n(s)|f(t)-f_s(t)|\,ds \\ &\leq \epsilon \int_{[-\delta,\delta]} h_n(s)\,ds + 2\|f\|_\infty \int_{\mathbb{T}\setminus[-\delta,\delta]} h_n(s)\,ds \\ &\leq \epsilon + \epsilon = 2\epsilon\end{aligned}$$

을 얻는다. □

연습문제 5.1.3. 정리 5.1.6 의 증명과정에서 $|s| < \delta \implies \|f - f_s\|_\infty < \epsilon$ 을 만족하는 양수 $\delta > 0$ 가 존재함을 보여라.

연습문제 5.1.4. 정리 5.1.6 을 이용하여 정리 5.1.5 를 증명하여라.

조건 (6) 을 만족하는 함수열은 쉽게 잡을 수 있다. 예를 들어, 함수열 $\langle n\pi\chi_{[-1/n,1/n]} : n = 1, 2, \ldots \rangle$ 등은 대표적인 예인데, 보다 중요한 또 다른 예를 알아보자. 각 $n = 1, 2, \ldots$ 에 대하여

$$K_n = \sum_{k=-n}^{n} \left(1 - \frac{|k|}{n+1}\right) u_k \tag{8}$$

이라 정의했을 때, $\langle K_n \rangle$ 을 페제르[(3)]핵이라 한다.

연습문제 5.1.5. 각 $k \in \mathbb{Z}$ 에 대하여 $\lim_{n\to\infty} \widehat{K_n}(k) = 1$ 임을 보여라.

각 $n \in \mathbb{Z} \setminus \{0\}$ 에 대하여 $\int_{\mathbb{T}} u_n = 0$ 이므로, 둘째 조건 $\int_{\mathbb{T}} K_n = 1$ 은 정의에 의하여 자명하다. 다음 등식

$$\left(-\frac{1}{4}u_{-1} + \frac{1}{2} - \frac{1}{4}u_1\right) K_n(t) = \frac{1}{n+1}\left(-\frac{1}{4}u_{-(n+1)} + \frac{1}{2} - \frac{1}{4}u_{n+1}\right)$$

(3) Lipót Fejér (1880~1959), 헝가리 수학자. 부다페스트와 베를린에서 공부한 뒤 부다페스트에서 활동하였다.

은 왼쪽을 직접 전개하여 확인할 수 있는데, 이로부터 등식

$$K_n(t) = \frac{1}{n+1} \frac{\sin^2\left(\dfrac{n+1}{2}t\right)}{\sin^2\left(\dfrac{1}{2}t\right)}, \qquad n = 0, 1, 2, \ldots \tag{9}$$

을 얻는다.

연습문제 5.1.6. 등식 (9) 를 증명하여라.

한편, 함수 $t \mapsto \sin^2(\frac{1}{2}t)$ 가 $[0, \pi]$ 위에서 단조증가하고 K_n 이 짝함수이므로, 임의의 양수 $\delta > 0$ 에 대하여

$$0 \le K_n(t) \le \frac{1}{n+1} \frac{1}{\sin^2\left(\dfrac{1}{2}\delta\right)}, \qquad t \in \mathbb{T} \setminus [-\delta, \delta]$$

가 성립하여, $\langle K_n \rangle$ 이 조건 (6) 을 모두 충족한다.

연습문제 5.1.7. 각 $n = 1, 2, 3, 5, 10$ 에 대하여 K_n 의 그래프를 그려라.

그런데, $\langle K_n \rangle$ 의 핵심적인 성질은 각 K_n 이 $\{u_n : n \in \mathbb{Z}\}$ 의 유한선형결합이라는 점이다. 이러한 주기함수, 즉 $\{u_n : n \in \mathbb{Z}\}$ 의 유한선형결합으로 표시되는 함수를 삼각다항식이라 부르고, 삼각다항식 전체의 벡터공간을 $T(\mathbb{T})$ 로 쓴다. 삼각다항식 $P = \sum_{n=-N}^{N} a_n u_n$ 의 푸리에계수는 $\widehat{P}(n) = a_n$ 으로 주어진다.

등식 (2) 에 의하면, 임의의 $f \in L^1(\mathbb{T})$ 에 대하여 $K_n * f$ 는 삼각다항식이다. 그런데 정리 5.1.5 에 의하여 함수열 $\langle K_n * f \rangle$ 이 L^1–노음에 관하여 f 로 수렴하므로, 다음 정리를 얻는다.

정리 5.1.7. 함수공간 $T(\mathbb{T})$ 는 $L^1(\mathbb{T})$ 의 조밀한 부분공간이다.

만일 각 $n \in \mathbb{Z}$ 에 대하여 $\widehat{f}(n) = 0$ 이면, (2) 를 적용하여 $K_n * f = 0$ 임을 알 수 있고, 따라서 $\|f\|_1 = 0$ 이므로 다음 정리를 얻는다.

정리 5.1.8. 만일 $f \in L^1(\mathbb{T})$ 이고 $\widehat{f} = 0$ 이면 거의 모든 점에서 $f = 0$ 이다.

만일 $a \in \ell^1(\mathbb{Z})$ 가 주어지면 각 $t \in \mathbb{T}$ 에 대하여

$$\sum_{k\in\mathbb{Z}} |a_k u_k(t)| = \sum_{k\in\mathbb{Z}} |a_k| < \infty$$

이므로 함수 $g(t) = \sum_{k\in\mathbb{Z}} a_k u_k(t)$ 를 생각할 수 있고, 푸비니 정리에 의하여

$$\widehat{g}(n) = \int_{\mathbb{T}} \left(\sum_{k\in\mathbb{Z}} a_k u_{k-n} \right) = \sum_{k\in\mathbb{Z}} a_k \int_{\mathbb{T}} u_{k-n} = a_n$$

임을 알 수 있다. 특히, $f \in L^1(\mathbb{T})$ 이고 $\widehat{f} \in \ell^1(\mathbb{Z})$ 이면, $g = \sum_{k\in\mathbb{Z}} \widehat{f}(k) u_k$ 와 f 가 같은 푸리에계수를 가지므로 다음을 얻는다.

따름정리 5.1.9. 만일 $f \in L^1(\mathbb{T})$ 이고 $\widehat{f} \in \ell^1(\mathbb{Z})$ 이면, 거의 모든 점 $t \in \mathbb{T}$ 에서 다음 등식

$$f(t) = \sum_{n\in\mathbb{Z}} \widehat{f}(n) e^{int}$$

이 성립한다.

한편, 임의의 양수 $\epsilon > 0$ 에 대하여 $\|f - P\|_1 < \epsilon$ 인 삼각다항식 $P \in T(\mathbb{T})$ 를 잡고, $N = \max\{|n| : \widehat{P}(n) \neq 0\}$ 이라 두자. 만일 $|n| > N$ 이면

$$|\widehat{f}(n)| = |\widehat{f}(n) - \widehat{P}(n)| \leq \|f - P\|_1 < \epsilon$$

이 되어서, 다음 정리를 얻는다.

정리 5.1.10. (리만–르벡) 각 $f \in L^1(\mathbb{T})$ 에 대하여 $\lim_{n\to\pm\infty} \widehat{f}(n) = 0$ 이 성립한다.

연습문제 5.1.8. 만일 주기 2π 인 함수 $f : \mathbb{R} \to \mathbb{C}$ 가 두 번 미분가능하고 $f'' \in L^1(\mathbb{T})$ 이면 $\widehat{f} \in \ell^1(\mathbb{Z})$ 임을 보여라.

정수집합에서 정의된 함수 $a : n \mapsto a(n)$ 가운데 $\lim_{n\to\pm\infty} a(n) = 0$ 인 것 전체의 벡터공간을 $c_0(\mathbb{Z})$ 라 쓰고, $\ell^\infty(\mathbb{Z})$ 의 노음을 그대로 사용한다.

연습문제 5.1.9. 노음공간 $c_0(\mathbb{Z})$ 가 바나하공간임을 보여라.

지금까지 논의한 바를 정리하면 다음을 얻는다.

정리 5.1.11. 변환 $f \mapsto \widehat{f}$ 는 바나하대수 $L^1(\mathbb{T})$ 에서 $c_0(\mathbb{Z})$ 로 가는 노음감소 일대일 선형사상이다.

두 함수 $a, b \in c_0(\mathbb{Z})$ 에 대하여 그 곱 ab 를

$$(ab)(n) = a(n)b(n), \qquad n \in \mathbb{Z}$$

라 정의하면 $c_0(\mathbb{Z})$ 는 바나하대수가 된다. 관계식 (4) 의 마지막 등식은 변환 $f \mapsto \widehat{f}$ 가 $L^1(\mathbb{T})$ 와 $c_0(\mathbb{Z})$ 의 곱하기를 보존한다는 것을 말해 준다. 이와 같이 바나하대수 사이에 정의된 선형사상이 곱하기를 보존하면 이를 준동형이라 한다.

만일 바나하대수 $L^1(\mathbb{T})$ 가 항등원 e 를 가진다고 가정하면, 각 $n \in \mathbb{Z}$ 에 대하여

$$\widehat{e}(n) = \widehat{e}(n)\widehat{u_n}(n) = \widehat{e * u_n}(n) = \widehat{u_n}(n) = 1$$

이 되는데, 이는 $\widehat{e} \in c_0(\mathbb{Z})$ 에 모순이다. 따라서, 바나하대수 $L^1(\mathbb{T})$ 는 항등원을 가지지 않는다. 정리 5.1.5 는 이를 극복하기 위한 장치이다.

연습문제 5.1.10. 만일 함수 $\langle h_n \rangle$ 이 조건 (6) 을 만족하면, 임의의 $a \in c_0(\mathbb{Z})$ 에 대하여 $\|a\widehat{h_n} - a\|_\infty \to 0$ 이 성립함을 보여라.

이제, 끝으로 정리 5.1.6 으로부터 얻어지는 몇 가지 결과를 살펴보자. 우선 페제르핵을 생각하면 다음을 얻는다.

따름정리 5.1.12. 함수공간 $T(\mathbb{T})$ 는 $C(\mathbb{T})$ 의 조밀한 공간이다.

만일 $f \in L^p(\mathbb{T})$ 이면 정리 5.1.3 에 의하여 $\|f - g\|_p < \epsilon$ 인 $g \in C(T)$ 를 잡을 수 있고 (단, $1 \le p < \infty$), 또한 $\|g - P\|_\infty < \epsilon$ 인 삼각다항식 $P \in T(\mathbb{T})$ 를 잡을 수 있다. 따라서

$$\|f - P\|_p \le \|f - g\|_p + \|g - P\|_p < \epsilon + \|g - P\|_\infty < 2\epsilon$$

이므로 다음을 얻는다.

따름정리 5.1.13. 함수공간 $T(\mathbb{T})$ 는 $L^p(\mathbb{T})$ (단, $1 \le p < \infty$) 의 조밀한 공간이다.

따름정리 5.1.12 는 유계닫힌구간에서 정의된 연속함수를 다항식으로 고르게 점근시킬 수 있다는 바이에르쉬트라스 정리와 매우 유사한 꼴인데, 실제로 이를 이용하여 증명할 수 있다.

정리 5.1.14. (바이에르쉬트라스[(4)]) 구간 $[0,1]$ 위에서 다항식으로 정의된 함수들의 공간은 $C[0,1]$ 에서 조밀하다.

증명: 연속함수 $f : [0,1] \to \mathbb{C}$ 를 확장하여 연속주기함수 $g : \mathbb{T} \to \mathbb{C}$ 를 만들자. 그러면

$$\left| f(t) - \sum_{k=-n}^{n} a_k u_k(t) \right| < \epsilon, \qquad t \in [0,1]$$

인 $\{a_k \in \mathbb{C} : k = 0, \pm 1, \ldots, \pm n\}$ 을 잡을 수 있다. 그런데 지수함수의 테일러전개가 구간 $[0,1]$ 위에서 고르게 수렴하므로, 각 k 에 대하여

$$\left| \sum_{\ell=0}^{M(k)} \frac{(ikt)^\ell}{\ell!} - u_k(t) \right| \le \frac{\epsilon}{(2n+1)|a_k| + 1}, \qquad t \in [0,1]$$

(4) Karl Theodor Wilhelm Weierstrass (1815~1897), 독일 수학자. 김나지움 교사로 있다가 40 세가 넘어 베를린 대학에 초빙되어 그 곳에서 활동하였는데, 특히 ϵ-δ 를 이용한 극한의 정의는 그가 확립한 것이다.

인 자연수 $M(k)$ 를 잡을 수 있다. 이제

$$P(t)=\sum_{k=-n}^{n} a_k \sum_{\ell=0}^{M(k)} \frac{(ikt)^\ell}{\ell!}, \qquad t\in[0,1]$$

이라 두면 $|f(t)-P(t)|<2\epsilon$ 임을 확인할 수 있다. □

연습문제 5.1.11. 정리 5.1.14 의 증명을 마무리하여라.

5.2 푸리에적분

임의의 $f\in L^1(\mathbb{R})$ 과 $\alpha\in\mathbb{R}$ 에 대하여 푸리에적분 $\widehat{f}(\alpha)$ 를 다음

$$\widehat{f}(\alpha)=\int_{\mathbb{R}} f(x)e^{-i\alpha x}dx$$

과 같이 정의한다. 그러면

$$|\widehat{f}(\alpha)|\le \|f\|_1, \qquad \alpha\in\mathbb{R}$$

이 성립한다. 만일 $\alpha_n\to\alpha$ 이면

$$|\widehat{f}(\alpha_n)-\widehat{f}(\alpha)|\le \int_{\mathbb{R}} |f(x)|\,|e^{-i\alpha_n x}-e^{-i\alpha x}|dx$$

인데, $|e^{-i\alpha_n x}-e^{-i\alpha x}|\le 2$ 이고 $e^{-i\alpha_n x}\to e^{-i\alpha x}$ 이므로 르벡 수렴정리에 의하여 $\widehat{f}(\alpha_n)\to\widehat{f}(\alpha)$ 이다. 즉, 임의의 $L^1(\mathbb{R})$ 에 대하여 $\widehat{f}$ 는 항상 유계연속함수가 되는데, $\widehat{f}$ 를 f 의 푸리에변환이라 한다. 각 $\alpha\in\mathbb{R}$ 에 대하여

$$u_\alpha(x)=e^{i\alpha x}, \qquad x\in\mathbb{R}$$

로 나타내면 등식

$$u_\alpha * f=\widehat{f}(\alpha)u_\alpha, \qquad \alpha\in\mathbb{R}$$

이 성립함을 바로 확인할 수 있다.

보기 1. 함수 $f(x) = e^{-|x|/a}$ (단, $a > 0$) 의 푸리에변환을 구해 보면

$$\begin{aligned}\widehat{f}(\alpha) &= \int_{\mathbb{R}} e^{-|x|/a} e^{-i\alpha x} dx \\ &= \int_{-\infty}^{0} e^{(1/a - i\alpha)x} dx + \int_{0}^{\infty} e^{(-1/a - i\alpha)x} dx = \frac{2a}{1 + a^2\alpha^2}\end{aligned}$$

임을 알 수 있다. 또한, $g = \chi_{[a,b]}$ 이면

$$\widehat{g}(\alpha) = \int_{-\infty}^{\infty} \chi_{[a,b]} e^{-i\alpha x} dx = \frac{e^{-i\alpha a} - e^{-i\alpha b}}{i\alpha}$$

이고, 특히 등식

$$\widehat{\chi_{[-a,a]}}(\alpha) = \frac{2 \sin \alpha a}{\alpha}, \qquad a > 0$$

을 얻는다. □

연습문제 5.2.1. 보기 1 에서 $a \to \infty$ 에 따라서 f 와 $\widehat{f}$ 의 그래프가 어떻게 변해 가는지 살펴보아라. 또한, $\widehat{\chi_{[-a,a]}}$ 의 그래프도 어떻게 변해 가는지 살펴보아라.

명제 5.1.1 의 기본적인 성질들 역시 푸리에적분에서도 그대로 성립한다.

명제 5.2.1. 각 $f, g \in L^1(\mathbb{R})$ 및 상수 $a, b \in \mathbb{C}$ 와 $n \in \mathbb{Z}$ 에 대하여 다음 등식들

$$\widehat{af + bg}(\alpha) = a\widehat{f}(\alpha) + b\widehat{g}(\alpha), \quad \widehat{f * g}(\alpha) = \widehat{f}(\alpha)\,\widehat{g}(\alpha), \qquad \alpha \in \mathbb{R}$$

이 성립한다. 또한, 각 $\alpha \in \mathbb{R}$ 에 대하여 다음 등식

$$\widehat{fu_\alpha} = (\widehat{f})_\alpha, \qquad \widehat{f_x}(\alpha) = \widehat{f}(\alpha)u_\alpha(-x), \quad x \in \mathbb{R}$$

이 성립한다.

예를 들어, 각 $\beta \in \mathbb{R}$ 에 대하여

$$\widehat{fu_\alpha}(\beta) = \int_{\mathbb{R}} f(x)u_\alpha(x)e^{-i\beta x}dx = \int_{\mathbb{R}} f(x)e^{-i(\beta-\alpha)x}dx = \widehat{f}(\beta-\alpha)$$

이므로 $\widehat{fu_\alpha} = (\widehat{f})_\alpha$ 를 얻는다.

연습문제 5.2.2. 명제 5.2.1 의 증명을 마무리하여라.

다음 공식들은 미분과 푸리에적분의 관계를 설명한다.

명제 5.2.2. 함수 $f \in L^1(\mathbb{R})$ 에 대하여 다음이 성립한다.

(가) 각 $x \in \mathbb{R}$에 대하여 $g(x) = -ixf(x)$ 라 정의하였을 때, 만일 $g \in L^1(\mathbb{R})$ 이면 $\widehat{f}$ 가 미분가능하고 등식

$$\widehat{f}'(\alpha) = \widehat{g}(\alpha), \qquad \alpha \in \mathbb{R}$$

이 성립한다.

(나) 만일 f 가 미분가능하고 $f' \in L^1(\mathbb{R})$ 이면 등식

$$\widehat{f'}(\alpha) = i\alpha\widehat{f}(\alpha), \qquad \alpha \in \mathbb{R}$$

이 성립한다.

증명: 뉴톤몫을 계산하면

$$\frac{\widehat{f}(\alpha+h) - \widehat{f}(\alpha)}{h} = \int_{\mathbb{R}} f(x)e^{-i\alpha x}\frac{e^{-ihx}-1}{h}\,dx$$

이고,

$$\left| f(x)e^{-i\alpha x}\frac{e^{-ihx}-1}{h} \right| \le |xf(x)|$$

인데, $x \mapsto |xf(x)|$ 가 적분가능하고 $\lim_{h\to 0} \frac{e^{-ihx}-1}{h} = -ix$ 이다. 따라서 르벡 수렴정리를 적용하면, 0 으로 수렴하는 임의의 실수열 $\langle h_n \rangle$ 에 대하여

$$\lim_{n\to\infty} \frac{\widehat{f}(\alpha+h_n) - \widehat{f}(\alpha)}{h_n} = \widehat{g}(\alpha)$$

이 되어서 (가) 의 증명이 끝난다. 또한, 명제 5.1.2 의 증명과 똑같이 계산하면 (나) 가 증명된다. □

이제, 푸리에급수의 리만–르벡 정리와 마찬가지로 각 $f \in L^1(\mathbb{R})$ 에 대하여 $\lim_{\alpha\to\pm\infty} \widehat{f}(\alpha) = 0$ 이 성립함을 보이자. 등식 $e^{\pi i} = -1$ 에 의하여

$$\widehat{f}(\alpha) = -\int_{\mathbb{R}} f(x)e^{-i\alpha(x+\pi/\alpha)}dx = -\int_{\mathbb{R}} f(x-\frac{\pi}{\alpha})e^{-i\alpha x}dx$$

가 되고, 따라서 다음 등식

$$2\widehat{f}(\alpha) = \int_{\mathbb{R}} [f(x) - f_{\pi/\alpha}(x)]e^{-i\alpha x}dx$$

을 얻는다. 정리 3.2.6 을 적용하면

$$0 \le \lim_{\alpha\to\pm\infty} |\widehat{f}(\alpha)| \le \frac{1}{2} \lim_{\alpha\to\pm\infty} \|f - f_{\pi/\alpha}\|_1 = 0$$

임을 알 수 있는데, 이미 $\widehat{f}$ 가 연속임을 알고 있으므로 다음 정리를 얻는다.

정리 5.2.3. 각 $f \in L^1(\mathbb{R})$ 에 대하여 $\widehat{f} \in C_0(\mathbb{R})$ 이다.

이제, 정리 5.1.5 를 증명하는 과정에서, 정리 5.1.4 대신 정리 3.2.6 을 이용하면 다음 정리를 얻는다.

정리 5.2.4. 함수모임 $\{h_\lambda : \lambda \in (0,\infty)\}$ 이 다음 성질

$$h_\lambda \ge 0, \qquad \int_{\mathbb{R}} h_\lambda = 1, \qquad \lim_{\lambda\to\infty} \int_{\mathbb{R}\setminus[-\delta,\delta]} h_\lambda = 0 \ (\delta > 0) \tag{10}$$

을 만족하면 다음이 성립한다.

(가) 임의의 $f \in L^1(\mathbb{R})$ 에 대하여

$$\lim_{\lambda\to\infty} \|f - h_\lambda * f\|_1 = 0$$

이 성립한다.

(나) 임의의 유계 고른연속함수 $f:\mathbb{R}\to\mathbb{C}$에 대하여

$$\lim_{\lambda\to\infty}\|f-h_\lambda * f\|_\infty = 0$$

이 성립한다.

연습문제 5.2.3. 정리 5.2.4를 증명하여라.

함수 $h:\mathbb{R}\to\mathbb{C}$가 다음 두 조건

$$h\geq 0, \qquad \int_{\mathbb{R}} h = 1 \tag{11}$$

을 만족할 때,

$$h_\lambda(x) = \lambda h(\lambda x), \qquad x\in\mathbb{R},\ \lambda>0 \tag{12}$$

이라 두면 $\{h_\lambda : \lambda > 0\}$가 조건 (10)을 만족한다. 실제로 $h_\lambda \geq 0$과 $\int_{\mathbb{R}} h_\lambda = 1$은 자명하고, 양수 $\delta>0$가 고정되면 $\lambda\to\infty$에 따라서

$$\int_{\mathbb{R}\setminus[-\delta,\delta]} h_\lambda(x)dx = \int_{\mathbb{R}\setminus[-\lambda\delta,\lambda\delta]} h(x)dx \to 0$$

이 됨을 알 수 있다.

연습문제 5.2.4. 각 $\alpha\in\mathbb{R}$에 대하여 $\widehat{h_\lambda}(\alpha)=\widehat{h}\left(\frac{\alpha}{\lambda}\right)$임을 보여라.

그런데, 조건 (11)을 만족하는 함수 h가 다음 형태

$$h(x) = \frac{1}{2\pi}\int_{\mathbb{R}} p(\alpha)u_\alpha(x)d\alpha \tag{13}$$

의 꼴로 주어졌을 때 매우 유용하게 쓰인다. 이 때, 함수 $p:\mathbb{R}\to\mathbb{C}$는 다음 조건

$$0\leq p\leq 1, \qquad p(0)=\lim_{\alpha\to 0}p(\alpha)=1, \qquad p\in L^1(\mathbb{R}) \tag{14}$$

을 만족한다고 가정한다.

이러한 조건들을 만족하는 간단한 예를 들어보자. 다음 함수

$$H(x) = \frac{1}{2\pi}\int_{\mathbb{R}} e^{-|\alpha|}e^{i\alpha x}d\alpha = \frac{1}{\pi}\frac{1}{1+x^2} \tag{15}$$

가 위에서 제시한 요건을 모두 충족함은 바로 확인할 수 있다. 그러면

$$H_\lambda(x) = \frac{1}{2\pi}\int_{\mathbb{R}} e^{-|\alpha/\lambda|}e^{i\alpha x}d\alpha = \frac{1}{2\pi}\frac{2\lambda}{1+\lambda^2x^2}$$

이 되는데, $\{H_\lambda : \lambda > 0\}$ 을 뽀아송[5]핵이라 부른다.

실수 $\mathbb{R}$ 에서 정의된 함수 $f \in C_c(\mathbb{R})$ 가운데 n 번 미분가능하고 n 계 도함수 $f^{(n)}$ 이 연속인 함수들의 모임을 $C_c^n(\mathbb{R})$ 이라 쓰고 $C_c^\infty(\mathbb{R}) = \bigcap_{n=1}^\infty C_c^n(\mathbb{R})$ 이라 두면 이는 벡터공간이 된다. 조건 (11) 을 만족하는 $h \in C_c^\infty(\mathbb{R})$ 을 택하면 당연히 $h_\lambda \in C_c^\infty(\mathbb{R})$ 이 되고, 명제 4.3.2 를 반복하여 적용하면 임의의 $f \in C_c(\mathbb{R})$ 에 대하여 $h_\lambda * f \in C_c^\infty(\mathbb{R})$ 이 될 뿐 아니라, 정리 5.2.4 에 의하여

$$\lim_{\lambda\to\infty} \|f - h_\lambda * f\|_1 = \lim_{\lambda\to\infty} \|f - h_\lambda * f\|_\infty = 0$$

임을 알 수 있다. 그런데 공간 $C_c(\mathbb{R})$ 은 $L^1(\mathbb{R})$ 이나 $C_0(\mathbb{R})$ 안에서 조밀하므로 다음 명제를 얻는다.

명제 5.2.5. 함수공간 $C_c^\infty(\mathbb{R})$ 은 노음공간 $L^1(\mathbb{R})$ 이나 $C_0(\mathbb{R})$ 의 조밀한 부분공간이다.

연습문제 5.2.5. 조건 (11) 을 만족하는 $h \in C_c^\infty(\mathbb{R})$ 의 예를 들어라.

이제, (13) 으로 정의된 함수 h 에 대하여 (12) 와 같이 $\{h_\lambda\}$ 를 정의하였을 때, 임의의 $f \in L^1(\mathbb{R})$ 에 대하여 $h_\lambda * f$ 를 계산하여 보자. 푸비

(5) Siméon–Denis Poisson (1781∼1840), 프랑스 수학자. 주로 École Polytechnique 에서 공부하고 활동하였다.

니 정리를 써서 계산하면

$$\begin{aligned}(h_\lambda * f)(x) &= \int_{\mathbb{R}} f(x-y)\frac{\lambda}{2\pi}\int_{\mathbb{R}} p(\alpha)e^{i\alpha\lambda y}d\alpha\, dy \\ &= \frac{1}{2\pi}\int_{\mathbb{R}} f(x-y)\int_{\mathbb{R}} p(\tfrac{\alpha}{\lambda})e^{i\alpha y}d\alpha\, dy \\ &= \frac{1}{2\pi}\int_{\mathbb{R}} p(\tfrac{\alpha}{\lambda})\int_{\mathbb{R}} f(x-y)e^{i\alpha y}dy\, d\alpha \\ &= \frac{1}{2\pi}\int_{\mathbb{R}} p(\tfrac{\alpha}{\lambda})\int_{\mathbb{R}} f(y)e^{i\alpha(x-y)}dy\, d\alpha \\ &= \frac{1}{2\pi}\int_{\mathbb{R}} p(\tfrac{\alpha}{\lambda})\widehat{f}(\alpha)e^{i\alpha x}d\alpha\end{aligned}$$

를 얻는다.

이제부터, 함수 p, h 가 조건 (14), (11) 과 관계식 (13) 을 만족한다고 가정하자. 이 때, 함수모임 $\{h_\lambda : \lambda > 0\}$ 을 (12) 와 같이 정의하면, 방금 계산한 바에 의하여

$$(h_\lambda * f)(x) = \frac{1}{2\pi}\int_{\mathbb{R}} p\left(\frac{\alpha}{\lambda}\right)\widehat{f}(\alpha)e^{i\alpha x}d\alpha$$

가 성립한다. 그런데

$$\left|p\left(\frac{\alpha}{\lambda}\right)\widehat{f}(\alpha)e^{i\alpha x}\right| \le |\widehat{f}(\alpha)|, \qquad \lim_{\lambda\to\infty} p\left(\frac{\alpha}{\lambda}\right) = 1$$

이므로, 만일 $\widehat{f} \in L^1(\mathbb{R})$ 이라면 르벡 수렴정리를 적용하여

$$\lim_{\lambda\to\infty}(h_\lambda * f)(x) = \frac{1}{2\pi}\int_{\mathbb{R}} \widehat{f}(\alpha)e^{i\alpha x}d\alpha, \qquad x \in \mathbb{R}$$

임을 알 수 있다. 그런데 정리 5.2.4 에 의하여 $\lim_{\lambda\to\infty}\|h_\lambda * f - f\|_1 = 0$ 이므로, 명제 3.1.4 를 적용하면 $\lim_n \lambda_n = \infty$ 인 적절한 수열 $\langle\lambda_n\rangle$ 에 대하여 등식

$$\lim_{n\to\infty}(h_{\lambda_n} * f)(x) = f(x)$$

이 거의 모든 점 x 에 대하여 성립한다. 따라서 다음 정리를 얻는데, 이는 푸리에급수의 따름정리 5.1.9 에 해당하는 내용이다.

정리 5.2.6. (역변환공식) 만일 $f \in L^1(\mathbb{R})$ 이고 $\widehat{f} \in L^1(\mathbb{R})$ 이면, 등식

$$f(x) = \frac{1}{2\pi}\int_{\mathbb{R}} \widehat{f}(\alpha)e^{i\alpha x}d\alpha \tag{16}$$

이 거의 모든 점 x 에서 성립한다.

이미 (16) 의 오른쪽에서 정의된 함수가 연속함수임을 알고 있다. 따라서, f 가 연속함수이면 등식 (16) 은 모든 $x \in \mathbb{R}$ 에 대하여 성립한다.

보기 2. 보기 1 에서 계산한 푸리에변환에 대하여 역변환공식을 적용하면

$$\begin{aligned} e^{-|x|} &= \int_{-\infty}^{\infty} \frac{1}{\pi(1+\alpha^2)}e^{i\alpha x}d\alpha \\ &= \int_{-\infty}^{\infty} \frac{\cos\alpha x}{\pi(1+\alpha^2)}d\alpha + i\int_{-\infty}^{\infty} \frac{\sin\alpha x}{\pi(1+\alpha^2)}d\alpha \end{aligned}$$

인데, 등식의 왼쪽이 실수이므로

$$\int_0^{\infty} \frac{\cos\alpha x}{1+\alpha^2}d\alpha = \frac{\pi}{2}e^{-|x|}$$

를 얻는다. □

만일 $\widehat{f} = 0$ 이면 $f = 0$ 이 거의 모든 점에서 성립하게 되는데, 푸리에급수의 정리 5.1.8 에 해당하는 내용이다.

정리 5.2.7. 만일 $f \in L^1(\mathbb{R})$ 이고 $\widehat{f} = 0$ 이면 거의 모든 점에서 $f = 0$ 이다.

조건 (14) 및 (11) 과 관계식 (13) 을 만족하는 함수 p 의 예를 두 가지만 더 소개한다. 우선 푸리에급수의 페제르핵의 정의 (8) 을 염두에 두고, 각 $\lambda > 0$ 에 대하여

$$\begin{aligned} K_\lambda(x) =& \frac{1}{2\pi}\int_{\mathbb{R}} \max\left\{1 - \frac{|\alpha|}{\lambda},\ 0\right\} u_\alpha(x)d\alpha \\ =& \frac{1}{2\pi}\int_{-\lambda}^{\lambda}\left(1 - \frac{|\alpha|}{\lambda}\right)e^{i\alpha x}d\alpha \end{aligned}$$

라 두자. 그러면

$$\lambda K_1(\lambda x) = \frac{1}{2\pi}\int_{-1}^{1}(1-|\alpha|)e^{i\alpha\lambda x}\lambda d\alpha = K_\lambda(x)$$

이므로 $\lambda = 1$ 을 염두에 두고

$$K(x) = \frac{1}{2\pi}\int_{-1}^{1}(1-|\alpha|)e^{i\alpha x}d\alpha$$

라 정의한다. 직접 계산하여 보면

$$\begin{aligned} K_\lambda(x) &= \frac{1}{\pi}\int_0^\lambda \left(1-\frac{\alpha}{\lambda}\right)\cos\alpha x d\alpha \\ &= \frac{1}{\pi\lambda x^2}(1-\cos\lambda x) = \frac{1}{2\pi\lambda}\frac{\sin^2(\frac{\lambda x}{2})}{(\frac{x}{2})^2} \end{aligned}$$

이므로, $K \geq 0$ 이다. 함수 K_λ 의 정의에서 피적분함수의 α 대신에 $-\alpha$ 를 대입해도 그 값이 변하지 않으므로, $f_\lambda(\alpha) = \max\left\{1-\frac{|\alpha|}{\lambda},\, 0\right\}$ 이라 두면 $K_\lambda = \frac{1}{2\pi}\widehat{f_\lambda}$ 이다. 따라서, 역변환공식을 적용하면

$$\int_{-\infty}^{\infty}K_\lambda(x)e^{i\alpha x}dx = \frac{1}{2\pi}\int_{-\infty}^{\infty}\widehat{f_\lambda}(x)e^{i\alpha x}dx = f_\lambda(\alpha) = \max\{1-\frac{|\alpha|}{\lambda},\ 0\}$$

을 얻는다. 함수 f_λ 가 연속이므로 이 등식은 임의의 $\alpha \in \mathbb{R}$ 에 대하여 성립하고, 특히 $\lambda = 1$, $\alpha = 0$ 이면

$$\int_{-\infty}^{\infty}K(x)dx = 1$$

임을 알 수 있다. 이러한 방법으로 얻어지는 함수모임 $\{K_\lambda : \lambda > 0\}$ 역시 페제르핵이라 부른다.

끝으로 한가지를 더 소개하는데,

$$G(x) = \frac{1}{2\pi}\int_{\mathbb{R}} e^{-\alpha^2/2}u_\alpha(x)d\alpha$$

라 두자. 명제 1.3.7 과 부분적분을 이용하여 계산하면

$$G'(x) = \frac{1}{2\pi}\int_{\mathbb{R}} i\alpha e^{-\alpha^2/2}e^{ix\alpha}d\alpha = -xG(x)$$

임을 알 수 있다. 그런데, $G(0) = \dfrac{1}{\sqrt{2\pi}}$ 이므로

$$G(x) = \frac{1}{\sqrt{2\pi}} e^{-x^2/2}$$

를 얻고, 따라서 $G \geq 0$ 과 $\int_{\mathbb{R}} G = 1$ 임을 알 수 있다. 이로부터 얻어지는 함수모임 $\{G_\lambda : \lambda > 0\}$ 을 가우스[(6)]핵이라 부른다.

역변환공식은, g 와 $\widehat{g}$ 가 L^1–연속함수일 때 등식

$$g(x) = \frac{1}{2\pi} \widehat{\widehat{g}}(-x), \qquad x \in \mathbb{R} \tag{17}$$

이 성립함을 말해 준다. 만일 $f, g \in L^1(\mathbb{R})$ (단, g 는 연속) 가 다음 관계

$$f(x) = \frac{1}{2\pi} \int_{\mathbb{R}} g(\alpha) e^{i\alpha x} d\alpha, \qquad x \in \mathbb{R}$$

를 만족하면, $f(x) = \dfrac{1}{2\pi}\widehat{g}(-x)$ 가 되어서 $\widehat{g} \in L^1(\mathbb{R})$ 임을 알 수 있다. 따라서, $\widehat{f}(x) = \dfrac{1}{2\pi}\widehat{\widehat{g}}(-x) = g(x)$ 이므로 $\widehat{f} \in L^1(\mathbb{R})$ 임을 알 수 있고, $\widehat{\widehat{f}} = \widehat{g}$ 에서 정리 5.2.7 을 적용하면 $\widehat{f} = g$ 임을 알 수 있다. 따라서, 다음 등식

$$\widehat{K_\lambda}(\alpha) = \max\left\{1 - \frac{|\alpha|}{\lambda}, 0\right\},$$
$$\widehat{P_\lambda}(\alpha) = e^{-|\alpha/\lambda|},$$
$$\widehat{G_\lambda}(\alpha) = e^{-\alpha^2/2\lambda^2}$$

을 얻는다.

연습문제 5.2.6. 임의의 $f \in L^1(\mathbb{R})$ 에 대하여 $\widehat{K_\lambda * f}$ 를 $\widehat{f}$ 의 식으로 나타내어라. 이를 이용하여 집합 $\{f \in L^1(\mathbb{R}) : \widehat{f} \in C_c(\mathbb{R})\}$ 이 $L^1(\mathbb{R})$ 의 조밀한 부분공간임을 보이고, 푸리에급수의 정리 5.1.7 과 비교하여 보아라.

---

(6) Carl Friedrich Gauss (1777∼1855), 독일 수학자. 오일러와 함께 역사상 최고의 수학자로 일컬어진다. 주로 Göttingen 에서 활동하였다. 그에 관한 전기가 여러 권 있는데, 다음은 비교적 최근에 쓰여진 것이다: W. K. Bühler, *Gauss. A Biographical Study*, Springer-Verlag, 1981.

지금까지 살펴본 바에 의하면, 푸리에변환 $f \mapsto \widehat{f}$ 는 $L^1(\mathbb{R})$ 에서 $C_0(\mathbb{R})$ 로 가는 단사 선형사상이다. 만일 $f \in C_c^2(\mathbb{R})$ 이면 $f'' \in L^1(\mathbb{R})$ 이므로 명제 5.2.2 (나) 에 의하여 $\widehat{f''}(\alpha) = -\alpha^2 \widehat{f}(\alpha)$ 인데, $\widehat{f''}$ 이 유계함수이므로 $\widehat{f} \in L^1(\mathbb{R})$ 임을 알 수 있다. 따라서, 등식 (17) 에 의하여 f 는 다른 L^1–함수의 푸리에변환으로 표시된다. 그러므로, 벡터공간 $C_c^2(\mathbb{R})$ 은 푸리에변환 $f \mapsto \widehat{f} : L^1(\mathbb{R}) \to C_0(\mathbb{R})$ 의 치역에 들어가는데, 이는 명제 5.2.5 에 의하여 $C_0(\mathbb{R})$ 의 조밀한 부분공간이 되므로 다음을 얻는다.

정리 5.2.8. 푸리에변환 $f \mapsto \widehat{f}$ 는 바나하공간 $L^1(\mathbb{R})$ 에서 $C_0(\mathbb{R})$ 로 가는 일대일 노음감소 준동형이고 그 치역이 조밀하다.

물론 $C_0(\mathbb{R})$ 의 곱하기는 점별곱하기 $(fg)(x) = f(x)g(x)$ 로 주어진다. 정리 5.1.11 에서 살펴본 변환 $f \mapsto \widehat{f} : L^1(\mathbb{T}) \to c_0(\mathbb{Z})$ 도 넓은 의미에서 푸리에변환이라 불린다.

연습문제 5.2.7. 변환 $f \mapsto \widehat{f} : L^1(\mathbb{T}) \to c_0(\mathbb{Z})$ 의 치역이 조밀함을 보여라.

이제, 푸리에급수와 푸리에적분이 서로 어떠한 관계를 가지는가 알아보자. 르벡적분가능함수 $f \in L^1(\mathbb{R})$ 가 주어지면, 1.3 절의 보기 2 에서 살펴본 바와 같이 급수

$$F(t) = \sum_{n=-\infty}^{\infty} f(t - 2n\pi) \tag{18}$$

가 거의 모든 점 $t \in \mathbb{T}$ 에 대하여 절대수렴하고 $F \in L^1(\mathbb{T})$ 가 된다. 레비 정리를 이용하여 F 의 푸리에계수를 계산하면

$$\begin{aligned} \widehat{F}(n) &= \int_{\mathbb{T}} F(t) e^{-int} dt \\ &= \sum_{k=-\infty}^{\infty} \frac{1}{2\pi} \int_{-\pi}^{\pi} f(t + 2k\pi) e^{-int} dt \\ &= \frac{1}{2\pi} \int_{\mathbb{R}} f(t) e^{-int} dt = \frac{1}{2\pi} \widehat{f}(n) \end{aligned} \tag{19}$$

이 된다. 따라서, F 의 푸리에급수가 $t \in \mathbb{T}$ 에서 점별수렴한다면 등식

$$\sum_{n=-\infty}^{\infty} f(t-2n\pi) = \frac{1}{2\pi} \sum_{n=-\infty}^{\infty} \widehat{f}(n)e^{int}$$

을 얻는데, 이를 뽀아송 등식이라 한다.

연습문제 5.2.8. 함수 $f(x) = e^{-|x|}$ 를 이용하여 등식

$$\sum_{n=-\infty}^{\infty} \frac{1}{n^2+1} = \pi \frac{e^{2\pi}+1}{e^{2\pi}-1}$$

을 증명하여라.

연습문제 5.2.9. 함수 $f \in L^1(\mathbb{R})$ 과 $\lambda > 0$ 에 대하여 (18) 과 같이

$$F_\lambda(t) = \sum_{n=-\infty}^{\infty} f_\lambda(t-2n\pi)$$

라 정의할 때 (단, $f_\lambda(x) = \lambda f(\lambda x)$), 등식

$$\widehat{F_\lambda}(n) = \frac{1}{2\pi}\widehat{f}\left(\frac{n}{\lambda}\right), \qquad \lim_{\lambda\to\infty} \|F_\lambda\|_{L^1(\mathbb{T})} = \frac{1}{2\pi}\|f\|_{L^1(\mathbb{R})}$$

이 성립함을 보여라. 또한 이를 이용하여 정리 5.2.7 을 증명하여라.

5.3 연습문제

5.3.1. 함수 $f \in L^1(\mathbb{T})$ 과 자연수 $k = 1, 2, \ldots$ 에 대하여 $f_{[k]}(t) = f(kt)$ 라 정의할 때, $\widehat{f_{[k]}}$ 의 푸리에계수를 $\widehat{f}$ 의 푸리에계수로 나타내어라.

5.3.2. (가) 양측도 (X, μ) 가 $\mu(X) = 1$ 을 만족할 때, 옌센부등식을 쓰고 증명하여라.

(나) 함수열 $\langle h_n \rangle$ 이 정리 5.1.5 의 성질 (6) 을 만족하면 임의의 $f \in L^p(\mathbb{T})$ 에 대하여 $\lim_{n\to\infty} \|f - h_n * f\|_p = 0$ 임을 보여라 (단, $1 \le p < \infty$).

5.3.3. (가) 임의의 무리수 $\gamma \in \mathbb{R} \setminus \mathbb{Q}$ 와 연속주기함수 $f \in C(\mathbb{T})$ 에 대하여

$$\lim_{n\to\infty} \frac{1}{n} \sum_{k=1}^{n} f(2\pi k\gamma) = \int_{\mathbb{T}} f(t)dt$$

가 성립함을 보여라. [도움말: 따름정리 5.1.12]

(나) 각 양수 $x > 0$ 에 대하여, x 를 넘지 않는 최대 정수를 $[x]$ 라 하고 $\langle x \rangle = x - [x]$ 라 정의한다. 임의의 $\gamma \in \mathbb{R} \setminus \mathbb{Q}$ 와 임의의 실수 $a, b \in [0,1]$ 에 대하여 다음 등식

$$\lim_{n\to\infty} \frac{1}{n} \#\{k = 1, 2, \ldots, n : a \le \langle k\gamma \rangle \le b\} = b - a$$

이 성립함을 보여라. 여기서 $\#A$ 는 집합 A 의 개수를 나타낸다. [도움말: 먼저 구간의 길이가 2π 가 되도록 늘려서 생각한다. 네 점 $(2\pi a - \epsilon, 0)$, $(2\pi a, 1)$, $(2\pi b, 1)$, $(2\pi b + \epsilon, 0)$ 을 선분으로 잇는 곡선이 그래프가 되는 연속함수를 생각하고, 또 다른 네 점 $(2\pi a, 0)$, $(2\pi a + \epsilon, 1)$, $(2\pi b - \epsilon, 1)$, $(2\pi b, 1)$ 도 같이 생각하여라.]

5.3.4. (가) 함수 $t \mapsto f(t)$ 와 $t \mapsto \dfrac{f(t)}{t}$ 가 모두 $L^1(\mathbb{T})$ 에 들어간다고 가정하자. 만일 $g(t) = \dfrac{f(2t)}{\sin t}$ 라 두면 $g \in L^1(\mathbb{T})$ 임을 보이고, 다음 등식

$$2i\widehat{f}(n) = \widehat{g}(2n-1) - \widehat{g}(2n+1), \qquad n \in \mathbb{Z}$$

이 성립함을 증명하여라. 이를 이용하여

$$\lim_{M,N\to\infty} \sum_{n=-M}^{N} \widehat{f}(n) = 0 \tag{20}$$

이 성립함을 보여라.

(나) 함수 $f \in L^1(\mathbb{T})$ 가 0 에서 립쉬츠조건을 만족하고[(7)] $f(0) = 0$ 이라 가정하자. 그러면 등식

$$f(0) = \lim_{M,N\to\infty} \sum_{n=-M}^{N} \widehat{f}(n) u_n(0)$$

가 성립함을 보여라.

(다) 함수 $f \in L^1(\mathbb{T})$ 가 점 $t_0 \in \mathbb{T}$ 에서 립쉬츠조건을 만족하면, f 의 푸리에급수가 $t = t_0$ 에서 $f(t_0)$ 로 수렴함을 보여라.

---

(7) 적절한 양수 $M, p, \delta > 0$ 에 대하여 다음 성질

$$-\delta < t < \delta \implies |f(x+t) - f(x)| \le M|t|^p$$

이 성립하면, 함수 f 가 점 x 에서 립쉬츠조건을 만족한다고 말한다.

Rudolf Otto Sigismund Lipschitz (1832~1903), 독일 수학자. Königsberg 와 베를린에서 공부한 뒤 주로 Bonn 에서 활동하였다.

(라) 함수 $f \in L^1(\mathbb{T})$ 의 푸리에급수가 미분가능한 점에서 원래 함수로 수렴함을 보여라.

5.3.5. (가) 만일 함수 $t \mapsto f(t)$ 와 $t \mapsto \dfrac{f(t)+f(-t)}{t}$ 가 모두 $L^1(\mathbb{T})$ 에 들어가면 등식

$$\lim_{n\to\infty} \sum_{n=-N}^{N} \widehat{f}(n) = 0$$

이 성립함을 보여라.

(나) 함수 f 가 다음

$$f(t) = \begin{cases} t+\pi, & -\pi \le t < 0, \\ t-\pi, & 0 < t \le \pi \end{cases}$$

과 같이 정의되었을 때, $t \mapsto \dfrac{f(t)+f(-t)}{t}$ 가 $L^1(\mathbb{T})$ 에 들어감을 보여라. 이 때, 등식 (20) 이 성립하는지 살펴보아라.

5.3.6. 임의의 $f, g \in L^1(\mathbb{R})$ 에 대하여 다음 등식

$$\int_{-\infty}^{\infty} \widehat{f}(y) g(y) dy = \int_{-\infty}^{\infty} f(y)\widehat{g}(y) dy$$

이 성립함을 보여라.

5.3.7. 각 자연수 $n = 1, 2, \ldots$ 에 대하여

$$f_n(x) = \frac{\sin x \sin nx}{x^2}, \qquad x \in \mathbb{R}$$

이라 하였을 때, $\widehat{f_n}$ 을 구하라. 또한, $\sup\{\|\widehat{f_n}\|_\infty : n = 1, 2, \ldots\} < \infty$ 이지만 $\lim\limits_{n\to\infty} \|f_n\|_1 = \infty$ 임을 보여라. [도움말: 5.2 절의 보기 1]

5.3.8. (가) 만일 $f \in L^1(\mathbb{R})$ 이 홀함수이면 임의의 양수 $a < A$ 에 대하여 다음

$$\left| \int_a^A \frac{\widehat{f}(\alpha)}{\alpha} d\alpha \right| \le M$$

을 만족하는 양수 M 이 존재함을 보여라.

(나) 함수 $g : \mathbb{R} \to \mathbb{C}$ 를 다음

$$g(\alpha) = \begin{cases} -1/\log(-\alpha), & \alpha \le -e, \\ \alpha/e, & -e \le \alpha \le e, \\ 1/\log \alpha, & \alpha \ge e \end{cases}$$

과 같이 정의하면 $g \in C_0(\mathbb{R})$ 이지만 g 는 푸리에변환의 치역에 들어가지 않음을 보여라.

5.3.9. (가) 함수 $f \in L^1(\mathbb{R}) \cap C_0(\mathbb{R})$ 에 대하여 다음 조건

$$\left|\widehat{f}(\alpha)\right| \le A\frac{1}{|\alpha|}, \qquad \alpha \in \mathbb{R} \setminus \{0\}$$

을 만족하는 양수 $A > 0$ 가 존재한다고 가정하자. 그러면 임의의 $x \in \mathbb{R}$ 에 대하여 등식

$$f(x) = \lim_{R\to\infty} \frac{1}{2\pi} \int_{-R}^{R} \widehat{f}(\alpha) e^{i\alpha x}\, d\alpha \tag{21}$$

이 성립함을 보여라.(8)

(나) 함수 $f \in L^1(\mathbb{R})$ 이 한번 미분가능하고 $f' \in L^1(\mathbb{R}) \cap C_0(\mathbb{R})$ 이면 임의의 $x \in \mathbb{R}$ 에 대하여 등식 (21) 이 성립함을 보여라.

(8) 이 경우 피적분함수가 르벡적분가능하지 않을 수도 있음을 유의하라.

제 6 장 노음공간

지금까지 여러 가지 노음공간을 도입하고 그 성질을 각각 알아보았는데, 이 장에서 일반적인 노음공간의 기본적인 성질들을 공부한다. 특히, 그 치역이 스칼라인 유계선형사상들의 모임인 쌍대공간은 여러 가지 노음공간의 성질을 파악하는 데 필수적인데, 여기서는 간단한 ℓ^p–공간과 힐버트공간의 쌍대가 무엇인지 알아본다. 이와 더불어 바나하공간 사이에 정의된 유계선형사상들의 초보적인 성질을 공부하고, 이를 푸리에변환에 응용한다.

6.1 쌍대공간

두 노음공간 사이에 정의된 선형사상 $T : X \to Y$ 에 대하여

$$\|T\| = \sup\{\|T(x)\| : x \in X,\ \|x\| \le 1\}$$

이라 정의하자. 만일 $\|T\| < \infty$ 이면 T 를 유계선형사상이라 부르고 $\|T\|$ 를 T 의 노음이라 한다. 선형사상 $T : X \to Y$ 의 노음이란 X 의 단위공 $\{x \in X : \|x\| \le 1\}$ 의 치역이 Y 에서 얼마나 늘어나는가 재는 것이다. 예를 들어서, $z \mapsto \alpha z : \mathbb{C} \to \mathbb{C}$ 의 노음은 $|\alpha|$ 이다.

연습문제 6.1.1. 선형사상 $T : X \to Y$ 가 유계일 필요충분조건은 다음

$$x \in X \implies \|T(x)\| \le M\|x\|$$

을 만족하는 양수 $M > 0$ 이 존재함임을 보여라. 또한, 이 때 $\|T\| \leq M$ 임을 보여라.

연습문제 6.1.2. 등식 $\|T\| = \sup\left\{\dfrac{\|T(x)\|}{\|x\|} : x \in X,\ x \neq 0\right\}$ 을 증명하여라.

연습문제 6.1.3. 노음공간 사이에 정의된 유계선형사상 전체의 집합이 벡터공간이 됨을 보여라. 또한, $T \mapsto \|T\|$ 는 이 공간의 노음이 됨을 보여라.

명제 6.1.1. 노음공간 사이의 선형사상 $T : X \to Y$ 에 대하여 다음은 동치이다.

(가) T가 유계사상이다.
(나) T가 연속이다.
(다) T가 한 점 $x_0 \in X$ 에서 연속이다.

증명: 먼저 부등식 $\|T(x) - T(y)\| \leq \|T\|\|x - y\|$ 로부터 (가) $\Longrightarrow$ (나) 가 증명되고 (나) $\Longrightarrow$ (다) 는 자명하다. 만일 T가 x_0 에서 연속이면 $\|x - x_0\| < \delta \implies \|T(x) - T(x_0)\| < \epsilon$ 인 양수 $\delta > 0$ 가 존재한다. 이는 $\|y\| < \delta \implies \|T(y)\| < \epsilon$ 과 마찬가지인데, 이로부터 $\|T\| \leq \dfrac{\epsilon}{\delta}$ 를 얻는다. □

명제 6.1.2. 임의의 노음공간 X 에서 Y 로 가는 유계선형사상 전체의 집합 $B(X, Y)$ 는 노음공간이 된다. 만일 Y 가 바나하공간이면 $B(X, Y)$ 도 바나하공간이다.

증명: 벡터공간 $B(X, Y)$ 가 노음공간이 된다는 것은 이미 알아보았으므로, 둘째 부분을 보이기 위하여 Y 가 바나하공간이라고 가정하자. 만일 $\langle T_n \rangle$ 이 $B(X, Y)$ 의 코시수열이라면 각 $x \in X$ 에 대하여 $\langle T_n(x) : n = 1, 2, \ldots \rangle$ 도 Y 의 코시수열이다. 따라서, 이 수열의 극한이 Y 에 존재하

는데 이를 $T(x)$ 라 두자. 그러면 사상 $x \mapsto T(x)$ 를 얻는데, $T \in B(X,Y)$ 이고 $\|T_n - T\| \to 0$ 임은 연습문제로 남긴다. □

연습문제 6.1.4. 명제 6.1.2 의 증명을 마무리하여라.

특히, 그 치역이 스칼라 $\mathbb{C}$ 인 선형사상을 선형범함수라 하고, X 에서 정의된 유계선형범함수 전체의 노음공간을 X^* 라 표시한다. 즉, $X^* = B(X, \mathbb{C})$ 이다. 명제 6.1.2 에 의하여 X^* 는 항상 바나하공간이 되는데, 이를 X 의 쌍대공간이라 한다.

보기 1. 르벡적분 $f \mapsto \int_0^1 f$ 는 노음공간 $(C[0,1], \|\ \|_{\sup})$ 의 유계선형범함수가 된다. 그러나,

$$f \mapsto \int_{\mathbb{R}} f(x)dx \tag{1}$$

은 $f \in C_0(\mathbb{R})$ 에 대하여 그 적분값이 유한이라는 보장이 없으므로 $(C_0(\mathbb{R}), \|\ \|_{\sup})$ 위에서 선형범함수조차 되지 못한다. 만일 그 정의역을 $C_c(\mathbb{R})$ 로 제한하면 선형범함수는 되지만 유계사상이 되지 않는다. 실제로 구간 $[-n, n]$ 에서 함수값이 1 이고 $0 \le f_n \le 1$ 인 $C_c(\mathbb{R})$ 의 함수열 $\langle f_n \rangle$ 을 잡으면 $\|f_n\|_{\sup} = 1$ 이지만 $\lim_n \int_{\mathbb{R}} f_n = \infty$ 이다. 그러나, (1) 은 1.2 절의 부등식 (17) 에 의하여 $(L^1(\mathbb{R}), \|\ \|_1)$ 의 유계선형범함수가 된다. □

보기 2. 양측도 (X, μ) 가 주어졌을 때, 각 $g \in L^q(\mu)$ (단, $1 \le q \le \infty$) 에 대하여 다음

$$\varphi_g : f \mapsto \int_X fg d\mu, \qquad f \in L^p(\mu)$$

과 같이 정의된 선형사상을 생각보자 (단, p, q 는 켤레지수). 횔더 부등식을 적용하면 $|\varphi_g(f)| \le \|g\|_q \|f\|_p$ 이므로, φ_g 는 $L^p(\mu)$ 의 유계선형범함수가 되고 부등식

$$\|\varphi_g\| \le \|g\|_q, \qquad g \in L^q(\mu)$$

을 얻는다. 실제로 등식이 성립하는데, 먼저 $p=\infty$, $q=1$ 인 경우를 보자. 이 경우 고정된 $g \in L^1(\mu)$ 에 대하여 등식

$$\|f\|_\infty \|g\|_1 = \left| \int_X gf \right|$$

이 성립하는 함수 $f \in L^\infty(\mu)$ 를 만들면 되는데,

$$x \mapsto \begin{cases} \dfrac{|g(x)|}{g(x)}, & g(x) \neq 0, \\ 0, & g(x) = 0 \end{cases}$$

라 두면 된다. 이렇게 정의된 함수를 앞으로 $\operatorname{sgn} g$ 라 쓴다.

다음에 $p=1$, $q=\infty$ 인 경우를 생각하는데, 방금 사용한 방법을 이용할 수 없다. 이 경우 $g \in L^\infty(\mu)$ 가 고정되면 (단, $\|g\|_\infty \neq 0$) 임의의 충분히 작은 양수 $\epsilon > 0$ 에 대하여 집합

$$\{x \in X : |g(x)| > \|g\|_\infty - \epsilon\}$$

이 양측도를 가지는데 이 집합의 부분집합 가운데 측도값이 유한인 집합 E 를 택하고 (단, $\mu(E) > 0$), $f = \chi_E \cdot \operatorname{sgn} g \in L^1(\mu)$ 라 두자. 그러면

$$\int_X gf = \int_E g \cdot \operatorname{sgn} g = \int_E |g| \geq \mu(E)(\|g\|_\infty - \epsilon) = \|f\|_1(\|g\|_\infty - \epsilon)$$

이 된다. 따라서 $\|\varphi_g\| \geq \|g\|_\infty - \epsilon$ 이 되고, 등식 $\|\varphi_g\| = \|g\|_\infty$ 을 얻는다. 위와 같이, 임의의 양측도집합에 대하여 측도값이 유한인 부분집합을 찾기 위하여 측도 (X, μ) 가 σ–유한임을 가정하면 된다.

끝으로, $1 < q < \infty$ 인 경우를 보는데, 고정된 $g \in L^q(\mu)$ 에 대하여 $f = |g|^{q/p} \operatorname{sgn} g$ 라 두면, $|f|^p = |g|^q$ 이므로 $\|g\|_q^{q-1} = \|f\|_p$ 이고 또한 $fg = |g|^q$ 이다. 따라서 등식

$$\int_X fg = \int |g|^q = \|g\|_q^q = \|g\|_q \|f\|_p$$

이 성립하고 $\|\varphi_g\| = \|g\|_q$ 가 증명되었다. □

양측도 (X,μ) 가 주어지면 임의의 $q \in [1,\infty]$ 에 대하여

$$g \mapsto \varphi_g : L^q(\mu) \to L^p(\mu)^* \tag{2}$$

가 선형사상임이 바로 확인되는데, 이 사상이 노음을 보존한다는 것을 보였다 (단, $p=1$, $q=\infty$ 인 경우 (X,μ) 가 σ–유한이라 가정한다). 이와 같이 노음을 보존하는 선형사상을 등거리사상이라고 부른다. 등거리사상은 자동적으로 단사사상이 된다.

연습문제 6.1.5. 유계구간 $[0,1]$ 위에서 정의된 유계함수 $g(x)=x$ 를 생각하자. 이 경우, 등식 $\|f\|_1\|g\|_\infty = \int_0^1 fg$ 를 만족하는 함수 $f \in L^1[0,1]$ $(f \neq 0)$ 가 존재하지 않음을 보여라.

실제로 많은 경우에 선형사상 (2) 가 전사사상이 되는데, ℓ^p 의 경우를 살펴보자. 각 $n=1,2,\ldots$ 에 대하여 수열 e_n 을 다음

$$e_n(m) = \begin{cases} 1, & m=n, \\ 0, & m \neq n \end{cases} \tag{3}$$

과 같이 정의하자. 만일 $\varphi \in (\ell^p)^*$ 이고 $\varphi = \varphi_g$ 라면

$$\varphi(e_n) = \varphi_g(e_n) = \sum_{i=1}^{\infty} g(i)e_n(i) = g(n), \qquad n \in \mathbb{N}$$

이 된다. 따라서 임의의 $\varphi \in (\ell^p)^*$ 에 대하여 $g(n) = \varphi(e_n)$ 이라 정의하자. 이제, $1 \le p < \infty$ 라 가정하고, $g \in \ell^q$ 임을 보이면 (2) 가 전사임이 증명된다. 먼저 $p=1, q=\infty$ 인 경우를 살펴보자. 만일 $\varphi \in (\ell^1)^*$ 이면 $e_n \in \ell^1$ 이므로 각 $n \in \mathbb{N}$ 에 대하여 $|\varphi(e_n)| \le \|\varphi\|\|e_n\|_1 = \|\varphi\|$ 가 되어서 $g \in \ell^\infty$ 이고 $\|g\|_\infty \le \|\varphi\|$ 임이 증명된다.

이제 $1<p<\infty$ 인 경우를 살펴보자. 자연수 N 을 고정하고, 보기 2 의 경우와 같이

$$f(n) = \begin{cases} |g(n)|^{q-1} \cdot \operatorname{sgn} g(n), & n \le N, \\ 0, & n > N \end{cases}$$

라 두자. 그러면 $\|f\|_p^p = \sum_{n=1}^{N} |f(n)|^p = \sum_{n=1}^{N} |g(n)|^q$ 이므로 부등식

$$\sum_{n=1}^{N} |g(n)|^q = \sum_{n=1}^{\infty} f(n)g(n) = \varphi(f) \leq \|\varphi\| \|f\|_p = \|\varphi\| \left(\sum_{n=1}^{N} |g(n)|^q \right)^{1/p}$$

을 얻는다. 따라서 $\left(\sum_{n=1}^{N} |g(n)|^q \right)^{1/q} \leq \|\varphi\|$ 인데, N 이 임의의 자연수이므로 $\|g\|_q \leq \|\varphi\|$ 및 $g \in \ell^q(\mu)$ 임을 알 수 있다. 끝으로, $\varphi = \varphi_g$ 임을 보이기 위하여 e_n 들의 유한선형결합으로 이루어진 벡터공간을 A 라 두자. 그러면 각 $n = 1, 2, \ldots$ 에 대하여 $\varphi(e_n) = g(n) = \varphi_g(e_n)$ 이므로 φ 와 φ_g 는 A 위에서 일치하는데, A 는 ℓ^p 의 조밀한 부분공간이고 φ 및 φ_g 가 ℓ^p 위에서 연속이므로 $\varphi_g = \varphi$ 임을 알 수 있다. 지금까지 논의한 것을 정리하자.

정리 6.1.3. 만일 $1 \leq p < \infty$ 이면 $g \mapsto \varphi_g : \ell^q \to (\ell^p)^*$ 은 전단사 등거리사상이다 (단, p, q 는 켤레지수).

다음에 증명하려고 하는 한–바나하 정리를 적용하면 $p = \infty$ 일 때 $g \mapsto \varphi_g$ 는 전사사상이 아님을 알 수 있다. 즉, $(\ell^\infty)^* \supsetneq \ell^1$ 이 된다. 그런데, $c_0 = c_0(\mathbb{N})$ 은 ℓ^∞ 의 부분공간이므로 ℓ^∞ 의 유계선형범함수를 c_0 에 제한하면 c_0 의 유계선형범함수가 된다. 따라서 다음 선형사상

$$g \mapsto \varphi_g : \ell^1 \to (c_0)^* \tag{4}$$

를 생각할 수 있다.

연습문제 6.1.6. 선형사상 (4) 가 전단사 등거리사상임을 보여라.

지금까지 논의한 내용을 요약하면

$$(c_0)^* = \ell^1, \qquad (\ell^p)^* = \ell^q \ \ (\text{단}, 1 \leq p < \infty)$$

을 얻는다. 따라서, 많은 경우 $X = X^{**}$ 임을 알게 된다. 일반적으로 각 $x \in X$ 에 대하여

$$T_x(\varphi) = \varphi(x), \qquad \varphi \in X^* \tag{5}$$

라 정의하면 T_x 가 X^* 의 선형범함수가 된다는 것은 당연하고, 또한 $\|T_x\| \le \|x\|$ 가 되어 $T_x \in X^{**}$ 임을 알 수 있다. 그런데, $x \mapsto T_x$ 가 단사임을 보이려면

$$x \neq 0 \implies T_x \neq 0$$

을 보여야 하는데, 이는 $x \neq 0$ 일 때 $\varphi(x) \neq 0$ 인 $\varphi \in X^*$ 가 존재함을 보이는 문제와 같다. 다시 말하면, $x \neq y$ 일 때 $\varphi(x) \neq \varphi(y)$ 인 유계선형범함수 $\varphi \in X^*$ 를 찾을 수 있는가 하는 문제인데, X 가 충분히 많은 유계선형범함수를 가지는가 묻는 것이다. 다음 정리는 이에 대하여 긍정적인 답을 제공할 뿐 아니라 노음공간 X 와 그 쌍대공간 X^* 의 관계를 논하는 데 필수적인 내용이다.

정리 6.1.4. (한[(1)]–바나하)[(2)] 노음공간 X 와 그 부분공간 Y 가 주어져 있다. 그러면 임의의 $\psi \in Y^*$ 에 대하여 다음 성질

$$\varphi|_Y = \psi, \qquad \|\varphi\| = \|\psi\|$$

을 만족하는 $\varphi \in X^*$ 가 존재한다.

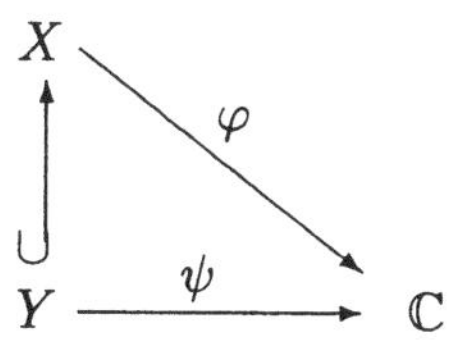

(1) Hans Hahn (1879∼1934), 오스트리아 수학자. Strassburg 와 München 에서 공부하고 Wien 에서 활동하였다.

(2) 한–바나하 정리의 역사에 대하여 다음 기사 [Math. Intelligencer **2** (1980), 123∼125] 를 참조하라.

증명: 지금까지 전적으로 복소벡터공간에 대하여 이야기하였으나, 이 정리의 증명은 실벡터공간에서 먼저 하는 것이 편리하다. 따라서 X, Y는 실벡터공간이고 ψ는 실선형범함수라 가정하자. 또한, $\psi = 0$이면 $\varphi = 0$으로 놓으면 되므로, $\psi \neq 0$이라 가정하자. 이 경우 적절한 스칼라를 곱함으로써 $\|\psi\| = 1$이라 두고 시작해도 좋다. 증명이 좀 길어 보이지만 서로 독립적인 세 단계로 나누어진다. 첫 단계는 X의 차원이 Y보다 하나 큰 경우로서 증명의 핵심부분이다. 둘째 단계에서 이를 반복 사용하여 원하는 결론을 얻는데 여기서 집합론의 선택공리를 사용하고, 끝으로 실벡터공간의 결론을 복소벡터공간으로 확장한다.

먼저 $x_0 \in X \setminus Y$에 대하여 부분공간

$$Y_1 = \{ax_0 + y : a \in \mathbb{R},\ y \in Y\}$$

를 생각하고 ψ를 Y_1에 어떻게 확장하여 $\psi_1 : Y_1 \to \mathbb{R}$을 얻을 수 있는지 살펴보자. 그런데 $\psi_1(y) = \psi(y)$로 이미 결정되어 있으므로 $\psi_1(x_0)$를 어떻게 정하는가 하는 문제만 생각하면 된다. 이를 아무렇게나 정하더라도 ψ_1은 선형범함수가 되지만 문제의 핵심은 $\|\psi_1\| = 1$이 되도록 정하는 데에 있다. 즉, 다음 부등식

$$|a\psi_1(x_0) + \psi(y)| \leq \|ax_0 + y\|, \qquad a \in \mathbb{R},\ y \in Y \tag{6}$$

이 성립하도록 실수 $\psi_1(x_0)$를 정할 수 있으면 된다. 그런데 각 $y, y' \in Y$에 대하여

$$\psi(y) - \psi(y') = \psi(y - y') \leq \|y - y'\| \leq \|y - x_0\| + \|y' - x_0\|$$

이므로 부등식

$$\psi(y) - \|y - x_0\| \leq \psi(y') + \|y' - x_0\|, \qquad y, y' \in Y$$

이 성립한다. 따라서,

$$A = \sup\{\psi(y) - \|y - x_0\| : y \in Y\},$$
$$B = \inf\{\psi(y') + \|y' - x_0\| : y' \in Y\}$$

이라 두면 $A \le B$ 이다. 이제, 구간 $[A, B]$ 에 들어가는 점을 하나 택하여 이 값을 $\psi_1(x_0)$ 라 정하자. 그러면 임의의 $y, y' \in Y$ 에 대하여

$$\psi(y) - \|y - x_0\| \le \psi_1(x_0) \le \psi(y') + \|y' - x_0\|$$

가 성립하는데, 이는 $|\psi_1(x_0) - \psi(y)| \le \|x_0 - y\|$ 와 동치이다. 이 부등식은 y 대신에 $-\dfrac{y}{a} \in Y$ 를 넣어도 성립하고, 이를 다시 $|a|$ 로 곱하면 원하는 부등식 (6) 을 얻는다.

이러한 과정을 계속 거치면 원하는 결과를 얻을 수 있는데, 이를 보이기 위하여 선택공리를 사용한다. 먼저 순서집합 $\mathfrak{P}$ 를 정하는데

$$\begin{aligned}\mathfrak{P} = \{(Y_\iota, \psi_\iota) :& Y_\iota \text{ 는 } Y \text{ 를 품는 } X \text{ 의 부분공간}\\ &\psi_\iota \in Y_\iota^*,\ \psi_\iota|_Y = \psi,\ \|\psi_\iota\| = 1\}\end{aligned}$$

로 정의한다. 두 순서쌍 $(Y_1, \psi_1), (Y_2, \psi_2) \in \mathfrak{P}$ 에 대하여, $Y_1 \subset Y_2$ 이고 $\psi_1 = \psi_2|_{Y_1}$ 일 때 $(Y_1, \psi_1) \le (Y_2, \psi_2)$ 라 정의하면 $\mathfrak{P}$ 는 순서집합이 된다. 따라서, 선택공리 혹은 이와 동치인 하우스도르프[(3)] 최대정리에 의하여 최대 전순서 부분집합[(4)] $\mathfrak{Q} \subset \mathfrak{P}$ 가 존재한다. 따라서, $Z = \bigcup\{Y_\iota : (Y_\iota, \psi_\iota) \in \mathfrak{Q}\}$ 는 X 의 부분공간이 되고, $x \in Z$ 가 Y_ι 에 들어가면 $\rho(x) = \psi_\iota(x)$ 라 정의함으로써 Z 의 선형범함수 ρ 를 얻는다. 이 때, $\|\rho\| = 1$ 임이 자명하므로 $Z = X$ 임을 보이면 된다. 만일 $Z \subsetneq X$ 이면 앞에서 증명한 바에 의하여 $Z_1 \supsetneq Z$ 인 $(Z_1, \rho_1) \in \mathfrak{P}$ 를 잡을 수 있다. 그러면 $(Z_1, \rho_1) \notin \mathfrak{Q}$ 인데 $\mathfrak{Q} \cup \{(Z_1, \rho_1)\}$ 가 전순서 부분집합이 되므로 $\mathfrak{Q}$ 의 최대성에 모순이다. 따라서 $Z = X$ 가 성립하고, X, Y 가 실벡터공간이며 ψ 가 실선형범함수인 경우 증명이 끝난다.

---

(3) Felix Hausdorff (1868~1942), 독일 수학자. Leipzig 와 베를린에서 수학과 천문학을 공부한 뒤 다른 필명으로 저술활동을 하기도 하였다. 1902 년부터 Leipzig 와 Bonn 에서 활동하였는데, 유태인 수용소로 가게 되자 가족과 더불어 스스로 목숨을 끊었다.

(4) 여기서 $\mathfrak{Q}$ 가 최대라 함은, 만일 $\mathfrak{R}$ 이 $\mathfrak{P}$ 의 전순서 부분집합이고 $\mathfrak{R} \supset \mathfrak{Q}$ 이면 $\mathfrak{R} = \mathfrak{Q}$ 임을 뜻한다.

이제, X, Y 가 복소벡터공간이고 ψ 가 복소선형범함수인 경우를 살펴보자. 우선 복소벡터공간은 실수에 의한 스칼라곱에 대하여 닫혀있으므로 실벡터공간으로 이해할 수 있다. 만일 $\psi = u + iv$ 라 쓰면, u 는 실벡터공간 Y 의 실선형범함수이다. 따라서, 실벡터공간 X 의 선형범함수 U 가 존재하여 $U|_Y = u$ 및 $\|U\| = \|u\|$ 를 만족한다. 이제, 각 $x \in X$ 에 대하여

$$\varphi(x) = U(x) - iU(ix)$$

라 정의하자. 그러면 $\varphi(x+y) = \varphi(x) + \varphi(y)$ 임은 분명하고,

$$\varphi(ix) = U(ix) - iU(-x) = i[U(x) - iU(ix)] = i\varphi(x)$$

이므로 φ 는 복소선형범함수이다. 한편, 각 $y \in Y$ 에 대하여

$$\varphi(y) = U(y) - iU(iy) = u(y) - iu(iy)$$

이므로 $\varphi|_Y = \psi$ 를 보이려면 $\psi(y) = u(y) - iu(iy)$ 임을 보이면 된다. 임의의 복소수 $\alpha \in \mathbb{C}$ 에 대하여 $\alpha = \mathrm{Re}\,\alpha - i\mathrm{Re}\,(i\alpha)$ 임은 바로 확인된다. 그런데 ψ 가 복소선형범함수이므로

$$\psi(y) = \mathrm{Re}\,\psi(y) - i\mathrm{Re}\,(i\psi(y)) = u(y) - i\mathrm{Re}\,(\psi(iy)) = u(y) - iu(iy)$$

가 되어 $\varphi|_Y = \psi$ 임을 알 수 있다.

끝으로, $\|\varphi\| = \|\psi\|$ 임을 보이면 증명이 모두 끝난다. 우선 $\|U\| = \|u\| \le \|\psi\|$ 이므로 $\|\varphi\| \le \|U\|$ 임을 보이면 된다. 각 $x \in X$ 에 대하여 $\alpha\varphi(x) = |\varphi(x)|$ 이고 $|\alpha| = 1$ 인 복소수 $\alpha \in \mathbb{C}$ 를 잡자. 그러면

$$|\varphi(x)| = \varphi(\alpha x) = U(\alpha x) \le \|U\|\|\alpha x\| = \|U\|\|x\|$$

이므로 $\|\varphi\| \le \|U\|$ 가 되어 증명이 모두 끝났다. □

연습문제 6.1.7. 한–바나하 정리의 증명과정에서, Z 가 부분공간이 됨을 보여라. 또한, ρ 가 Z 의 선형범함수이며 $\|\rho\| = 1$ 임을 보여라.

임의의 $x \in X$ (단, $x \neq 0$) 에 대하여 x 에 의하여 생성된 일차원공간 $Y = \{\alpha x : \alpha \in \mathbb{C}\}$ 와 Y 의 선형범함수 $\psi(\alpha x) = \alpha\|x\|$ 에 대하여 한–바나하 정리를 적용하면 $\varphi(x) = \|x\|$ 이고 $\|\varphi\| = \|\psi\| = 1$ 인 선형범함수 $\varphi \in X^*$ 를 얻는다.

따름정리 6.1.5. 노음공간 X 의 점 x 가 $x \neq 0$ 이면 $\varphi(x) = \|x\|$ 이고 $\|\varphi\| = 1$ 인 $\varphi \in X^*$ 가 존재한다.

특히, 따름정리 6.1.5 에 의하면 (5) 에서 정의된 선형사상 T_x 의 노음이 $\|x\|$ 와 일치함을 알 수 있고, $x \mapsto T_x$ 는 X 에서 X^{**} 로 가는 등거리사상이 된다. 따라서, 노음공간 X 는 항상 X^{**} 의 부분공간으로 이해할 수 있다. 만일 $x \mapsto T_x : X \to X^{**}$ 가 전사사상이면 X 를 반사공간이라 부른다. 바나하공간 ℓ^p (단, $1 < p < \infty$) 는 반사공간의 대표적인 예이다. 그러나, $(c_0)^{**} = \ell^\infty$ 이므로 바나하공간 c_0 는 반사공간이 될 수 없다.

다음 따름정리는 주어진 부분공간이 닫힌집합인지 알아보는 데 유용하게 쓰인다. 부분집합 Y 의 닫힘은 $\overline{Y}$ 로 표시한다.

따름정리 6.1.6. 노음공간 X 의 부분공간 Y 와 한 점 $x \in X$ 에 대하여 다음은 동치이다.

(가) $x \in \overline{Y}$ 이다.
(나) $\varphi \in X^*$ 이고 $\varphi|_Y = 0$ 이면 $\varphi(x) = 0$ 이다.

증명: 임의의 $\varphi \in X^*$ 는 연속함수이므로 (가)$\Longrightarrow$(나) 는 당연하다. 만일 $x \notin \overline{Y}$ 이면

$$y \in Y \implies \|x - y\| > \delta$$

인 양수 $\delta > 0$ 를 잡을 수 있다. 이제 x 와 Y 에 의하여 생성된 부분공간 $Z = \{\alpha x + y : \alpha \in \mathbb{C}, y \in Y\}$ 를 생각하고 $\psi(\alpha x + y) = \alpha$ 라 정의하

면 ψ 는 Z 의 선형범함수이다. 그런데, 각 $\alpha x+y \in Z$ (단, $\alpha \neq 0$) 에 대하여

$$|\psi(\alpha x+y)|\delta = |\alpha|\delta \leq |\alpha| \left\| x + \frac{1}{\alpha}y \right\| = \|\alpha x + y\|$$

이므로, $\psi \in Z^*$ 이고 $\|\psi\| \leq \frac{1}{\delta}$ 임을 알 수 있다. 또한, $\psi(x) \neq 0$ 이므로, 이 범함수를 X 에 확장하면 $\varphi|_Y = 0$ 이지만 $\varphi(x) \neq 0$ 인 $\varphi \in X^*$ 를 얻는다. □

연습문제 6.1.8. 노음공간 ℓ^∞ 의 선형범함수 가운데 $\varphi|_{c_0} = 0$ 이지만 $\varphi \neq 0$ 인 $\varphi \in (\ell^\infty)^*$ 가 존재함을 보여라. $(\ell^\infty)^* \supsetneq \ell^1$ 임을 보여라. 바나하공간 ℓ^1 은 반사공간이 아님을 보여라.

연습문제 6.1.9. 바나하공간 X 가 반사공간일 필요충분조건은 X^* 가 반사공간임을 보여라. 바나하공간 ℓ^∞ 는 반사공간이 아님을 보여라.

6.2 바나하공간의 선형사상

지금까지 노음공간의 몇 가지 성질을 알아보았는데, 완비성질은 큰 역할을 하지 않았다. 이 절에서는 유계선형사상의 정의역이나 치역이 바나하공간일 때 완비성질이 어떤 역할을 하는지 알아본다. 다음 정리는 완비 거리공간의 핵심적인 성질이다. 거리공간 (X,d) 의 점 $x \in X$ 와 양수 $r>0$ 에 대하여 x 의 근방을

$$N_X(x,r) = \{y \in X : d(x,y) < r\}$$

로 정의하고, 혼동의 여지가 없는 경우 그냥 $N(x,r)$ 이라 쓴다. 특히 X 가 노음공간일 때 0 의 근방 $N_X(0,r)$ 은 X_r 이라 쓴다.

정리 6.2.1. (베르[5]) 완비 거리공간 X 의 닫힌집합열 $\langle C_n \rangle$ 의 합집합이 전체공간이 되면, 그 중 한 닫힌집합은 열린집합을 품는다.

증명: 만일 그렇지 않다고 가정하자. 그러면 $C_1 \cap \overline{N(x_1, r_1)} = \emptyset$ 인 근방 $N(x_1, r_1)$ 을 잡을 수 있다. 여기서 $\overline{A}$ 는 집합 A 의 닫힘을 나타낸다. 그런데 가정에 의하여 $N(x_1, r_1) \not\subset C_2$ 이므로

$$\overline{N(x_2, r_2)} \subset N(x_1, r_1) \setminus C_2$$

가 되도록 근방 $N(x_2, r_2)$ 를 잡을 수 있다. 이러한 과정을 반복하여, 각 $n = 1, 2, \ldots$ 에 대하여 다음 성질

$$N(x_{n+1}, r_{n+1}) \subset N(x_n, r_n), \quad \overline{N(x_n, r_n)} \cap \left[\bigcup_{k=1}^{n} C_k \right] = \emptyset$$

이 성립하도록 근방열 $\langle N(x_n, r_n) \rangle$ 을 잡을 수 있다. 여기서 물론 $r_n \to 0$ 이 되도록 잡을 수 있고, 이 때 $\langle x_n \rangle$ 은 코시수열이 된다. 그러면 그 극한 x 는 각 $\overline{N(x_n, r_n)}$ 에 들어가므로 $\bigcup_{n=1}^{\infty} C_n$ 에 들어가지 않는다. □

따름정리 6.2.2. 완비 거리공간의 조밀 열린집합열의 교집합은 비어 있지 않다.

연습문제 6.2.1. 따름정리 6.2.2 를 증명하여라.

이 절의 핵심은 열린사상정리와 고른유계원칙 두 가지인데 이 두 정리는 한–바나하 정리와 함께 바나하공간의 성질을 공부하는 세 가지 기본적인 도구이다. 먼저 열린사상정리를 보자.

정리 6.2.3. (열린사상정리) 바나하공간 사이에 정의된 유계선형사상 $T : X \to Y$ 가 전사사상이라 하자. 그러면 $T(X_1) \supset Y_\delta$ 인 양수 $\delta > 0$ 가 존재한다.

(5) René Louis Baire (1874~1932), 프랑스 수학자. École Normale Supérieure 에서 공부하고 Montpellier 에서 잠시 활동하였으나 병으로 고생하였다.

증명: 먼저 $X = \bigcup_n X_n$ 인데 T 가 전사이므로 $Y = \bigcup_n \overline{T(X_n)}$ 가 된다. 따라서 베르 정리를 적용하면, $N_Y(y_0, r) \subset \overline{T(X_n)}$ 인 자연수 $n \in \mathbb{N}$ 과 근방 $N_Y(y_0, r)$ 이 존재한다. 만일 $\|y\| < r$ 이면 $y + y_0 \in N_Y(y_0, r)$ 이므로 $y + y_0 \in \overline{T(X_n)}$ 이다. 이제, $T(x_0) = y_0$ 이면

$$y \in \overline{T(X_n)} - T(x_0) \subset \overline{T(X_{n+\|x_0\|})}$$

이 된다. 따라서, $\delta = \dfrac{r}{n + \|x_0\|}$ 라 두면 $Y_\delta \subset \overline{T(X_1)}$ 이고 결국

$$Y_s \subset \overline{T(X_{s/\delta})}, \qquad s \in (0, \infty) \tag{7}$$

이 성립한다. 이제, (7) 을 이용하여 실제로 $Y_\delta \subset T(X_1)$ 임을 보이려 한다.

임의의 양수 $\epsilon \in (0,1)$ 을 잡자. 만일 $y \in Y_1$ 이면 $\|y - T(x_1)\| < \epsilon$ 인 $x_1 \in X_{1/\delta}$ 을 잡을 수 있다. 그런데 $y - T(x_1) \in Y_\epsilon$ 이므로 (7) 을 $s = \epsilon$ 일 때 적용하면 $\|y - T(x_1) - T(x_2)\| < \epsilon^2$ 인 $x_2 \in X_{\epsilon/\delta}$ 를 잡을 수 있다. 이런 과정을 계속하여

$$\|x_n\| < \frac{\epsilon^{n-1}}{\delta}, \qquad \|y - T(x_1) - T(x_2) - \cdots - T(x_n)\| < \epsilon^n$$

인 수열 $\langle x_n \rangle$ 을 잡을 수 있다. 따라서 $\displaystyle\sum_{n=1}^{\infty} x_n$ 이 $x \in X$ 로 수렴하고 $\|x\| \le \dfrac{1}{\delta(1-\epsilon)}$ 이 된다. 그런데,

$$y = \lim_{n\to\infty} T(x_1 + x_2 + \cdots + x_n) = T(x)$$

이므로 $y \in T(X_{1/\delta(1-\epsilon)})$ 이다. 따라서 $Y_1 \subset T(X_{1/\delta(1-\epsilon)})$ 이 증명되었고, 이로부터 $Y_{\delta(1-\epsilon)} \subset T(X_1)$ 임을 알 수 있으므로 증명이 끝났다. □

거리공간 사이의 사상 $f : X \to Y$ 가 열린사상이라 함은, 임의의 열린집합 $U \subset X$ 에 대하여 $f(U) \subset Y$ 가 열린집합이란 말이다. 다음 따름정리는 위 정리를 왜 열린사상정리라 부르는지 설명한다.

따름정리 6.2.4. 바나하공간 사이에 정의된 전사 유계선형사상 $T : X \to Y$ 는 항상 열린사상이다.

연습문제 6.2.2. 따름정리 6.2.4 를 증명하여라.

따름정리 6.2.5. 바나하공간 사이에 정의된 유계선형사상 $T : X \to Y$ 가 전단사사상이면 그 역사상 $T^{-1} : Y \to X$ 도 유계사상이다.

증명: 만일 $Y_\delta \subset T(X_1)$ 인 양수 $\delta > 0$ 을 잡으면 $T^{-1}(Y_1) \subset X_{1/\delta}$ 이므로 $\|T^{-1}\| \le \dfrac{1}{\delta}$ 임을 알 수 있다. □

열린사상정리의 응용으로 주기함수의 푸리에변환 $L^1(\mathbb{T}) \to c_0(\mathbb{Z})$ 이 전사사상이 아님을 보이자. 이를 위하여 각 $n = 1, 2, \ldots$ 에 대하여

$$D_n(t) = \sum_{k=-n}^{n} u_k(t) = \frac{\sin(n+\frac{1}{2})t}{\sin\frac{1}{2}t}, \qquad t \in \mathbb{T} \tag{8}$$

라 정의하자. 함수열 $\langle D_n \rangle$ 은 디리끌렛(6)핵이라 불린다.

연습문제 6.2.3. (8) 의 둘째 등식을 증명하여라.

그러면 $\widehat{D_n} = \sum_{k=-n}^{n} \chi_{\{k\}}$ 이므로 $\|\widehat{D_n}\|_\infty = 1$ 이다. 그런데, $|\sin t| \le |t|$ 이므로

$$\begin{aligned}
\|D_n\|_1 &\ge \frac{1}{2\pi}\int_{-\pi}^{\pi} \left| \frac{\sin(n+\frac{1}{2})t}{\frac{t}{2}} \right| dt \\
&= \frac{2}{\pi}\int_0^{\pi} \frac{1}{t}\left|\sin\left(n+\frac{1}{2}\right)t\right| dt = \frac{2}{\pi}\int_0^{(n+\frac{1}{2})\pi} \frac{1}{t}|\sin t| dt \\
&\ge \frac{2}{\pi}\sum_{k=1}^{n} \frac{1}{k\pi}\int_{(k-1)\pi}^{k\pi} |\sin t| dt = \frac{4}{\pi^2}\sum_{k=1}^{n}\frac{1}{k}
\end{aligned}$$

---

(6) Gustav Peter Lejeune Dirichlet (1805~1859), 독일 수학자. 파리 유학 후에 1826 년에 독일로 돌아와 주로 베를린에서 활동하다가 1855 년에 Göttingen 으로 옮겼다.

가 되어서 $\lim_{n\to\infty} \|D_n\|_1 = \infty$ 임을 알 수 있다. 만일 $E_n = \frac{D_n}{\|D_n\|_1}$ 이라 두면 $\|E_n\|_1 = 1$ 이지만 $\|\widehat{E_n}\|_\infty \to 0$ 가 되어서 푸리에변환 $f \mapsto \widehat{f}$ 는 열린사상정리의 결론부분을 만족하지 않는다. 따라서, 푸리에변환은 전사사상이 아님을 알 수 있다.

열린사상정리의 또 다른 응용으로 닫힌그래프정리를 증명할 수 있는데, 이는 주어진 선형사상이 유계사상임을 증명하는 데에 요긴하게 쓰인다. 다음 정리의 가정은 함수 T 의 그래프가 닫혀있음을 뜻한다.

정리 6.2.6. (닫힌그래프정리) 바나하공간 사이의 선형사상 $T : X \to Y$ 가 다음 조건

$$x_n \in X,\ \lim_{n\to\infty} x_n = x,\ \lim_{n\to\infty} T(x_n) = y \implies T(x) = y$$

을 만족하면 T 는 유계선형사상이다.

증명: 각 $x \in X$ 에 대하여 $\|x\|' = \|x\| + \|T(x)\|$ 라 정의하자. 그러면 $x \mapsto \|x\|'$ 은 X 의 노음이 된다. 만일 $\langle x_n \rangle$ 이 노음공간 $(X, \|\ \|')$ 의 코시수열이라면, $\langle x_n \rangle$ 은 바나하공간 $(X, \|\ \|)$ 의 코시수열이 되고 $\langle T(x_n) \rangle$ 은 바나하공간 Y 의 코시수열이 된다. 따라서,

$$\lim_{n\to\infty} \|x_n - x\| = 0, \qquad \lim_{n\to\infty} \|T(x_n) - y\| = 0$$

인 $x \in X$ 와 $y \in Y$ 가 존재한다. 가정에 의하여 $T(x) = y$ 이므로

$$\lim_{n\to\infty} \|x_n - x\|' = \lim_{n\to\infty} \|x_n - x\| + \lim_{n\to\infty} \|T(x_n) - T(x)\| = 0$$

이 되어서 $(X, \|\ \|')$ 이 바나하공간임을 알 수 있다. 그런데 $\|x\| \le \|x\|'$ 이므로 항등사상 $\iota : (X, \|\ \|') \to (X, \|\ \|)$ 이 유계사상이고, 따름정리 6.2.5 에 의하여 그 역사상 $\iota^{-1} : (X, \|\ \|) \to (X, \|\ \|')$ 도 유계사상이다. 따라서 $\|x\|' \le M\|x\|$ 인 양수 $M > 0$ 이 존재하고, 부등식

$$\|Tx\| + \|x\| = \|x\|' \le M\|x\|, \qquad x \in X$$

을 얻는다. □

연습문제 6.2.4. 닫힌그래프정리의 증명에서 $x \mapsto \|x\|'$ 이 노음임을 증명하여라.

이제 베르 정리의 또 다른 응용으로 고른유계원칙을 증명하는데, 이는 바나하–쉬타인하우스(7) 정리로도 불린다.

정리 6.2.7. (고른유계원칙) 바나하공간 X 에서 노음공간 Y 로 가는 유계선형사상들의 모임 $\{T_\alpha : \alpha \in A\}$ 이 주어져 있다. 만일 각 $x \in X$ 에 대하여

$$M(x) = \sup\{\|T_\alpha(x)\| : \alpha \in A\} < \infty$$

이면 $\sup\{\|T_\alpha\| : \alpha \in A\} < \infty$ 이다.

증명: 각 자연수 $n = 1, 2, \ldots$ 에 대하여

$$C_n = \bigcap_{\alpha \in A} \{x \in X : \|T_\alpha(x)\| \le n\}$$

이라 두자. 그러면 $x \mapsto \|T_\alpha(x)\|$ 가 연속함수이므로 각 C_n 은 닫힌집합이고, 가정에 의하여 $X = \bigcup_n C_n$ 이다. 따라서, 베르 정리에 의하여 적절한 C_n 이 근방 $N(x_0, r)$ 을 포함하고, 다음

$$\alpha \in A, \ \|x - x_0\| < r \implies \|T_\alpha(x)\| \le n$$

이 성립한다. 만일 $\|x\| < r$ 이면 $\|(x + x_0) - x_0\| < r$ 이므로, 각 $\alpha \in A$ 에 대하여

$$\|T_\alpha(x)\| - \|T_\alpha(x_0)\| \le \|T_\alpha(x + x_0)\| \le n$$

(7) Hugo Steinhaus (1887~1972), 폴란드 수학자. Göttingen 에서 공부하고 Lwów 에서 활동하다가, 이차대전 후 Wrocław 에서 활동하였다. 그가 1916 년 어느 봄날 공원을 산책하다가 르벡적분에 관하여 토론하던 Banach 와 Nikodým 을 발견한 것은 유명한 일화이다.

이 되고 $\|T_\alpha(x)\| \le n + \|T_\alpha(x_0)\| \le n + M(x_0)$ 임을 알 수 있다. 따라서

$$\sup_{\alpha\in A}\|T_\alpha\| \le \frac{1}{r}(n + M(x_0))$$

를 얻는다. □

다음 따름정리는 주어진 유계선형사상열로부터 새로운 유계선형사상을 정의할 때 매우 유용하다.

따름정리 6.2.8. 바나하공간 X 에서 노음공간 Y 로 가는 유계선형사상열 $\langle T_n\rangle$ 이 있는데, 각 $x \in X$ 에 대하여 Y 의 수열 $\langle T_n(x)\rangle$ 이 수렴한다고 가정하자. 이 때, $T(x) = \lim_{n\to\infty} T_n(x)$ 라 두면 $T : X \to Y$ 는 유계선형사상이다.

증명: 우선 $T : X \to Y$ 가 선형사상임은 자명하고, $\{T_n\}$ 이 고른유계원칙의 가정을 만족한다. 따라서, $M = \sup_n \|T_n\|$ 이라 두면, 각 $x \in X$ 에 대하여

$$\|T(x)\| = \lim_{n\to\infty}\|T_n(x)\| \le \sup\|T_n\|\|x\| = M\|x\|$$

이 되어서, $\|T\| \le M$ 임을 알 수 있다. □

고른유계원칙을 사용하면 연속주기함수의 푸리에급수가 점별수렴할 필요가 없음을 보일 수 있다. 푸리에급수의 부분합은 5.1 절의 (2) 에 의하여

$$\sum_{k=-n}^{n}\widehat{f}(k)u_k = \sum_{k=-n}^{n}u_k * f = D_n * f$$

로 표시된다. 이제 $t_0 \in \mathbb{T}$ 와 자연수 n 을 고정하고 바나하공간 $C(\mathbb{T})$ 의 선형범함수

$$T_n : f \mapsto (D_n * f)(t_0), \qquad f \in C(\mathbb{T})$$

를 생각하자. 그러면

$$|T_n(f)| \le \int_{\mathbb{T}}|f(t)D_n(t_0 - t)|dt \le \|f\|_\infty\|D_n\|_1, \qquad f \in C(\mathbb{T})$$

이므로 $\|T_n\| \le \|D_n\|_1$ 임을 알 수 있는데, 실제로 $\|T_n\| = \|D_n\|_1$ 이 성립한다. 함수 $t \mapsto \operatorname{sgn} D_n(t_0 - t)$ 의 불연속점이 유한개뿐이므로 이 함수로 점별수렴하고, $\|h_i\|_\infty \le 1$ 인 연속함수열 $\langle h_i \rangle$ 을 잡을 수 있다. 그러면 르벡 수렴정리에 의하여

$$T_n(h_i) = \int_{\mathbb{T}} h_i(t) D_n(t_0 - t)dt \to \int_{\mathbb{T}} |D_n(t_0 - t)|dt = \|D_n\|_1$$

이므로 $\|T_n\| = \|D_n\|_1$ 임을 알 수 있다. 만일 모든 연속함수의 푸리에급수가 t_0 에서 점별수렴한다면 각 $f \in C(\mathbb{T})$ 에 대하여 $\langle T_n(f) \rangle$ 이 $f(t_0)$ 로 수렴하므로, 고른유계원칙에 의하여 $\langle \|T_n\| \rangle$ 이 유계수열이 되어야 하는데, 이미 $\|D_n\|_1 \to \infty$ 임을 알고 있다. 따라서, 푸리에급수가 점별수렴하지 않는 연속함수가 존재함을 알 수 있다.

6.3 힐버트공간

복소벡터공간 X 가 있을 때, 함수 $(x, y) \mapsto \langle x, y \rangle : X \times X \to \mathbb{C}$ 가 다음 성질들

(내1) 각 $y \in Y$ 에 대하여 $x \mapsto \langle x, y \rangle : X \to \mathbb{C}$ 가 선형범함수이다,
(내2) 각 $x, y \in X$ 에 대하여 $\langle x, y \rangle = \overline{\langle y, x \rangle}$ 이다,
(내3) 각 $x \in X$ 에 대하여 $\langle x, x \rangle \ge 0$ 이다,
(내4) $x = 0 \iff \langle x, x \rangle = 0$ 이다

을 만족하면 이를 내적이라 하고, 내적이 정의되어 있는 벡터공간을 내적공간이라 한다.

보기 1. 벡터공간 $L^2(X, \mu)$ 에서

$$\langle f, g \rangle = \int_X f\overline{g} d\mu, \qquad f, g \in L^2(X, \mu)$$

라 정의하면 내적이 된다. □

내적공간 X 의 두 벡터 $x, y \in X$ 에 대하여 $\alpha\langle y,x\rangle = |\langle x,y\rangle|$ 이고 $|\alpha| = 1$ 인 복소수 $\alpha \in \mathbb{C}$ 를 잡자. 그러면 임의의 실수 $t \in \mathbb{R}$ 에 대하여

$$
\begin{aligned}
0 \le \langle x - t\alpha y, x - t\alpha y\rangle &= \langle x,x\rangle - t\alpha\langle y,x\rangle - t\overline{\alpha}\langle x,y\rangle + t^2\langle y,y\rangle \\
&= \langle x,x\rangle - 2t|\langle x,y\rangle| + t^2\langle y,y\rangle
\end{aligned}
$$

이 된다. 따라서 부등식

$$|\langle x,y\rangle|^2 \le \langle x,x\rangle\langle y,y\rangle, \qquad x,y \in X$$

을 얻는데, 이를 쉬바르츠(8) 부등식이라 한다. 위에서 예로 든 $L^2(X,\mu)$ 에서 생각하면 이는 횔더 부등식의 특별한 경우이다. 이제, 각 $x \in X$ 에 대하여

$$\|x\| = \langle x,x\rangle^{1/2} \tag{9}$$

라 정의하면 $x \mapsto \|x\|$ 가 노음이 됨을 쉽게 확인할 수 있다. 예를 들어서 삼각부등식 $\|x+y\| \le \|x\| + \|y\|$ 은 쉬바르츠 부등식에서 바로 나온다. 따라서, 임의의 내적공간은 노음공간이 된다. 완비내적공간을 힐버트(9)공간이라 한다. 내적이 주어지면 (9) 에 의하여 노음이 결정되는데, 다음 등식

$$\langle x,y\rangle = \frac{1}{4}\sum_{k=0}^{3} i^k\|x + i^k y\|^2 \tag{10}$$

은 거꾸로 노음에 의하여 내적이 결정됨을 말해 준다. 내적에 의하여 주어진 내적공간의 노음은 다음 등식

$$\|x+y\|^2 + \|x-y\|^2 = 2\|x\|^2 + 2\|y\|^2 \tag{11}$$

(8) Hermann Amandus Schwarz (1843~1921), 독일 수학자. 베를린에서 공부한 뒤에 Göttingen 과 베를린 등지에서 활동하였다.

(9) David Hilbert (1862~1943), 독일 수학자. Königsberg, Göttingen 에서 활동하였다. 다음은 그에 관한 전기이다: 이일해 역, 힐버트, 민음사, 1989 ('C. Reid, *Hilbert*, Springer-Verlag, 1970' 의 번역).

을 만족하는데, 이를 나란히꼴 등식이라 부른다.

연습문제 6.3.1. 내적공간 X 의 각 벡터 $x, y \in X$ 에 대하여 등식 (10), (11) 을 증명하여라.

이제 힐버트공간 H 의 쌍대공간이 무엇인가 알아보자. 먼저 쉬바르츠 부등식을 적용하면, 임의의 $y \in H$ 에 대하여

$$\phi_y : x \mapsto \langle x, y \rangle, \qquad x \in H$$

은 유계선형범함수이고, $\|\phi_y\| = \|y\|$ 임이 바로 확인된다. 따라서,

$$y \mapsto \phi_y : X \to X^* \tag{12}$$

은 등거리 단사사상이다. 여기서 주의할 점은 이 사상이 선형이 아니라는 점이다. 실제로 사상 (12) 가 더하기는 물론 보존하지만 각 $\alpha \in \mathbb{C}$ 에 대하여 $\phi_{\alpha y} = \overline{\alpha}\phi_y$ 가 되는데, 이러한 사상을 켤레선형사상이라 부른다.

이제 (12) 가 전사사상임을 보이려 한다. 즉, 임의의 $\phi \in H^*$ 에 대하여 $\phi(x) = \langle x, y \rangle$ 인 $y \in H$ 를 찾으려 한다. 직관적으로 볼 때, 부분공간 $\ker \phi$ 에 수직인 벡터를 찾으면 되는데, 이런 벡터의 존재를 보장하여 주는 것이 다음 정리이다.

정리 6.3.1. 힐버트공간 H 의 닫힌볼록집합 C 와 $x_0 \in H \setminus C$ 에 대하여

$$d = \inf\{\|x_0 - y\| : y \in C\}$$

라 두면 $\|x_0 - y_0\| = d$ 인 $y_0 \in C$ 가 유일하게 존재한다.

증명: 먼저, $x_0 = 0$ 이라 놓고 증명해도 상관없다. 나란히꼴 등식에서 x, y 대신에 $\frac{1}{2}x, \frac{1}{2}y$ 를 넣으면

$$\frac{1}{4}\|x - y\|^2 = \frac{1}{2}\|x\|^2 + \frac{1}{2}\|y\|^2 - \left\|\frac{x + y}{2}\right\|^2$$

이다. 만일 $x, y \in C$ 이면 $\dfrac{x+y}{2} \in C$ 이므로

$$\|x-y\|^2 \le 2\|x\|^2 + 2\|y\|^2 - 4d^2, \qquad x, y \in C \tag{13}$$

가 성립한다. 만일 $x, y \in C$ 이고 $\|x\| = \|y\| = d$ 라면 (13) 에 의하여 $x = y$ 가 되므로 유일성이 증명된다. 이제, 존재성을 보이기 위하여 $\|y_n\| \to d$ 인 C 의 수열 $\langle y_n \rangle$ 을 잡으면 다시 (13) 에 의하여 $\langle y_n \rangle$ 이 코시수열임을 알 수 있다. 따라서, $y_0 = \lim_n y_n \in C$ 이고, $\|y_0\| = \lim_n \|y_n\| = d$ 가 된다. □

만일 E 가 힐버트공간 H 의 닫힌부분공간이고, $x_0 \in H \setminus E$ 이면

$$y \in E \implies \|x_0 - y_0\| \le \|x_0 - y\|$$

인 $y_0 \in E$ 가 존재한다. 이제 $z_0 = x_0 - y_0$ 라 두자. 그러면 임의의 $y \in E$ 와 스칼라 $\alpha \in \mathbb{C}$ 에 대하여 부등식

$$\langle z_0, z_0 \rangle = \|x_0 - y_0\|^2 \le \|x_0 - y_0 - \alpha y\|^2 = \langle z_0 - \alpha y, z_0 - \alpha y \rangle$$

이 성립하고, 따라서

$$0 \le -\alpha \langle y, z_0 \rangle - \overline{\alpha} \langle z_0, y \rangle + |\alpha|^2 \langle y, y \rangle$$

을 얻는다. 이 부등식에 $\alpha = t\langle z_0, y \rangle$ 을 대입하면

$$0 \le -2t|\langle y, z_0 \rangle|^2 + t^2 |\langle y, z_0 \rangle|^2 \langle y, y \rangle$$

이 임의의 $t \in \mathbb{R}$ 에 대하여 성립한다. 따라서, 임의의 $y \in E$ 에 대하여 $\langle y, z_0 \rangle = 0$ 임을 알 수 있다. 내적공간의 두 벡터 x, y 가 $\langle x, y \rangle = 0$ 일 때, x 와 y 가 서로 수직이라 하고 $x \perp y$ 라 쓴다. 또한 부분집합 E 의 임의의 벡터와 수직인 벡터를 모두 모은 집합을 $E^\perp$ 로 표시한다. 지금까지 논의한 내용을 정리하면 다음과 같다.

따름정리 6.3.2. 힐버트공간 H 의 부분공간 E 가 닫힌 진부분공간이면 $E^{\perp} \supsetneq \{0\}$ 이다.

이제, 힐버트공간 H 의 선형범함수 $\phi \in H^*$ 로 돌아가자. 만일 $\phi \neq 0$ 이면, $\ker\phi$ 에 대하여 따름정리 6.3.2 를 적용하여 $\|z\| = 1$ 인 $z \in (\ker\phi)^{\perp}$ 를 잡을 수 있다. 그런데 $\phi(x)z - \phi(z)x \in \ker\phi$ 이므로, 각 $x \in H$ 에 대하여 등식

$$0 = \langle \phi(x)z - \phi(z)x, z\rangle = \phi(x) - \phi(z)\langle x, z\rangle = \phi(x) - \langle x, \overline{\phi(z)}z\rangle$$

이 성립한다. 그러므로, $y = \overline{\phi(z)}z$ 라 두면

$$\phi(x) = \langle x, y\rangle, \qquad x \in H$$

가 되고, 따라서 다음 정리가 증명되었다.

정리 6.3.3. 힐버트공간 H 에서 (12) 에 의하여 정의된 사상 $y \mapsto \phi_y$ 는 전단사 등거리 켤레선형사상이다.

연습문제 6.3.2. 임의의 힐버트공간이 반사공간임을 보여라.

연습문제 6.3.3. 힐버트공간의 임의의 부분집합 E 에 대하여 $E^{\perp}$ 가 닫힌부분공간임을 보여라. 또한, 임의의 부분공간 E 에 대하여 $\overline{E} = E^{\perp\perp}$ 임을 보여라.

내적공간 H 의 부분집합 $\{u_\alpha : \alpha \in A\}$ 가 다음 조건

$$\langle u_\alpha, u_\beta\rangle = \begin{cases} 1, & \alpha = \beta, \\ 0, & \alpha \neq \beta \end{cases}$$

을 만족할 때, 이를 **정규직교집합**이라 부르고, 이에 의하여 생성된 H 의 부분공간을 P_A 라 쓰자.

명제 6.3.4. 내적공간 H 의 정규직교집합 $\{u_\alpha : \alpha \in A\}$ 의 유한부분집합 $\{u_\alpha : \alpha \in F\}$ 이 주어져 있다. 이 때, 임의의 고정된 $x \in H$ 에 대하여 부등식

$$\left\| x - \sum_{\alpha \in F} \langle x, u_\alpha \rangle u_\alpha \right\| \le \|x - y\|, \qquad y \in P_F \tag{14}$$

이 성립하고, $y = \sum_{\alpha \in F} \langle x, u_\alpha \rangle u_\alpha$ 일 때에 한하여 등호가 성립한다. 또한, 각 $x \in H$ 에 대하여 부등식

$$\sum_{\alpha \in F} |\langle x, u_\alpha \rangle|^2 \le \|x\|^2$$

이 성립한다.

증명: 표현을 간단히 하기 위하여 $z = \sum_{\alpha \in F} \langle x, u_\alpha \rangle u_\alpha$ 라 두자. 그러면, 각 $\alpha \in F$ 에 대하여 $\langle x - z, u_\alpha \rangle = 0$ 이다. 만일 $y \in P_F$ 이면 $y - z \in P_F$ 이므로 $\langle x - z, y - z \rangle = 0$ 임을 알 수 있다. 따라서, 다음 등식

$$\|x - y\|^2 = \|x - z\|^2 + \|z - y\|^2, \qquad y \in P_F$$

을 얻고, 이에 의하여 첫 부분이 증명된다. 한편 $\|z\|^2 = \sum_{\alpha \in F} |\langle x, u_\alpha \rangle|^2$ 이므로 위 등식에 $y = 0$ 을 넣으면 둘째 부등식도 증명된다. □

부등식 (14) 는, x 와 $\sum_{\alpha \in A} c_\alpha u_\alpha$ 의 거리가 가장 작아지려면

$$c_\alpha = \langle x, u_\alpha \rangle$$

이어야 함을 말해 준다. 또한, 둘째 부등식이 임의의 유한부분집합 $F \subset A$ 에 대하여 성립하므로 명제 3.3.6 에 의하여 다음을 얻는다.

따름정리 6.3.5. (베셀[10] 부등식) 내적공간 H에 주어진 임의의 정규직교집합 $\{u_\alpha : \alpha \in A\}$에 대하여, 다음 부등식

$$\sum_{\alpha \in A} |\langle x, u_\alpha \rangle|^2 \leq \|x\|^2, \qquad x \in H$$

이 성립한다.

우리의 관심사는 어떤 정규직교집합에 대하여 베셀부등식의 등호가 성립하는지 알아보는 것이다. 유한차원공간을 생각하면 정규직교집합이 기저가 되어야 한다는 것을 알 수 있는데, 이를 일반적인 힐버트공간에서 설명하려 한다.

정리 6.3.6. 힐버트공간 H의 정규직교집합 $\mathfrak{U} = \{u_\alpha : \alpha \in A\}$에 대하여 다음은 동치이다.

(가) 각 $x \in H$에 대하여 등식

$$\sum_{\alpha \in A} |\langle x, u_\alpha \rangle|^2 = \|x\|^2 \tag{15}$$

이 성립한다.

(나) 각 $x, y \in H$에 대하여 등식

$$\sum_{\alpha \in A} \langle x, u_\alpha \rangle \overline{\langle y, u_\alpha \rangle} = \langle x, y \rangle \tag{16}$$

이 성립한다.

(다) 만일 $\mathfrak{W} \supset \mathfrak{U}$인 정규직교집합 $\mathfrak{W}$가 있으면 $\mathfrak{W} = \mathfrak{U}$이다.

(라) 벡터공간 P_A가 H 안에서 조밀하다.

---

(10) Friedrich Wilhelm Bessel (1784~1846), 독일 천문학자. 열여섯 살에 Bremen에 있는 무역회사에 도제로 들어가 일하면서 천문학에 관심을 갖게 되었다. 사설 천문대 조수를 거쳐서 1810 년부터 Göttingen 에서 활동하였다.

증명: 먼저 각 $x \in H$ 에 대하여 함수 $\widehat{x} : A \to \mathbb{C}$ 를 다음

$$\widehat{x}(\alpha) = \langle x, u_\alpha \rangle, \qquad \alpha \in A$$

과 같이 정의하자. 그러면 베셀 부등식에 의하여 $\widehat{x} \in \ell^2(A)$ 이고 유계 선형변환

$$\Phi : x \mapsto \widehat{x} : H \to \ell^2(A) \tag{17}$$

를 얻는다. (가) 에서 주장하는 바는 이 사상의 노음이 보존된다는 말인데, 이러한 사상은 등식 (10) 에 의하여 내적을 보존하게 된다. 그런데, (16) 의 왼편이 바로 $\langle \widehat{x}, \widehat{y} \rangle$ 이므로 등식 (16) 을 얻는다.

만일 $\mathfrak{V} \supsetneq \mathfrak{U}$ 인 정규직교집합 $\mathfrak{V}$ 가 있다면 $u \in \mathfrak{V} \setminus \mathfrak{U}$ 를 택하자. 그러면 등식 (16) 이 $x = y = u$ 에 대하여 성립하지 않으므로 (나) $\Longrightarrow$ (다) 가 증명된다. 만일 P_A 가 H 안에서 조밀하지 않다면 따름정리 6.3.2 에 의하여 $u \in (P_A)^\perp$ 를 택할 수 있으므로 (다) 가 성립하지 않는다.

끝으로, 이제 (라) $\Longrightarrow$ (가) 를 증명하면 된다. 우선 $\{u_\alpha\}$ 들의 유한선형결합인 $x \in P_A$ 에 대하여 등식 (15) 가 성립하므로 선형사상 Φ 가 조밀부분집합 P_A 위에서 등거리사상이다. 임의의 $x \in H$ 에 대하여 x 로 수렴하는 P_A 의 수열 $\langle x_n \rangle$ 을 잡으면

$$\sum_{\alpha \in A} |\langle x, u_\alpha \rangle|^2 = \|\widehat{x}\|_2^2 = \lim_{n\to\infty} \|\widehat{x_n}\|_2^2 = \lim_{n\to\infty} \|x_n\|^2 = \|x\|^2$$

이 되어서 증명이 끝난다. □

등식 (16) 은 파시발[11] 등식이라 불린다. 정리 6.3.6 에 있는 조건들을 만족하는 정규직교집합 $\{u_\alpha : \alpha \in A\}$ 을 힐버트공간 H 의 정규직교기저라 한다. 따라서, 정규직교기저 $\{u_\alpha : \alpha \in A\}$ 가 주어지면 (17) 에서 정의한 선형사상 Φ 가 내적을 보존하는 선형사상임을 알았다. 이

(11) Marc–Antonie Parseval (1755~1839), 프랑스 수학자.

와 같이 힐버트공간 사이에 정의되어 내적을 보존하는 선형사상을 힐버트공간 동형사상이라 부른다. 이제, Φ 가 전사사상임을 보이자. 만일 $y \in \ell^2(A)$ 가 주어지면 그 받침이 유한집합인 함수열 $y_n \in \ell^2(A)$ 을 잡아서 $\|y_n - y\|_2 \to 0$ 이 되게 할 수 있다. 그러면 $\Phi(x_n) = y_n$ 인 $x_n \in P_A$ 를 잡을 수 있는데, $\|x_n\| = \|y_n\|_2$ 이므로 $\langle x_n \rangle$ 은 H 의 코시수열이다. 이제 그 극한을 $x \in H$ 라 하면 $\Phi(x) = \lim_n \Phi(x_n) = \lim_n y_n = y$ 가 되어서, 다음 정리를 얻는다.

정리 6.3.7. 힐버트공간 H 의 정규직교기저 $\{u_\alpha : \alpha \in A\}$ 에 대하여 $x \mapsto \widehat{x}$ 는 전단사 힐버트공간 동형사상이다.

따라서, 힐버트공간의 구조는 그 정규직교집합이 몇 개로 주어지는가에 의하여 완전히 결정된다. 물론 같은 힐버트공간이라 하더라도 어떠한 정규직교집합을 잡는 것이 좋을지는 주어진 상황에 따라서 달라진다.

지난 5.1 절의 (1) 에서 정의한 $\{u_n : n \in \mathbb{Z}\}$ 이 힐버트공간 $L^2(\mathbb{T})$ 의 정규직교집합임은 바로 증명된다. 또한, 각 $f \in L^2(\mathbb{T})$ 에 대하여 $\widehat{f}(n) = \langle f, u_n \rangle$ 이므로 지금까지 논의한 내용을 그대로 적용할 수 있는데, 따름정리 5.1.13 은 이 경우 정리 6.3.6 (라) 가 성립함을 말해 준다. 따라서, $\{u_n : n \in \mathbb{Z}\}$ 는 $L^2(\mathbb{T})$ 의 정규직교기저가 됨을 알 수 있다. 번거로운 일이지만 이로부터 얻어지는 몇 가지 등식을 적어 보면, 우선

$$\sum_{n=-\infty}^{\infty} \widehat{f}(n)\overline{\widehat{g}(n)} = \frac{1}{2\pi}\int_{-\pi}^{\pi} f(t)\overline{g(t)}dt, \qquad f, g \in L^2(\mathbb{T})$$

를 얻는데, 이 등식도 역시 파시발 등식이라 부른다. 여기서 왼쪽의 극한을 어떻게 생각할 것인가 하는 점은 걱정할 필요가 없는 것이, 이미 $f, g \in L^2(\mathbb{T})$ 에 대하여 이 급수가 절대수렴함을 보였다. 또한, 다음 등식

$$\lim_{n\to\infty}\left\| f - \sum_{k=-n}^{n} \widehat{f}(k)u_k \right\|_2 = 0, \qquad f \in L^2(\mathbb{T}) \tag{18}$$

을 얻는다.(12)

정리 6.3.6 에서는 증명에서 보는 바와 같이 힐버트공간의 완비성이 큰 역할을 하지 못한다. 정리 6.3.7 을 푸리에급수에 적용하여 보면 임의의 ℓ^2–수열 $a : \mathbb{Z} \to \mathbb{C}$ 에 대하여 이 수열을 푸리에계수로 하는 L^2–주기함수가 있음을 말하는데, 이 부분에서 $L^2(\mathbb{T})$ 의 완비성이 결정적인 역할을 한다. 이는 정리 3.1.3 과 더불어 리쓰–피셔 정리라 일컬어진다. 만일 조건 $\int_{\mathbb{T}} |f|^2 < \infty$ 을 리만특이적분으로 이해한다면 이러한 결론을 얻을 수 없는데, 이는 르벡적분이 리만적분보다 유용한 큰 이유 중의 하나이다.

노음공간 $L^1(\mathbb{T})$ 는 3.3 절의 (18) 에 의하여 $L^2(\mathbb{T})$ 를 포함하기 때문에 푸리에변환 $f \mapsto \widehat{f}$를 $L^2(\mathbb{T})$ 에 제한함으로써 힐버트공간 동형사상 $f \mapsto \widehat{f}$과 파시발 등식 (18) 을 얻을 수 있었다. 그러나, $L^1(\mathbb{R})$ 은 더 이상 $L^2(\mathbb{R})$ 을 품지 않으므로 이에 대응하는 정리를 얻으려면 먼저 $L^1(\mathbb{R}) \cap L^2(\mathbb{R})$ 에 들어가는 $C_c(\mathbb{R})$ 에서 시작하는 것이 편리하다.

만일 $f \in C_c(\mathbb{R})$ 이고 $\operatorname{supp} f \subset (-\pi, \pi)$ 이면 주기함수의 파시발 등식과 5.2 절의 (19) 에 의하여

$$\frac{1}{2\pi} \int_{-\pi}^{\pi} |f(t)|^2 dt = \sum_{n=-\infty}^{\infty} \left| \frac{1}{2\pi} \widehat{f}(n) \right|^2$$

이 성립한다. 이 식은 $g(x) = f(x)e^{-i\alpha x}$ 에 대해서도 성립하므로

$$\int_{\mathbb{R}} |f(x)|^2 dx = \frac{1}{2\pi} \sum_{n=-\infty}^{\infty} |\widehat{f}(n+\alpha)|^2$$

(12) 푸리에급수의 부분합수열이 $\| \ \|_2$–노음에 관하여 수렴하므로, 명제 3.1.4 를 적용하면 거의 모든 점에서 수렴하는 부분수열을 잡을 수 있다. 실제로, 60 년대에 들어와서 L^2–주기함수의 푸리에급수가 거의 모든 점에서 수렴한다는 것이 증명되었다. 참고문헌 [23] 의 19 절을 참조하라. 참고로, 푸리에급수가 모든 점에서 발산하는 L^1–주기함수가 존재하는데, 참고문헌 [18] 의 2 장을 참조하라.

를 얻고, 양변을 구간 $[0,1)$ 위에서 α 에 대하여 적분하면

$$\int_{\mathbb{R}} |f(x)|^2 dx = \frac{1}{2\pi} \int_0^1 \sum_{n=-\infty}^{\infty} |\widehat{f}(n+\alpha)|^2 d\alpha = \frac{1}{2\pi} \int_{\mathbb{R}} |\widehat{f}(\alpha)|^2 d\alpha$$

가 성립함을 알 수 있다. 일반적인 경우 $\operatorname{supp} f \subset (-\pi\lambda, \pi\lambda)$ 일 때 $g(x) = \sqrt{\lambda} f(\lambda x)$ 라 두면 $\operatorname{supp} g \subset (\pi, \pi)$ 이고 $\widehat{g}(\alpha) = 1/\sqrt{\lambda}\widehat{f}(\alpha/\lambda)$ 이므로, 임의의 $f \in C_c(\mathbb{R})$ 에 대하여 다음 등식

$$\int_{\mathbb{R}} |f(x)|^2 dx = \int_{\mathbb{R}} |g(x)|^2 = \frac{1}{2\pi} \int_{\mathbb{R}} |\widehat{g}(\alpha)|^2 d\alpha = \frac{1}{2\pi} \int_{\mathbb{R}} |\widehat{f}(\alpha)|^2 d\alpha$$

를 얻는다.

이제 실수축 $\mathbb{R}$ 의 원래 르벡측도에 $\dfrac{1}{2\pi}$ 배 한 측도공간을 $\widehat{\mathbb{R}}$ 이라 쓰자. 그러면 등식

$$\int_{\mathbb{R}} |f(x)|^2 dx = \int_{\widehat{\mathbb{R}}} |\widehat{f}(\alpha)|^2 d\alpha, \qquad f \in C_c(\mathbb{R}) \tag{19}$$

이 성립한다. 또한, 역변환공식은 물론

$$f(x) = \int_{\widehat{\mathbb{R}}} \widehat{f}(\alpha) e^{i\alpha x} d\alpha$$

로 표현된다. 이제, 함수공간 $C_c(\mathbb{R})$ 을 $L^2(\mathbb{R})$ 의 부분공간으로 생각하면, 등식 (19) 에 의하여 등거리 선형사상

$$f \mapsto \widehat{f} : C_c(\mathbb{R}) \to L^2(\widehat{\mathbb{R}})$$

을 얻게 된다. 그런데, $C_c(\mathbb{R})$ 이 $L^2(\mathbb{R})$ 안에서 조밀하므로 이 사상을 $L^2(\mathbb{R})$ 에 확장하여 등거리 선형사상

$$\mathcal{F} : L^2(\mathbb{R}) \to L^2(\widehat{\mathbb{R}})$$

을 얻을 수 있다.

만일 $f \in L^1(\mathbb{R}) \cap L^2(\mathbb{R})$ 이면 $\widehat{f}$ 와 $\mathcal{F}(f)$ 가 동시에 정의되는데, $\widehat{f} = \mathcal{F}(f)$ 인가 하는 의문이 생긴다. 이를 해결하기 위하여, 도움정리 3.2.3

과 정리 3.2.4 그리고 정리 3.2.5 의 증명을 다시 한번 잘 검토하여 보자. 만일 서로 다른 $p, q \in [1, \infty)$ 에 대하여 $f \in L^p[a, b] \cap L^q[a, b]$ 이면 다음

$$\|f - s\|_p < \epsilon, \qquad \|f - s\|_q < \epsilon$$

이 동시에 성립하는 단순함수 $s : [a, b] \to \mathbb{C}$ 를 찾을 수 있다. 또한, 정리 3.2.4 의 증명에서

$$\mu(\{x : g(x) \neq s(x)\}) < \min\left\{\left(\frac{\epsilon}{2\|s\|_\infty}\right)^p, \left(\frac{\epsilon}{2\|s\|_\infty}\right)^q\right\}, \quad |g| \leq \|s\|_\infty$$

가 성립하는 연속함수 g 를 잡으면

$$\|f - g\|_p < 2\epsilon, \qquad \|f - g\|_q < 2\epsilon \tag{20}$$

이 동시에 성립한다. 정리 3.2.5 의 증명도 이와 같이 살펴보면, 임의의 $f \in L^p(\mathbb{R}) \cap L^q(\mathbb{R})$ 에 대하여 (20) 이 동시에 성립하는 $g \in C_c(\mathbb{R})$ 를 찾을 수 있다.

따라서, $f \in L^1(\mathbb{R}) \cap L^2(\mathbb{R})$ 이면

$$\|f - g_n\|_1 \to 0, \qquad \|f - g_n\|_2 \to 0$$

을 만족하는 함수열 $\langle g_n \rangle$ 을 $C_c(\mathbb{R})$ 안에서 찾을 수 있고,

$$\lim_{n\to\infty} \|\widehat{f} - \widehat{g_n}\|_\infty = \lim_{n\to\infty} \|\mathcal{F}(f) - \mathcal{F}(g_n)\|_2 = 0$$

이 성립한다. 그런데 $\widehat{g_n} = \mathcal{F}(g_n)$ 이므로 $\widehat{f} = \mathcal{F}(f)$ 임을 알 수 있다.

연습문제 6.3.4. 함수공간 $C_0(\mathbb{R})$ 안의 함수열 $\langle h_n \rangle$ 이 다음

$$\lim_{n\to\infty} \|f - h_n\|_\infty = \lim_{n\to\infty} \|g - h_n\|_2 = 0$$

을 만족하면 거의 모든 점에서 $f = g$ 임을 보여라.

한편 정리 5.2.8 의 증명과정을 보면 임의의 $h \in C_c^2(\mathbb{R})$ 가 유계 L^1–함수의 푸리에변환임을 알 수 있다. 그런데 유계 L^1–함수는 L^2–함수이므

로 h는 변환 $\mathcal{F}$의 치역에 들어간다. 따라서, 변환 $\mathcal{F}$의 치역이 조밀하고, 이로부터 $\mathcal{F}: L^2(\mathbb{R}) \to L^2(\widehat{\mathbb{R}})$ 이 전단사 등거리사상임을 알 수 있는데, 이를 플랑셰를[(13)]변환이라 한다. 힐버트공간 사이의 등거리 사상은 물론 힐버트 동형사상인데, 지금까지 논의한 것을 정리하자.

정리 6.3.8. 각 $f \in L^1(\mathbb{R}) \cap L^2(\mathbb{R})$에 대하여 $\mathcal{F}(f) = \widehat{f}$를 만족하는 힐버트공간 동형사상 $\mathcal{F}: L^2(\mathbb{R}) \to L^2(\widehat{\mathbb{R}})$ 이 유일하게 존재한다.

만일 $f \in L^2(\mathbb{R})$ 이면 $f_A = \chi_{[-A,A]} f \in L^1(\mathbb{R}) \cap L^2(\mathbb{R})$ 이 되고,

$$\widehat{f_A}(\alpha) = \int_{-A}^{A} f(x) e^{-i\alpha x} dx$$

이다. 그런데 $\lim_{A\to\infty} \|f - f_A\|_2 = 0$ 이므로

$$\lim_{A\to\infty} \|\mathcal{F}(f) - \widehat{f_A}\|_2 = 0$$

을 얻는데, 이는 푸리에급수의 (18) 에 해당하는 것이다. 끝으로, 플랑셰를변환이 힐버트공간 동형사상이란 말을 수식으로 쓰면

$$\int_{\mathbb{R}} f(x)\overline{g(x)}dx = \frac{1}{2\pi}\int_{\mathbb{R}} \widehat{f}(\alpha)\overline{\widehat{g}(\alpha)}d\alpha$$

가 되는데, 이 역시 파시발 등식이라 불린다.

보기 2. 만일 $f(x) = g(x) = e^{-|x|}$ 에 파시발 등식을 적용하면

$$\int_{-\infty}^{\infty} (e^{-|x|})^2 dx = \frac{1}{2\pi}\int_{-\infty}^{\infty} \left[\frac{2}{1+\alpha^2}\right]^2 d\alpha$$

를 얻으므로,

$$\int_{-\infty}^{\infty} \frac{1}{(1+\alpha^2)^2} d\alpha = \pi \int_0^{\infty} e^{-2x} dx = \frac{\pi}{2}$$

임을 알 수 있다. □

연습문제 6.3.5. 적분값 $\displaystyle\int_{-\infty}^{\infty} \frac{\sin a\alpha \sin b\alpha}{\alpha^2} d\alpha$ 를 구하여라 (단, $a, b > 0$).

---

(13) Michel Plancherel (1885~1967), 스위스 수학자. Freiburg 에서 공부하고 Zürich 에서 활동하였다.

6.4 연습문제

6.4.1. 선형사상 $T : \mathbb{C}^2 \to \mathbb{C}^2$ 가 다음

$$T(x, y) = (ax + cy, bx + dy), \qquad (a, b) \in \mathbb{C}^2$$

과 같이 주어져 있다 (단, $a, b, c, d \in \mathbb{C}$). 벡터공간 $\mathbb{C}^2$ 를 노음공간 $\ell^1(\{1, 2\})$ 와 $\ell^\infty(\{1, 2\})$ 으로 이해하였을 때, 선형사상 T 의 노음을 각각 구하여라.

6.4.2. 정방 복소행렬 $A = [a_{ij}]_{i,j=1}^n$ 은 노음공간 $\ell^2(\{1, 2, \dots, n\})$ 사이에 정의된 선형사상으로 이해할 수 있다.

(가) 어느 한 열이나 한 행이 $\{a_1, a_2, \dots, a_n\}$ 으로 주어지고 나머지가 모두 0 인 행렬의 노음을 구하여라.

(나) 대각원이 $\{d_1, d_2, \dots, d_n\}$ 으로 주어진 대각행렬의 노음을 구하여라.

(다) 정방행렬 A 가 $A = A^*$ 를 만족할 때, A 의 노음을 구하는 방법을 설명하여라. [도움말: 대각화정리]

(라) 행렬 $\begin{pmatrix} 1 & 1 \\ 1 & t \end{pmatrix}$ (단, $t \in \mathbb{R}$) 로 주어지는 선형사상의 노음이 언제 가장 작아지는지 알아보아라.

6.4.3. 함수 $\phi \in L^\infty(X, \mu)$ 에 대하여

$$M_\phi(f) = \phi f, \qquad f \in L^2(X, \mu)$$

이라 정의하자.

(가) M_ϕ 는 $L^2(X, \mu)$ 에서 $L^2(X, \mu)$ 로 가는 유계선형사상임을 보이고 그 노음을 구하여라.

(나) 선형사상 M_ϕ 가 고유벡터를 가질 ϕ 의 필요충분조건을 구하여라. 여기서 $f \in L^2(X, \mu)$ 이 고유벡터라 함은, 적절한 상수 $\lambda \in \mathbb{C}$ 에 대하여 $M_\phi(f) = \lambda f$ 가 성립한다는 뜻이다.

6.4.4. 노음공간 $L^p[0, 1]$ (단, $1 \le p \le \infty$) 에서 선형사상 V 를 다음

$$(Vf)(x) = \int_0^x f(t)dt, \qquad f \in L^p[0, 1],\ x \in [0, 1]$$

과 같이 정의하였을 때, V 가 $L^p[0, 1]$ 에서 $L^p[0, 1]$ 로 가는 유계선형사상임을 보여라.

6.4.5. 노음공간 X 에 대하여 $\Omega = \{\varphi \in X^* : \|\varphi\| \le 1\}$ 이라 두면, X 에서 바나하공간 $\ell^\infty(\Omega)$ 로 가는 등거리 선형사상이 존재함을 보여라.

6.4.6. 수렴하는 복소수열 전체의 벡터공간을 c 라 두고, 이에 ℓ^∞–노음을 부여한다. 또한, 1 로 이루어진 상수수열을 $\mathbf{1}$ 이라 두자.

(가) 임의의 $\varphi \in c^*$ 에 대하여 $\sum_{n=1}^\infty \varphi(e_n)$ 이 절대수렴함을 보여라. 또한, $\varphi \in c^*$ 가 다음 성질

$$\varphi(\mathbf{1}) = 0, \qquad \varphi(e_n) = 0, \quad n = 1, 2, \ldots$$

를 만족하면 $\varphi = 0$ 임을 보여라.

(나) 각 $g \in \ell^1$ 에 대하여

$$\varphi_g(x) = g(1) \lim_{n\to\infty} x(n) + \sum_{n=1}^\infty g(n+1)x(n), \qquad x \in c$$

라 정의하면 $\varphi_g \in c^*$ 이고 $\|\varphi_g\| \le \|g\|_1$ 임을 보여라.

(다) 각 $\varphi \in c^*$ 에 대하여

$$g_\varphi(1) = \varphi(\mathbf{1}) - \sum_{n=1}^\infty \varphi(e_n), \qquad g_\varphi(n) = \varphi(e_{n-1}), \qquad n = 2, 3, \ldots$$

라 정의하면 $g_\varphi \in \ell^1$ 이고 $\|g_\varphi\|_1 \le \|\varphi\|$ 임을 보여라.

(라) $g \mapsto \varphi_g$ 와 $\varphi \mapsto g_\varphi$ 가 서로 역함수관계임을 보임으로써, $c^* = \ell^1$ 임을 증명하여라.

6.4.7. 바나하공간 X 가 n 차원 벡터공간이면 노음공간 $\ell^1(\{1, 2, \ldots, n\})$ 에서 X 로 가는 전단사 위상동형 선형사상 Φ 이 있음을 보여라. 여기서 Φ 가 위상동형이라 함은 Φ 와 Φ^{-1} 가 각각 연속함수임을 뜻한다. 차원이 같은 두 바나하공간은 서로 위상동형임을 보여라.

6.4.8. 바나하공간의 수열 $\langle x_n \rangle$ 이 주어져 있다. 만일 임의의 $\phi \in X^*$ 에 대하여 $\langle \phi(x_n) \rangle \subset \mathbb{C}$ 이 유계수열이면 $\langle x_n \rangle$ 이 X 의 유계수열임을 보여라.

6.4.9. 임의의 힐버트공간이 정규직교기저를 가짐을 보여라. [도움말: 선택공리]

6.4.10. 힐버트공간 H 가 셀수있는 조밀부분집합을 가질 필요충분조건은 H 의 정규직교기저가 셀수있는 집합임을 보여라.

6.4.11. 노음공간 X 의 각 벡터 $x, y \in X$ 에 대하여 나란히꼴 등식이 성립한다고 가정하자. 이 때, 등식 (10) 에 의하여 $\langle x, y \rangle$ 를 정의하면 내적이 되고, 이로부터 얻어지는 노음이 원래 노음과 일치함을 보여라.

6.4.12. 노음공간 ℓ^p 중에서 (단, $1 \leq p \leq \infty$) 내적공간이 될 수 있는 것은 ℓ^2 뿐임을 보여라.

6.4.13. 내적공간의 단위벡터 ξ 가 주어져 있다 (즉, $\|\xi\| = 1$). 만일 각 $i = 1, 2, \ldots, n$ 에 대하여 $\|\eta_i\| \leq 1$ 이고 $\|\xi - \frac{1}{n}(\eta_1 + \eta_2 + \cdots + \eta_n)\| \leq \varepsilon$ 이면 $\|\xi - \eta_i\| \leq \sqrt{2n\varepsilon}$ 가 성립함을 보여라. [도움말: $\|\xi\| = 1$, $\|\xi - \eta\| \leq \epsilon$ 이면 $\operatorname{Re}\langle \xi, \eta \rangle \geq 1 - \epsilon$ 이다.]

6.4.14. 각 $f \in L^1(\mathbb{R}) \cap L^2(\mathbb{R})$ 에 대하여 $\|f\| = \|f\|_1 + \|f\|_2$ 라 정의하면 $(L^1(\mathbb{R}) \cap L^2(\mathbb{R}), \|\ \|)$ 는 노음공간이 되고, $C_c(\mathbb{R})$ 이 이 노음공간의 조밀한 부분공간임을 보여라.

6.4.15. 바나하공간 X 의 닫힌부분공간 Y 가 있을 때, 우선 벡터공간으로 이해하여 몫공간 X/Y 와 몫사상 $\pi : X \to X/Y$ 를 생각할 수 있다. 이 때, 각 $x \in X$ 에 대하여

$$\|\pi(x)\| = \inf\{\|x - y\| : y \in Y\}$$

라 정의하자.

(가) $\pi(x) \mapsto \|\pi(x)\|$ 가 X/Y 의 노음이 되고, 이 노음에 의하여 X/Y 가 바나하공간이 됨을 보여라.

(나) 몫사상 $\pi : X \to X/Y$ 가 노음감소하고 $\pi(X_1) = (X/Y)_1$ 임을 보여라.

(다) 바나하공간 사이의 선형사상 $\pi : X \to Z$ 가 노음감소하고 $\pi(X_1) = Z_1$ 이면 선형사상 $\widetilde{\pi} : X/\ker\pi \to Z$ 가 등거리사상임을 보여라.

6.4.16. 바나하공간 사이의 선형사상 $T : X \to Y$ 에 대하여 새로운 선형사상 $T^* : Y^* \to X^*$ 를 다음

$$T^* : \phi \mapsto \phi \circ T, \qquad \phi \in Y^*$$

과 같이 정의한다.(14)

(가) 만일 T 가 유계사상이면 T^* 도 유계사상이고 $\|T^*\| = \|T\|$ 임을 보여라.

(나) 만일 T 가 등거리사상이면 T^* 는 몫사상임을 보여라. 즉, 사상 T^* 에 대하여, 연습문제 6.4.15 (다) 의 두 조건 $\|T^*\| \leq 1$ 과 $T^*((Y^*)_1) = (X^*)_1$ 이 성립함을 보여라.

(14) T^* 를 T 의 쌍대사상이라 한다.

(다) 만일 T 가 몫사상이면 T^* 는 등거리사상임을 보여라.

6.4.17. 바나하공간 X 의 부분공간 A 에 대하여

$$A^{\perp} = \{\phi \in X^* : \phi(x) = 0 \ \ (x \in A)\}$$

라 정의하고, X^* 의 부분공간 B 에 대하여

$$B_{\perp} = \{x \in X : \phi(x) = 0 \ \ (\phi \in X^*)\}$$

라 정의하자.

(가) $A^{\perp}$ 는 X^* 의 닫힌부분공간임을 보여라.

(나) $(A^{\perp})_{\perp} = \overline{A}$ 임을 보여라.

(다) 바나하공간 A^* 와 $X^*/A^{\perp}$ 사이에 전단사 등거리 선형사상이 존재함을 보여라.

(라) 반사 바나하공간의 닫힌부분공간이 반사공간임을 보여라.

6.4.18. 실직선 $\mathbb{R}$ 위에서 정의된 함수 $f : \mathbb{R} \to \mathbb{R}$ 가운데 각 유리수점에서 연속이고 각 무리수점에서 불연속인 함수가 존재하는지 살펴보아라. [도움말: 베르 정리를 이용하여 $\mathbb{Q}$ 는 G_δ–집합이 아님을 보인다.]

제 7 장 복소측도

지금까지 양측도와 이에 관한 함수의 적분을 생각하였는데, 이 장에서 양측도뿐 아니라 측도의 값이 음수나 복소수도 허용하는 경우를 다룬다. 만일 주어진 σ–대수에 양측도가 주어지면 다른 측도들은 이 측도에 관한 적분으로 표현되는 것과 그렇지 못한 특이측도의 합으로 표시되는데, 이는 측도론의 핵심 정리이다. 실수축의 르벡측도를 보렐집합에 제한한 양측도에 이 정리를 적용하면 실수축의 모든 보렐측도를 찾을 수 있다.

7.1 부호측도와 복소측도

집합 X 의 σ–대수 $\mathfrak{S}$ 에서 정의된 함수 $\lambda : \mathfrak{S} \to [0,\infty]$ 가 다음 조건

$$\{A_n \in \mathfrak{S} : n = 1, 2, \dots\} \text{ 가 서로소 } \Longrightarrow \lambda\left(\bigsqcup_{n=1}^{\infty} A_n\right) = \sum_{n=1}^{\infty} \lambda(A_n) \tag{1}$$

을 만족하고 $\lambda(\emptyset) = 0$ 일 때 이를 양측도라 정의하였는데, 이 절에서는 측도의 값이 음수나 복소수도 허용하는 경우를 살펴본다. 만일 함수 $\lambda : \mathfrak{S} \to \mathbb{R}^*$ 가 조건 (1) 을 만족하고 $\lambda(\emptyset) = 0$ 이면 이를 부호측도 혹은 부호가 붙은 측도라 하고, 마찬가지로 조건 (1) 을 만족하는 함수 $\lambda : \mathfrak{S} \to \mathbb{C}$ 를 복소측도라 한다. 부호측도나 복소측도의 정의에서 무한급수 $\sum \lambda(A_n)$ 의 수렴을 이미 가정하고 있다. 물론 부호측도의 경우

이 급수가 $+\infty$ 나 $-\infty$ 로 수렴하는 경우도 포함한다. 만일 $E, F \in \mathfrak{S}$ 이고 $\lambda(E) = \infty$, $\lambda(F) = -\infty$ 라면, 등식

$$\lambda(E \cup F) = \lambda(E \setminus F) + \lambda(F \setminus E) + \lambda(E \cap F)$$

의 오른쪽에서 ∞ 와 $-\infty$ 가 동시에 나타난다. 따라서, 부호측도의 치역이 $\pm\infty$ 를 같이 취할 수 없음을 알 수 있다. 복소측도의 합과 스칼라곱은 다시 복소측도가 된다.

보기 1. 실직선 $\mathbb{R}$ 에서 정의된 잴수있는 함수 h 에 대하여

$$\lambda(E) = \int_E h(x)dx, \qquad E \in \mathfrak{M} \tag{2}$$

이라 정의하자. 만일 $h \geq 0$ 이면 정리 1.2.6 에 의하여 λ 는 양측도이다. 만일 $h : \mathbb{R} \to \mathbb{R}^*$ 가 잴수있고, h_+ 와 h_- 중 적어도 어느 하나가 적분가능하면 (2) 와 같이 정의된 λ 는 부호측도이다. 물론 $h : \mathbb{R} \to \mathbb{C}$ 가 적분가능하면 λ 는 복소측도가 된다. □

복소측도 $\lambda : \mathfrak{S} \to \mathbb{C}$ 가 주어졌을 때, 각 $E \in \mathfrak{S}$ 에 대하여 $\lambda_1(E)$ 와 $\lambda_2(E)$ 를 각각 $\lambda(E) \in \mathbb{C}$ 의 실수부분과 허수부분으로 정의하면, λ_1 과 λ_2 는 부호측도가 되고

$$\lambda = \lambda_1 + i\lambda_2 \tag{3}$$

임을 알 수 있다. 따라서, 당분간 부호측도의 성질을 파악하는 데 관심을 집중하는데, 우선 부호측도를 양측도의 차이로 쓸 수 있음을 보인다. 이는 마치 실함수를 $f = f_+ - f_-$ 로 쓸 수 있는 것과 같다.

집합 X 의 σ–대수 $\mathfrak{S}$ 에 부호측도 λ 가 정의되어 있을 때, 집합 $P \in \mathfrak{S}$ 가 다음 성질

$$E \in \mathfrak{S},\ E \subset P \implies \lambda(E) \geq 0$$

을 만족하면 이를 **양집합**이라 부르고,

$$E \in \mathfrak{S},\ E \subset P \implies \lambda(E) \leq 0$$

이면 역시 마찬가지로 음집합이라 정의한다. 예를 들어 보기 1과 같이 정의된 부호측도에 대하여

$$\{x \in \mathbb{R} : h(x) \geq 0\}, \qquad \{x \in \mathbb{R} : h(x) < 0\}$$

은 각각 λ의 양집합과 음집합이다. 양집합의 부분집합은 항상 양집합이다. 만일 $\{P_n : n = 1, 2, \ldots\}$ 이 양집합들의 모임이면 그 합집합 P 도 양집합이다. 실제로 임의의 $E \subset P$ 에 대하여

$$E_n = (E \cap P_n) \setminus (P_1 \cup \cdots \cup P_{n-1}), \qquad n = 1, 2, \ldots$$

이라 두면 (단, $P_0 = \emptyset$) $E_n \subset P_n$ 이므로 $\lambda(E_n) \geq 0$ 이고, 따라서 $\lambda(E) = \sum \lambda(E_n) \geq 0$ 이 된다.

정리 7.1.1. (한 분해정리) 만일 σ–대수 $(X, \mathfrak{S})$ 에 부호측도 λ 가 주어지면 X 는 양집합과 음집합으로 분할된다. 만일 두 가지 분할 (P_1, Q_1) 과 (P_2, Q_2) 가 있으면, 임의의 $E \in \mathfrak{S}$ 에 대하여

$$\lambda(E \cap P_1) = \lambda(E \cap P_2), \qquad \lambda(E \cap Q_1) = \lambda(E \cap Q_2)$$

가 성립한다.

증명: 먼저 λ 가 $+\infty$ 값을 취하지 않는다 가정하자. 이 때,

$$\alpha = \sup\{\lambda(P) : P \text{ 는 양집합}\}$$

라 정의하면 $\emptyset$ 이 양집합이므로 $\alpha \geq 0$ 이다. 만일 $\alpha = \lim_{n\to\infty} \lambda(P_n)$ 인 양집합열 $\langle P_n \rangle$ 을 잡으면 그 합집합 P 는 양집합이다. 각 $n = 1, 2, \ldots$ 에 대하여 $P \setminus P_n \subset P$ 인데 P 가 양집합이므로 $\lambda(P \setminus P_n) \geq 0$ 이 되어, 부등식

$$\lambda(P_n) \leq \lambda(P_n) + \lambda(P \setminus P_n) = \lambda(P) \leq \alpha$$

을 얻는다. 따라서 $\lambda(P) = \alpha < \infty$ 임을 알 수 있다. 이제 $Q = X \setminus P$ 라 두자. 만일 Q 의 부분집합 $E \in \mathfrak{S}$ 가 양집합이면 $E \cup P$ 도 양집합이므로

$$\alpha \geq \lambda(E \cup P) = \lambda(E) + \lambda(P) = \lambda(E) + \alpha \geq \alpha$$

가 되어서 $\lambda(E) = 0$ 임을 알 수 있다. 즉,

$$E \in \mathfrak{S},\ E \subset Q,\ E \text{ 가 양집합 } \Longrightarrow \lambda(E) = 0 \tag{4}$$

이 성립함을 알 수 있다.

이제 Q 가 음집합임을 보이면 증명이 되는데, 이를 위하여 $E \subset Q$ 인 임의의 $E \in \mathfrak{S}$ 를 잡자. 만일 E 가 양집합이면 (4) 에 의하여 $\lambda(E) = 0$ 이므로 증명이 끝난다. 만일 E 가 양집합이 아니라면 음측도값을 취하는 부분집합을 가지는데, $\lambda(F_1) < -\dfrac{1}{n_1}$ 이 되는 최초의 자연수 n_1 과 $F_1 \subset E$ 를 잡자. 만일 $E \setminus F_1$ 이 양집합이라면 (4) 에 의하여 $\lambda(E \setminus F_1) = 0$ 이므로 $\lambda(E) = \lambda(F_1) < 0$ 이 되어서 증명이 끝난다. 만일 $E \setminus F_1$ 이 양집합이 아니라면 같은 과정을 반복하는데, 만일 $E \setminus (F_1 \cup \cdots \cup F_{k-1})$ 가 양집합이라면 그 측도값이 0 이므로 $\lambda(E) = \sum_{i=1}^{k-1} \lambda(F_i) < 0$ 이 되어서 증명이 끝난다. 만일 $E \setminus (F_1 \cup \cdots \cup F_{k-1})$ 이 양집합이 아니라면

$$F_k \subset E \setminus (F_1 \cup \cdots \cup F_{k-1}), \qquad \lambda(F_k) < -\frac{1}{n_k}$$

인 최초의 자연수 n_k 와 $F_k \in \mathfrak{S}$ 을 택한다. 만일 이 과정이 한없이 계속된다면

$$F = E \setminus \left[\bigsqcup_{k=1}^{\infty} F_k \right]$$

라 두자. 이 때, $\langle n_k \rangle$ 가 단조증가임은 분명하다.

먼저 $\langle n_k \rangle$ 가 유계수열인 경우 $\lambda(\bigsqcup_k F_k) = -\infty$ 이고 $\lambda(F) < \infty$ 이므로, $\lambda(E) = \lambda(\bigsqcup_k F_k) + \lambda(F) = -\infty$ 가 되어서 증명이 끝난다. 끝으로 $\langle n_k \rangle$ 가 유계수열이 아닌 경우를 살펴보는데, 이 경우 F 가 양집합임을

보이자. 만일 F 가 측도값이 음수인 $G \in \mathfrak{S}$ 를 포함한다면, $\lim_k n_k = \infty$ 이므로 $\dfrac{1}{n_k - 1} < -\lambda(G)$ 인 자연수 n_k 를 잡을 수 있다. 그러면

$$G \subset F \subset E \setminus (F_1 \cup \cdots \cup F_{k-1}), \qquad \lambda(G) < -\frac{1}{n_k - 1}$$

인데, 이는 n_k 의 정의에 어긋난다. 따라서, F 는 양집합임이 증명되고 (4) 에 의하여 $\lambda(F) = 0$ 이므로, $\lambda(E) = \sum_{k=1}^{\infty} \lambda(F_k) < 0$ 이다. 물론 λ 가 $-\infty$ 를 취하지 않는 경우도 마찬가지로 증명된다. □

연습문제 7.1.1. 한 분해정리의 둘째 부분을 증명하여라.

이제, 부호측도 λ 에 의하여 X 를 양집합 P 와 음집합 Q 로 분할하였을 때, 각 $E \in \mathfrak{S}$ 에 대하여

$$\lambda_+(E) = \lambda(E \cap P), \qquad \lambda_-(E) = -\lambda(E \cap Q)$$

라 정의할 수 있다. 그러면 λ_+ 와 λ_- 는 양측도가 되고

$$\lambda(E) = \lambda_+(E) - \lambda_-(E), \qquad E \in \mathfrak{S}$$

임을 바로 확인할 수 있다. 또한, 각 $E \in \mathfrak{S}$ 에 대하여

$$|\lambda|(E) = \lambda_+(E) + \lambda_-(E)$$

라 정의하면, $|\lambda|$ 도 양측도이다.

연습문제 7.1.2. 등식 (2) 에 의하여 측도를 정의하면, 각 $E \in \mathfrak{M}$ 에 대하여

$$\lambda_+(E) = \int_E h_+, \quad \lambda_-(E) = \int_E h_-, \quad |\lambda|(E) = \int_E |h|$$

이 성립함을 보여라.

명제 7.1.2. 집합 X 의 σ-대수 $\mathfrak{S}$ 에서 정의된 부호측도 λ 가 주어지면, 각 $E \in \mathfrak{S}$ 에 대하여 등식

$$|\lambda|(E) = \sup \left\{ \sum_{n=1}^{\infty} |\lambda(E_n)| : E_n \in \mathfrak{S},\ E = \bigsqcup_{n=1}^{\infty} E_n \right\} \tag{5}$$

이 성립한다.

증명: 등식의 오른쪽을 α 라 두자. 만일 (P, Q) 가 양집합과 음집합의 분할이라면

$$|\lambda|(E) = \lambda_+(E) + \lambda_-(E) = |\lambda(E \cap P)| + |\lambda(E \cap Q)| \le \alpha$$

임을 알 수 있다. 또한, $E_n \in \mathfrak{S}$ 이고 $E = \bigsqcup_{n=1}^{\infty} E_n$ 이라면

$$\begin{aligned} \sum_{n=1}^{\infty} |\lambda(E_n)| &= \sum_{n=1}^{\infty} |\lambda_+(E_n) - \lambda_-(E_n)| \\ &\le \sum_{n=1}^{\infty} (\lambda_+(E_n) + \lambda_-(E_n)) = \sum_{n=1}^{\infty} |\lambda|(E_n) = |\lambda|(E) \end{aligned}$$

이므로 $\alpha \le |\lambda|(E)$ 가 증명된다. □

이제부터 복소측도에 관하여 알아보는데, λ 가 σ–대수 $(X, \mathfrak{S})$ 의 복소측도일 때 각 $E \in \mathfrak{S}$ 에 대하여 $|\lambda|(E)$ 를 (5) 와 같이 정의하자. 그러면, 각 $E \in \mathfrak{S}$ 에 대하여 $|\lambda(E)| \le |\lambda|(E)$ 임은 분명하다.

명제 7.1.3. 집합 X 의 σ-대수 $\mathfrak{S}$ 에서 정의된 복소측도 λ 가 주어져 있을 때, $E \mapsto |\lambda|(E)$ 은 양측도가 된다.

증명: 서로소인 $\mathfrak{S}$ 의 집합열 $\langle E_n \rangle$ 과 그 합집합 E 에 대하여 등식

$$|\lambda|(E) = \sum_{n=1}^{\infty} |\lambda|(E_n)$$

을 보이면 된다. 만일 $E = \bigsqcup_{m=1}^{\infty} F_m$ 이면 각 $m, n = 1, 2, \ldots$ 에 대하여

$$F_m = \bigsqcup_{n=1}^{\infty} (E_n \cap F_m), \qquad E_n = \bigsqcup_{m=1}^{\infty} (E_n \cap F_m)$$

이다. 따라서 다음 부등식

$$\begin{aligned}\sum_{m=1}^{\infty} |\lambda(F_m)| = \sum_{m=1}^{\infty} \left| \sum_{n=1}^{\infty} \lambda(E_n \cap F_m) \right| &\le \sum_{m=1}^{\infty} \sum_{n=1}^{\infty} |\lambda(E_n \cap F_m)| \\ = \sum_{n=1}^{\infty} \sum_{m=1}^{\infty} |\lambda(E_n \cap F_m)| &\le \sum_{n=1}^{\infty} |\lambda|(E_n)\end{aligned}$$

을 얻고, $|\lambda|(E) \le \sum_{n=1}^{\infty} |\lambda|(E_n)$ 임을 알 수 있다. 그 역을 보이기 위하여 임의의 양수 $\epsilon > 0$ 을 잡으면, 각 E_n 의 적절한 분할 $\{E_{n,m} : m \in \mathbb{N}\}$ 을 잡아서

$$|\lambda|(E_n) < \sum_{m=1}^{\infty} |\lambda(E_{n,m})| + \frac{\epsilon}{2^n}, \quad n = 1, 2, \ldots$$

이 되게 하자. 그러면, $\{E_{n,m} : m, n = 1, 2, \ldots\}$ 가 E 의 분할이므로

$$\sum_{n=1}^{\infty} |\lambda|(E_n) \le \sum_{m,n=1}^{\infty} |\lambda(E_{n,m})| + \epsilon \le |\lambda|(E) + \epsilon$$

이 되어서, 증명이 끝난다. □

이제 (3) 에 의하여 복소측도 λ 를 다음

$$\lambda = (\lambda_{1+} - \lambda_{1-}) + i(\lambda_{2+} - \lambda_{2-}) \tag{6}$$

과 같이 양측도의 선형결합으로 나타낼 수 있다. 만일 $\{E_n\}$ 이 $E \in \mathfrak{S}$ 의 분할이라면

$$\begin{aligned}\sum_{n=1}^{\infty} |\lambda(E_n)| &\le \sum_{n=1}^{\infty} (\lambda_{1+}(E_n) + \lambda_{1-}(E_n) + \lambda_{2+}(E_n) + \lambda_{2-}(E_n)) \\ &= \lambda_{1+}(E) + \lambda_{1-}(E) + \lambda_{2+}(E) + \lambda_{2-}(E)\end{aligned}$$

이므로 임의의 $E \in \mathfrak{S}$ 에 대하여

$$|\lambda|(E) \le \lambda_{1+}(E) + \lambda_{1-}(E) + \lambda_{2+}(E) + \lambda_{2-}(E)$$

임을 알 수 있다. 그런데 λ 가 복소측도이므로, 위 부등식의 오른쪽에 나오는 값들은 항상 유한값을 가진다. 따라서, 임의의 $E \in \mathfrak{S}$ 에 대하여 $|\lambda|(E) < \infty$ 이며 특히 $|\lambda|(X) < \infty$ 인데,

$$\|\lambda\| = |\lambda|(X)$$

라 정의한다. 주의해야 할 점은 양측도가 일반적으로 복소측도가 되지 않는다는 점이다. 전체측도 $\mu(X)$ 의 값이 유한인 양측도를 유한 양측도라 하는데, 유한 양측도는 물론 복소측도이다.

연습문제 7.1.3. 집합 X 에 σ–대수 $\mathfrak{S}$ 가 주어져 있을 때, $\mathfrak{S}$ 위에 정의된 복소측도 전체의 집합은 벡터공간이 됨을 보여라. 이 때, $\lambda \mapsto \|\lambda\|$ 는 이 벡터공간의 노음이 됨을 보여라.

7.2 라돈–니코딤 정리와 르벡 분해정리

집합 X 의 σ–대수 $\mathfrak{S}$ 위에 양측도 μ 와 부호측도 혹은 복소측도 λ 가 다음 성질

$$E \in \mathfrak{S},\ \mu(E) = 0 \implies \lambda(E) = 0$$

을 만족하면 λ 를 μ 에 대한 절대연속측도라 하고 $\lambda \ll \mu$ 라 쓴다. 또한 다음 성질

$$\lambda(E) = \lambda(A \cap E), \quad \mu(E) = \mu(B \cap E), \qquad E \in \mathfrak{S} \tag{7}$$

를 만족하는 서로소인 $A, B \in \mathfrak{S}$ 가 있으면 λ 를 μ 에 대한 특이측도라 말하며, 이 때 $\lambda \perp \mu$ 라 쓴다. 실수축 위에서 (2) 와 같이 정의된 측도

는 르벡측도에 대하여 절대연속이다. 반면 디락측도는 르벡측도에 대한 특이측도이다.

양측도 μ에 대하여 절대연속인 두 복소측도의 선형결합이 다시 절대연속임은 분명하다. 만일 λ_1과 λ_2가 μ에 대한 특이측도라 하고, 각 $i = 1, 2$에 대하여

$$\lambda_i(E) = \lambda_i(A_i \cap E), \quad \mu(E) = \mu(B_i \cap E), \qquad E \in \mathfrak{S}$$

가 성립하는 서로소인 집합 $A_i, B_i \in \mathfrak{S}$를 잡자. 이 때, $A = A_1 \cup A_2$, $B = B_1 \cap B_2$라 두면 A, B는 서로소이고

$$(\lambda_1 + \lambda_2)(A \cap E) = (\lambda_1 + \lambda_2)(E), \qquad \mu(B \cap E) = \mu(E)$$

임을 알 수 있다. 따라서 μ에 대한 특이측도의 선형결합도 다시 특이측도가 된다. 만일 복소측도 λ가 양측도 μ에 대하여 동시에 절대연속이며 특이측도라 하자. 이 때, (7)을 만족하는 서로소인 집합 $A, B \in \mathfrak{S}$를 잡으면 각 $E \in \mathfrak{S}$에 대하여 $\mu(E \cap A) = 0$인데 $\lambda \ll \mu$이므로 $\lambda(E \cap A) = 0$이다. 따라서 $\lambda(E) = \lambda(E \cap A) = 0$이 되고, $\lambda = 0$임을 알 수 있다.

다음 정리의 첫 부분 (8)은, σ–대수 $(X, \mathfrak{S})$에 고정된 양측도 μ가 주어져 있을 때 임의의 복소측도를 절대연속측도와 특이측도의 합으로 표시할 수 있음을 말하는데, 이를 르벡 분해라 부른다. 둘째 부분 (9)는 르벡 분해의 절대연속부분이 사실은 함수로 표현된다는 것으로, 이 함수를 μ에 대한 λ의 라돈–니코딤 도함수라 부른다. 이 내용을 라돈–니코딤 정리라 부르는데, 이 책 전체를 통하여 가장 중요한 정리 중 하나이다. 이 정리에 의하면 "측도는 함수의 일반화이다"라는 말이 무슨 뜻인지 분명해진다. 다음 절에서 르벡측도를 기준으로 이 정리를 적용함으로써 실직선 위에 어떤 측도들이 있는지 모두 찾아내게 된다.

정리 7.2.1. (르벡-라돈[1]-니코딤[2]) 집합 X의 σ-대수 $\mathfrak{S}$ 위에서 정의된 σ-유한 양측도 μ와 복소측도 λ에 대하여 다음 성질

$$\lambda = \lambda_a + \lambda_s, \qquad \lambda_a \ll \mu, \qquad \lambda_s \perp \mu \tag{8}$$

을 가지는 측도 λ_a와 λ_s가 유일하게 존재한다. 또한 다음 등식

$$\lambda_a(E) = \int_E h d\mu, \qquad E \in \mathfrak{S} \tag{9}$$

이 성립하는 $h \in L^1(X, \mu)$가 유일하게 존재한다. 만일 μ와 λ가 σ-유한 양측도이면 (8)을 만족하는 측도 λ_a와 λ_s, 그리고 (9)를 만족하는 잴수있는 함수 $h : X \to [0, \infty]$가 유일하게 존재한다.

증명: 우선 λ가 복소측도인 경우를 생각하는데 유일성부터 보이자. 만일 (λ_a, λ_s)와 (λ'_a, λ'_s)이 (8)을 만족하면 $\lambda_a - \lambda'_a = \lambda'_s - \lambda_s$인데, 이 측도는 μ에 대하여 동시에 절대연속이고 특이측도이므로 0이 된다. 한편, 함수 $h \in L^1(X, \mu)$의 유일성은 명제 1.2.10 (나)에 의한다.

먼저 μ와 λ가 모두 유한 양측도인 경우부터 살펴보는데, 이 경우 $\nu = \mu + \lambda$도 역시 유한 양측도이다. 또한, 임의의 $f \in L^2(\nu)$에 대하여

$$\left| \int_X f d\lambda \right| \le \int_X |f| d\lambda \le \int_X |f| d\nu \le \left(\int_X |f|^2 d\nu \right)^{\frac{1}{2}} \nu(X)^{\frac{1}{2}}$$

인데 $\nu(X) < \infty$이므로 $f \mapsto \int_X f d\lambda$는 $L^2(\nu)$의 유계선형범함수이다. 따라서, 정리 6.3.3에 의하여 다음 등식

$$\int_X f d\lambda = \int_X f g d\nu, \qquad f \in L^2(\nu) \tag{10}$$

(1) Johann Radon (1887~1956), 보헤미아 출신 수학자. Wien에서 공부하고 Hamburg, Erlangen, Wien 등지에서 활동하였다.

(2) Otto Martin Nikodým (1878~1974), 폴란드 수학자. Lwów에서 학부를 마치고 고교교사를 하다가 뒤늦게 학위를 한 후 바르샤와에서 활동하였다. 이차대전 후 미국으로 건너가서 활동하였다.

을 만족하는 $g \in L^2(\nu)$ 가 존재한다. 그러면 $\nu(X) < \infty$ 이므로 3.3 절의 (18) 에 의하여 $g \in L^1(\nu)$ 이다. 그런데,

$$\nu(E) > 0 \implies \frac{1}{\nu(E)} \int_E g d\nu = \frac{\lambda(E)}{\nu(E)} \in [0, 1]$$

이므로 명제 3.3.5 를 적용하면, 측도 ν 에 관하여 거의 모든 점에서 $0 \le g \le 1$ 임을 알 수 있다. 따라서, $0 \le g \le 1$ 이라 가정해도 등식 (10) 이 성립한다. 이제,

$$A = \{x \in X : 0 \le g(x) < 1\}, \qquad B = \{x \in X : g(x) = 1\}$$

이라 두고, 각 $E \in \mathfrak{S}$ 에 대하여

$$\lambda_a(E) = \lambda(E \cap A), \qquad \lambda_s = \lambda(E \cap B)$$

라 정의하자.

등식 (10) 을 다시 쓰면

$$\int_X (1 - g) f d\lambda = \int_X f g d\mu, \qquad f \in L^2(\nu) \tag{11}$$

이 되는데, 이 식에 $f = \chi_B$ 를 넣으면

$$0 = \int_B (1 - g) d\lambda = \int_B g d\mu = \mu(B)$$

이므로 $\lambda_s \perp \mu$ 이다. 또한, 등식 (11) 에 $f = (1 + g + \cdots + g^n)\chi_E$ 를 넣으면

$$\int_E (1 - g^{n+1}) d\lambda = \int_E g(1 + g + \cdots + g^n) d\mu$$

이 된다. 이제 양변에 $\lim_{n \to \infty}$ 를 취하는데, $(1 - g^{n+1})|_B = 0$ 이므로 왼쪽은 $\lambda(E \cap A) = \lambda_a(E)$ 가 된다. 만일 $h = \lim g(1 + g + \cdots + g^n)$ 이라 두면, 오른쪽은 단조수렴정리에 의하여 $\int_E h d\mu$ 로 수렴한다. 따라서, 원하는 등식 (8) 을 얻고 $\lambda_a \ll \mu$ 임을 알게 된다. 또한 $\lambda_a(X) < \infty$ 이므로 $h \in L^1(\mu)$ 임을 알 수 있다.

이제 μ 가 σ–유한측도이고 $X = \bigsqcup_n X_n$ (단, $\mu(X_n) < \infty$) 라 가정하고 $\sum_{n=1}^{\infty} \alpha_n \mu(X_n) < \infty$ 인 양수수열 $\langle \alpha_n \rangle$ 을 잡자. 각 $E \in \mathfrak{S}$ 에 대하여

$$\mu_0(E) = \sum_{n=1}^{\infty} \alpha_n \mu(E \cap X_n) \tag{12}$$

이라 두면, μ_0 는 유한 양측도가 됨을 바로 확인할 수 있다. 따라서,

$$\lambda = \lambda_a + \lambda_s, \qquad \lambda_a \ll \mu_0, \qquad \lambda_s \perp \mu_0$$

인 측도 λ_a 와 λ_s 를 잡을 수 있다. 그런데 $\mu(E) = 0$ 이면 각 $n = 1, 2, \ldots$ 에 대하여 $\mu(E \cap X_n) = 0$ 이고 따라서 $\mu_0(E) = 0$ 이므로, $\lambda_a \ll \mu_0$ 로부터 $\lambda_a \ll \mu$ 임을 알 수 있다. 만일 $\mu_0(E) = \mu_0(B \cap E)$ 이면 $\mu_0(E \setminus B) = 0$ 이고, 따라서 각 $n = 1, 2, \ldots$ 에 대하여 $\mu((E \setminus B) \cap X_n) = 0$ 이다. 이로부터 $\mu(E \setminus B) = 0$ 이고 $\mu(E) = \mu(E \cap B)$ 를 얻는다. 그러므로, $\lambda_s \perp \mu_0$ 에서 $\lambda_s \perp \mu$ 를 얻을 수 있어서 정리의 첫 부분이 증명된다. 이제

$$\lambda_a(E) = \int_E h_0 d\mu_0, \qquad E \in \mathfrak{S}$$

가 성립하는 $h_0 \in L^1(\mu_0)$ 가 존재함을 알고 있는데,

$$k = \sum_{n=1}^{\infty} \alpha_n \chi_{X_n} \tag{13}$$

라 정의하자. 그러면 $\int_E d\mu_0 = \int_E k d\mu$ 이므로 등식

$$\int_X f d\mu_0 = \int_X f k d\mu$$

이 임의의 단순함수 f 에 대하여 성립하고, 따라서 적분의 정의에 의하여 임의의 잴수있는 함수 $f : X \to [0, \infty]$ 에 대하여 성립한다. 특히 $f = h_0$ 일 때 성립하므로 $h = h_0 k$ 라 두면 등식 (9) 를 얻고 $h \in L^1(\mu)$ 가 된다.

따라서 μ 가 σ–유한 양측도이고 λ 가 유한 양측도인 경우 증명이 되었는데, λ 가 복소측도이면 이는 유한측도의 선형결합으로 표시되므로 역시 같은 결론을 얻는다. □

연습문제 7.2.1. 르벡–라돈–니코딤 정리에서 λ 가 σ–유한 양측도인 경우를 증명하여라. 또한, λ 가 σ–유한 양측도의 차이로 표현되는 부호측도일 때에도 이 정리를 증명하여라. 유일성을 증명하는 경우에 양측도끼리 빼기를 할 수 없음에 유의하라.

두 측도 λ_a 와 μ 가 관계식 (9) 를 만족할 때, 이를

$$d\lambda_a = h d\mu, \qquad h = \left[\frac{d\lambda_a}{d\mu}\right]$$

로 쓰기도 한다.

연습문제 7.2.2. 만일 $d\lambda = g d\mu$ 이면 $\lambda(\{x : g(x) = 0\}) = 0$ 임을 보여라.

르벡–라돈–니코딤 정리는 측도론에서 많은 응용을 가지는데, 그 중 몇 가지만 살펴보자.

정리 7.2.2. (극형식분해) 집합 X 에서 정의된 임의의 복소측도 λ 에 대하여 다음 성질

$$d\lambda = h d|\lambda|, \qquad |h| = 1$$

을 만족하는 $h \in L^1(X, |\lambda|)$ 가 유일하게 존재한다.

증명: 우선 $\lambda \ll |\lambda|$ 이므로 $d\lambda = h d|\lambda|$ 인 $h \in L^1(|\lambda|)$ 가 유일하게 존재한다. 만일 $|\lambda|(E) > 0$ 이면

$$\left|\frac{1}{|\lambda|(E)} \int_E h d|\lambda|\right| = \frac{|\lambda(E)|}{|\lambda|(E)} \le 1$$

이므로, 명제 3.3.5 를 적용하여 거의 모든 점에서 $|h| \le 1$ 임을 알 수 있다. 한편, 각 $r > 0$ 에 대하여 $A_r = \{x \in X : |h(x)| < r\}$ 이라 두자. 만

일 $A_r = \bigsqcup_{n=1}^{\infty} E_n$ 이면

$$\sum_{n=1}^{\infty} |\lambda(E_n)| = \sum_{n=1}^{\infty} \left| \int_{E_n} hd|\lambda| \right| \leq \sum_{n=1}^{\infty} r|\lambda|(E_n) = r|\lambda|(A_r)$$

이므로 $|\lambda|(A_r) \leq r|\lambda|(A_r)$ 임을 알 수 있고, $r < 1$ 인 경우 $|\lambda|(A_r) = 0$ 이 된다. 따라서, 거의 모든 점에서 $|h| \geq 1$ 이 된다. □

복소측도의 극형식분해는 복소측도에 관한 적분을 어떻게 정의하는 것이 좋을지 그 방법을 제시하여 준다. 집합 X 에 정의된 복소측도 λ 의 극형식분해 $d\lambda = hd|\lambda|$ 가 주어졌을 때, 임의의 $f \in L^1(X, |\lambda|)$ 에 대하여

$$\int_X fd\lambda = \int_X fhd|\lambda|$$

라 정의하자. 만일 λ 를 (6) 과 같이 양측도의 선형결합으로 분해하면, 임의의 $f \in L^1(X, |\lambda|)$ 에 대하여 등식

$$\int_X fd\lambda = \left(\int_X fd\lambda_{1+} - \int_X fd\lambda_{1-} \right) + i \left(\int_X fd\lambda_{2+} - \int_X fd\lambda_{2-} \right) \tag{14}$$

이 성립한다. 만일 f 가 특성함수이면 이는 등식 $d\lambda = hd|\lambda|$ 의 정의에 불과하고, 따라서 임의의 단순함수에 대하여 등식이 성립한다. 만일 $f \in L^1(X, |\lambda|)$ 가 $f \geq 0$ 이면 정리 1.2.4 에 의하여 f 로 점별수렴하고 단조증가하는 단순함수열 $\langle s_n \rangle$ 을 찾을 수 있다. 그런데 f 가 $L^1(X, |\lambda|)$ 및 $L^1(X, \lambda_{i\pm})$ 에 들어가므로 (단, $i = 1, 2$) 르벡 수렴정리에 의하여 등식 (14) 가 성립하고, 따라서 복소함수 $f \in L^1(X, |\lambda|)$ 에 대해서도 물론 이 등식이 성립한다.

끝으로, 라돈–니코딤 정리의 또 다른 응용으로 $L^p(\mu)$ 의 쌍대공간이 $L^q(\mu)$ 임을 보이는데 (단, $1 \leq p < \infty$), 여기서도 σ–유한이 필요하다. 먼저 6.1 절의 보기 2 에서 살펴본 내용을 되새기면, 등거리 선형사상

$$g \mapsto \varphi_g : L^q(\mu) \to L^p(\mu)^*$$

이 전사사상임을 보이면 된다. 특히, $p = 1$ 이고 $q = \infty$ 인 경우, 이 사상이 등거리임을 보일 때 μ 가 σ–유한임을 가정했음을 상기하자. 이제 $\varphi \in L^p(\mu)^*$ 라 가정하고, $\varphi = \varphi_g$ 인 $g \in L^q(\mu)$ 를 어떻게 찾아 내는지 알아보자.

먼저 μ 가 유한 양측도인 경우를 생각하는데, 각 $E \in \mathfrak{S}$ 에 대하여

$$\lambda(E) = \varphi(\chi_E)$$

라 두면 $\chi_{E_1 \sqcup E_2} = \chi_{E_1} + \chi_{E_2}$ 이므로 $\lambda(E_1 \sqcup E_2) = \lambda(E_1) + \lambda(E_2)$ 임을 알 수 있다. 만일 $E = \bigsqcup_{n=1}^{\infty} E_n$ 일 때, $A_n = E_1 \sqcup \cdots \sqcup E_n$ 이라 두면

$$\lim_{n\to\infty} \|\chi_E - \chi_{A_n}\|_p = \lim_{n\to\infty} [\mu(E \setminus A_n)]^{1/p} = 0$$

인데, $\varphi \in L^p(\mu)^*$ 이므로

$$\lambda(E) = \lim_{n\to\infty} \lambda(A_n) = \lim_{n\to\infty} \sum_{k=1}^{n} \lambda(E_k)$$

가 성립하여 λ 는 복소측도가 된다. 그런데 $\lambda \ll \mu$ 이므로 라돈–니코딤 도함수 $g \in L^1(\mu)$ 를 잡으면

$$\varphi(\chi_E) = \int_E g d\mu = \int_X \chi_E g d\mu = \varphi_g(\chi_E), \qquad E \in \mathfrak{S}$$

가 성립한다. 따라서 $\varphi(f) = \varphi_g(f)$ 가 단순함수 f 에 대하여 성립한다. 그런데, 단순함수 전체의 벡터공간이 $L^\infty(\mu)$ 안에서 조밀하고 φ 와 φ_g 가 $L^\infty(\mu)$ 에서 정의된 연속함수이므로 등식 $\varphi(f) = \varphi_g(f)$ 가 임의의 $f \in L^\infty(\mu)$ 에 대하여 성립함을 알 수 있다. 이제 $g \in L^q(\mu)$ 을 증명하고 $\varphi = \varphi_g$ 가 $L^p(\mu)$ 위에서 성립함을 보이면 증명이 끝난다.

연습문제 7.2.3. 유한 양측도 μ 가 주어져 있을 때, 단순함수 전체의 벡터공간이 $L^p(\mu)$ 안에서 조밀함을 보여라 (단, $1 \le p \le \infty$). [도움말: $1 \le p < \infty$ 와 $p = \infty$ 인 경우를 나누어 생각한다. 도움정리 3.2.3.]

먼저 $p=1$, $q=\infty$ 인 경우를 보자. 이 때, 각 $E\in\mathfrak{S}$ 에 대하여

$$\left|\int_E g d\mu\right| = |\varphi(\chi_E)| \le \|\varphi\|\|\chi_E\|_1 = \|\varphi\|\mu(E)$$

이므로, 명제 3.3.5 를 적용하여 $\|g\|_\infty \le \|\varphi\|$ 임을 알 수 있다.

이제, $1<p<\infty$ 인 경우를 살펴보는데, 기본적인 방법은 ℓ^p 의 경우와 같다. 각 $n=1,2,\dots$ 에 대하여 $E_n=\{x\in X : |g(x)|\le n\}$ 이라 하고, $f_n=\chi_{E_n}|g|^{q-1}\cdot \operatorname{sgn} g$ 라 두자. 그러면 $f_n\in L^\infty(\mu)$ 이고,

$$\int_{E_n}|g|^q = \int_X f_n g = \varphi_g(f_n) = \varphi(f_n) \le \|\varphi\|\|f_n\|_p = \|\varphi\|\left(\int_{E_n}|g|^q\right)^{1/p}$$

을 얻는다. 양변을 맨 뒤에 있는 값으로 나누고, 단조수렴정리를 적용하면

$$\|g\|_q = \lim_{n\to\infty}\left(\int_X \chi_{E_n}|g|^q\right)^{1/q} \le \|\varphi\|$$

임을 알 수 있다. 이제, $g\in L^q(\mu)$ 임을 알았으므로 φ_g 는 $L^p(\mu)$ 위에서 연속이다. 그런데 단순함수 전체의 벡터공간이 $L^p(\mu)$ 안에서 조밀하므로 임의의 $f\in L^p(\mu)$ 에 대하여 $\varphi(f)=\varphi_g(f)$ 가 성립하고, 따라서 μ 가 유한양측도인 경우 $1\le p<\infty$ 이면 $L^p(\mu)^*=L^q(\mu)$ 임을 알았다.

이 결과를 σ–유한 측도 μ 의 경우에 확장하는 것은 르벡–라돈–니코딤 정리에서 하는 방법과 비슷하다. 이제, μ 가 σ–유한 양측도일 때, (12), (13) 과 같이 새로운 유한측도 μ_0 와 함수 $k\in L^1(\mu)$ 를 정의하면 $d\mu_0=kd\mu$ 가 성립함을 이미 알고 있다. 이 때

$$K : f\mapsto k^{1/p}f : L^p(\mu_0)\to L^p(\mu)$$

가 전단사 등거리사상이므로, $\varphi\circ K$ 는 $L^p(\mu_0)$ 의 유계선형범함수가 된다. 따라서,

$$(\varphi\circ K)(f) = \int_X fg d\mu_0, \qquad f\in L^p(\mu_0)$$

인 $g \in L^q(\mu_0)$ 가 존재한다. 이 식을 다시 쓰면

$$\varphi(Kf) = \int_X fgk d\mu = \int_X k^{1/p} fgk^{1/q} d\mu = \int_X (Kf) \cdot (gk^{1/q}) d\mu$$

가 된다 (단, $1/\infty = 0$ 으로 이해한다). 따라서, $gk^{1/q}$ 가 우리가 찾던 함수이다.

연습문제 7.2.4. 위 논증과정에서 K 가 $L^p(\mu_0)$ 에서 $L^p(\mu)$ 로 가는 전단사 등거리사상임을 보여라. 또한, $gk^{1/q} \in L^q(\mu)$ 임을 보여라.

지금까지 논의한 바를 정리하자.

정리 7.2.3. 집합 X 의 σ–대수에서 정의된 σ–유한 양측도 μ에 대하여 $L^p(\mu)^* = L^q(\mu)$ 이다 (단, p, q 는 켤레지수이고, $1 \le p < \infty$).

연습문제 7.2.5. 집합 $X = \{a, b\}$ 에 대하여 $\mu(\{a\}) = 1$, $\mu(\{b\}) = \infty$ 라 정의하자. 이 때, $L^1(\mu)$ 의 쌍대공간이 $L^\infty(\mu)$ 가 되는지 살펴보아라.

따름정리 7.2.4. 집합 X 에 σ–유한 양측도 μ가 주어져 있고, $1 \le p \le \infty$ 라 하자. 만일 X 에서 정의된 잴수있는 함수 g가 다음 성질

$$h \in L^q(\mu) \implies \left| \int_X ghd\mu \right| \le M\|h\|_q \qquad (\text{단, } p, q \text{ 는 켤레지수})$$

을 만족하면 $g \in L^p(\mu)$ 이고 $\|g\|_p \le M$ 을 만족한다.

증명: 가정이 뜻하는 바는 $\varphi_g \in L^q(\mu)^*$ 과 $\|\varphi_g\| \le M$ 이다. 따라서, $1 < p \le \infty$ 이면 정리 7.2.3 을 적용하면 된다. 이제 $p = 1$ 인 경우를 살펴보는데, 가정에 의하여

$$\int_X |g| d\mu = \int_X g \cdot (\operatorname{sgn} g) d\mu \le M \|\operatorname{sgn} g\|_\infty = M$$

임을 알 수 있다. □

따름정리 7.2.5. 임의의 $f \in L^1(\mathbb{R})$ 과 $g \in L^p(\mathbb{R})$ (단, $1 \le p \le \infty$) 에 대하여 $f * g \in L^p(\mathbb{R})$ 이고, $\|f * g\|_p \le \|f\|_1 \|g\|_p$ 가 성립한다.

증명: 임의의 $h \in L^q(\mathbb{R})$ 에 대하여

$$\begin{aligned}\left|\int_{\mathbb{R}} (f * g)(x)h(x)dx\right| &= \left|\int_{\mathbb{R}} \int_{\mathbb{R}} f(y)g(x-y)dy\, h(x)dx\right| \\ &\le \int_{\mathbb{R}} \left|\int_{\mathbb{R}} g_y(x)h(x)dx\right| |f(y)|dy \\ &\le \|g_y\|_p \|h\|_q \|f\|_1 = \|f\|_1 \|g\|_p \|h\|_q\end{aligned}$$

가 성립하므로, 원하는 결과를 얻는다. □

7.3 실직선의 보렐측도

이 절에서는 실수축의 보렐집합에 정의되는 복소측도에 어떠한 것들이 있는지 알아본다. 지난 4.1 절에서 이미 정의하였지만, 실수축 $\mathbb{R}$ 의 열린집합들을 모두 포함하는 최소의 σ–대수를 $\mathfrak{B}$ 라 쓰고, $\mathfrak{B}$ 에 들어가는 집합을 보렐집합이라 한다. 보렐집합 위에서 정의된 복소측도를 보렐측도라 한다. 임의의 복소측도는 양측도의 선형결합으로 표시되므로 양보렐측도를 집중적으로 살펴본다. 여기서는 유계구간의 측도값이 항상 유한인 양측도를 생각하는데, 이러한 보렐측도를 정규 양보렐측도라 부른다.

실직선의 정규 양보렐측도 λ 에 대하여, 함수 $\alpha_\lambda : \mathbb{R} \to \mathbb{R}$ 을 다음

$$\alpha_\lambda(x) = \begin{cases} \lambda((0,x]), & x > 0, \\ 0, & x = 0, \\ -\lambda((x,0]), & x < 0 \end{cases}$$

과 같이 정의하자. 그러면 α_λ 가 단조증가임이 바로 확인된다. 한편, α_λ 는 오른쪽연속함수가 되는데, 먼저 $x > 0$ 인 경우를 생각하자. 이 때, 0

으로 수렴하는 임의의 단조감소수열 $\langle h_n \rangle$ 을 구간 $(0, x)$ 안에서 잡으면

$$\alpha_\lambda(x + h_n) - \alpha_\lambda(x) = \lambda((0, x + h_n]) - \lambda((0, x]) = \lambda((x, x + h_n])$$

인데, $\bigcap_{n=1}^{\infty}(x, x + h_n] = \emptyset$ 이므로

$$\lim_{n\to\infty}\{\alpha_\lambda(x + h_n) - \alpha_\lambda(x)\} = 0$$

을 얻는다. 따라서, $\lim_{h\to 0+} \alpha_\lambda(x + h) = \alpha_\lambda(x)$ 임을 알 수 있다. 나머지 경우 $x = 0$, $x < 0$ 인 경우도 마찬가지로 하면 α_λ 가 오른쪽연속함수임이 증명된다.

연습문제 7.3.1. 실직선의 정규 양보렐측도 λ 에 대하여, 함수 $\alpha_\lambda : \mathbb{R} \to \mathbb{R}$ 는 단조증가하는 오른쪽연속함수임을 보여라.

이제, 구간 $[a, b]$ 위에서 정의된 유계 실함수 $f : [a, b] \to \mathbb{R}$ 에 대하여 리만–스틸체스(3) 적분 $\int_a^b f d\alpha_\lambda$ 을 생각하는데, 지난 1.4 절에서 다룬 리만적분의 경우와 비슷한 과정을 거치면 된다. 구간 $[a, b]$ 의 분할 $P = \{x_0, x_1, \ldots, x_n\}$ 에 대하여, 함수 U_P 와 L_P 를 1.4 절의 (23) 과 같이 정의한다. 그러면 리만–스틸체스상합은

$$\begin{aligned} U_a^b(f, P, \alpha_\lambda) &= \sum_{i=1}^{n} M_i(\alpha_\lambda(x_i) - \alpha_\lambda(x_{i-1})) = \sum_{i=1}^{n} M_i \lambda((x_{i-1}, x_i]) \\ &= \int_{[a,b]} U_P d\lambda - f(a)\lambda(\{a\}) = \int_{(a,b]} U_P d\lambda \end{aligned}$$

가 된다. 마찬가지로 $L_a^b(f, P, \alpha_\lambda) = \int_{(a,b]} L_P d\lambda$ 이다. 따라서 임의의 분할 $P \in P[a, b]$ 에 대하여 부등식

$$L_a^b(f, P, \alpha_\lambda) \le \int_{(a,b]} f d\lambda \le U_a^b(f, P, \alpha_\lambda)$$

---

(3) Thomas Jan Stieltjes (1856~1894), 네덜란드 수학자. Delft 에서 공부한 뒤 천문대에서 일하였다. 파리에서 학위를 받은 뒤 Toulouse 에서 활동하였다.

을 얻는다. 만일 함수 $f : \mathbb{R} \to \mathbb{R}$ 이 연속이고 그 받침이 유계구간 (A, B) 에 들어간다면, 함수 f 는 구간 $[A, B]$ 위에서 α_λ 에 대하여 리만–스틸체스 적분가능하므로 등식

$$\int_{\mathbb{R}} f d\lambda = \int_A^B f(x) d\alpha_\lambda(x)$$

를 얻는다. 따라서, 함수공간 $C_c(\mathbb{R})$ 에서 정규 양보렐측도에 관한 적분은 리만–스틸체스적분이나 마찬가지이다. 이와 같이 리만–스틸체스적분은 일반 측도론에 거의 근접한 적분론이지만 피적분함수가 연속이 아니면 그 적분가능성이 큰 문제이다. 이에 비하여 정규 양보렐측도나 르벡측도에 관한 적분은 1.4 절 끝에서 언급한 바와 같이 특이적분을 정의하는 데에 곤란한 점이 생긴다.

이제부터 르벡–라돈–니코딤 정리를 실직선의 보렐측도에 적용하여 보자. 이를 위하여 언제 단조함수 α_λ 가 연속 혹은 절대연속인지 먼저 알아볼 필요가 있다. 만일 0 으로 수렴하는 단조감소수열 $\langle h_n \rangle$ 을 잡으면 $\bigcap_{n=1}^\infty (x - h_n, x] = \{x\}$ 이므로,

$$\lambda(\{x\}) = \lim_{n\to\infty} \lambda((x - h_n, x]) = \lim_{n\to\infty} \{\alpha_\lambda(x) - \alpha_\lambda(x - h_n)\}$$

이 된다. 따라서, α_λ 가 점 x 에서 왼쪽연속일 필요충분조건은 $\lambda(\{x\}) = 0$ 임을 알 수 있다. 이와 같이 한 점의 측도값이 항상 0 인 측도를 연속측도라 부른다. 이미, 함수 α_λ 가 항상 오른쪽연속함수임을 알고 있으므로 다음을 얻는다.

명제 7.3.1. 실직선에서 정의된 정규 양보렐측도 λ 에 대하여, 함수 α_λ 가 점 x 에서 연속일 필요충분조건은 $\lambda(\{x\}) = 0$ 이다.

다음 정리는 측도와 함수에 대하여 절대연속이란 용어를 동시에 사용하는 이유를 설명하여 준다. 두 측도 사이의 절대연속을 논하려면 두 측도가 같은 σ–대수 위에서 정의되어 있어야 한다. 실직선의 르벡측도 m 을 보렐집합들에 제한한 $m|_{\mathfrak{B}}$ 도 그냥 m 이라 쓴다.

정리 7.3.2. 실직선에 정의된 정규 양보렐측도 λ에 대하여 다음은 동치이다.

(가) $\lambda \ll m$ 이다.
(나) α_λ가 임의의 유계닫힌구간 위에서 절대연속이다.

증명: 먼저, $\lambda \ll m$ 이라면 라돈–니코딤 정리에 의하여

$$\lambda(E) = \int_E h(x)dx, \qquad E \in \mathfrak{B}$$

가 성립하는 보렐함수 $h : \mathbb{R} \to [0, \infty]$ 가 존재한다. 이제 유계닫힌구간 I 를 고정하고 α_λ 가 I 위에서 절대연속임을 보이자. 우선 $\int_I h(x)dx = \lambda(I) < \infty$ 이므로 $h \in L^1(I, m)$ 임을 알 수 있다. 따라서 명제 2.1.4 를 적용하면, 임의의 양수 $\epsilon > 0$ 에 대하여

$$A \in \mathfrak{B},\ m(A) < \delta \implies \lambda(A) < \epsilon$$

을 만족하는 양수 $\delta > 0$ 를 잡을 수 있다. 이 양수 $\delta > 0$ 가 절대연속함수의 정의에서 요구하는 $\delta > 0$ 임을 보이려 한다. 만일 $\{(a_i, b_i) : i = 1, 2, \ldots, n\}$ 이 I 에 포함되는 서로소인 구간들이고 $\sum_{i=1}^{n}(b_i - a_i) < \delta$ 이면 $m\left(\bigcup_{i=1}^{n}(a_i, b_i]\right) < \delta$ 이므로

$$\sum_{i=1}^{n} |\alpha_\lambda(b_i) - \alpha_\lambda(a_i)| = \sum_{i=1}^{n} \lambda((a_i, b_i]) = \lambda\left(\bigcup_{i=1}^{n}(a_i, b_i]\right) < \epsilon$$

임을 알 수 있다.

이제 역으로 α_λ 가 임의의 유계닫힌구간 I 위에서 절대연속이라 가정하고, 양수 $\epsilon > 0$ 에 대하여 절대연속함수 $\alpha_\lambda : I \to \mathbb{R}$ 의 정의에 의한 양수 $\delta_I > 0$ 를 잡자. 만일 $m(A) = 0$ 이면 $m(A \cap I) = 0$ 이므로

$$A \cap I \subset \bigcup_{n=1}^{\infty}(c_n, d_n), \qquad \sum_{n=1}^{\infty}(d_n - c_n) < \delta_I$$

인 서로소인 구간열 $\langle (c_n, d_n) : n = 1, 2, \ldots \rangle$ 을 잡을 수 있다. 만일 (c_n, d_n) 과 I 의 내부 $\operatorname{int} I$ 의 교집합을 (a_n, b_n) 이라 쓰면

$$A \cap \operatorname{int} I \subset \bigcup_{n=1}^{\infty}(a_n, b_n) \subset I, \qquad \sum_{n=1}^{\infty}(b_n - a_n) < \delta_I$$

를 얻는다. 따라서, 임의의 N 에 대하여 $\sum_{n=1}^{N}[\alpha_\lambda(b_n) - \alpha_\lambda(a_n)] < \epsilon$ 이므로 $\sum_{n=1}^{\infty}[\alpha_\lambda(b_n) - \alpha_\lambda(a_n)] \leq \epsilon$ 임을 알 수 있다. 한편 α_λ 가 연속이므로 $\alpha_\lambda(b_n) - \alpha_\lambda(a_n) = \lambda((a_n, b_n))$ 이 되어서, 부등식

$$\begin{aligned}\lambda(A \cap \operatorname{int} I) &\leq \lambda\left(\bigcup_{n=1}^{\infty}(a_n, b_n)\right) = \sum_{n=1}^{\infty}\lambda((a_n, b_n)) \\ &= \sum_{n=1}^{\infty}[\alpha_\lambda(b_n) - \alpha_\lambda(a_n)] \leq \epsilon\end{aligned}$$

을 얻는다. 즉, 임의의 유계열린구간 $\operatorname{int} I$ 에 대하여 $\lambda(A \cap \operatorname{int} I) = 0$ 이므로 $\lambda(A) = 0$ 임을 알 수 있다. □

이제 $\lambda \perp m$ 가 될 α_λ 의 조건을 찾아보는데, 먼저 실수축 위에 정의된 정규 양보렐측도의 성질을 알아보자.

정리 7.3.3. 실직선 위에서 정의된 정규 양보렐측도 λ 는 임의의 보렐집합 $E \in \mathfrak{B}$ 에 대하여 다음 등식

$$\lambda(E) = \inf\{\lambda(U) : U \supset E,\ U \text{ 는 열린집합이다}\},$$

$$\lambda(E) = \sup\{\lambda(K) : K \subset E,\ K \text{ 는 유계닫힌집합이다}\}$$

을 만족한다.

증명: 먼저 열린집합이 첫째 등식을 만족함은 당연하다. 또한, 임의의 열린집합은 증가하는 유계닫힌집합열의 합집합으로 표시되기 때문에 둘째 등식 또한 열린집합 E 에 대하여 성립한다. 이제 두 가지 등식을 모두 만족하는 보렐집합 전체의 모임을 $\mathfrak{C}$ 라 쓰고, $\mathfrak{C}$ 가 σ–대수임을 보

이면 된다. 이를 위하여 $\mathfrak{C}$ 의 집합열 $\langle E_n \rangle$ 을 잡고, $E = \bigcup_n E_n$ 이라 하자. 먼저 $\lambda(E) < \infty$ 인 경우, $E_n \subset U_n$ 이고 $\lambda(U_n) < \lambda(E_n) + \epsilon/2^n$ 인 열린집합 U_n 을 잡고 그 합집합을 U 라 두자. 그러면 $U \setminus E \subset \bigcup_n (U_n \setminus E_n)$ 이므로

$$\lambda(U) - \lambda(E) = \lambda(U \setminus E) \le \sum_{n=1}^{\infty} \lambda(U_n \setminus E_n) < \epsilon$$

이 되어 E 는 첫째 등식을 만족한다. 한편, $\lambda(E) = \infty$ 인 경우 첫째 등식이 성립하는 것은 자명하다. 각 $j = 1, 2, \ldots$ 에 대하여

$$K_{ij} \subset E_j, \quad \lim_{i \to \infty} \lambda(K_{ij}) = \lambda(E_j)$$

인 유계닫힌집합열 $\langle K_{ij} : i = 1, 2, \ldots \rangle$ 을 잡자. 만일 $K_n = \bigcup_{i,j=1}^{n} K_{ij}$ 라 두면 $\lambda(K_n) \to \lambda(E)$ 임을 보일 수 있으므로 $E \in \mathfrak{C}$ 임이 증명되었다.

이제 $E \in \mathfrak{C}$ 에 대하여 $U_n \supset E$ 이고 $\lambda(U_n) \to \lambda(E)$ 인 단조감소 열린집합열 $\langle U_n \rangle$ 을 잡자. 만일 $L_n = [-n, n] \setminus U_n$ 이라 두면 $L_n \subset E^c$ 이고 $\lambda(L_n) \to \lambda(E^c)$ 가 성립한다. 끝으로, E^c 에 대하여 첫째 등식을 보이는 일이 남았는데, 이를 위하여 다음

$$I \text{는 유계닫힌구간}, \ I \cap E \in \mathfrak{C} \implies I \setminus E \in \mathfrak{C}$$

을 먼저 보이자.

먼저 $U \supset I \cap E$ 이고 $\lambda(U) < \lambda(I \cap E) + \epsilon$ 인 열린집합 U 를 잡으면 $K = I \setminus U$ 는 유계닫힌집합이고, $K \subset I \setminus E$ 이다. 또한, $\lambda(I) < \infty$ 이므로

$$\begin{aligned} \lambda(K) &= \lambda(I) - \lambda(I \cap U) \ge \lambda(I) - \lambda(U) \\ &> \lambda(I) - \lambda(I \cap E) - \epsilon = \lambda(I \setminus E) - \epsilon \end{aligned}$$

이 되어서, $I \setminus E$ 가 둘째 등식을 만족한다. 첫째 등식을 보이기 위하여 $J \supset I$ 이고 $\lambda(J) < \lambda(I) + \epsilon$ 인 유계열린구간 J 를 잡자. 또한, $K \subset I \cap E$

이고 $\lambda(K) > \lambda(I \cap E) - \epsilon$ 인 유계닫힌집합 K 를 잡자. 이제 $U = J \setminus K$ 라 두면 $U \supset I \setminus E$ 이고

$$\lambda(U) = \lambda(J) - \lambda(K) < \lambda(I) + \epsilon - \lambda(I \cap E) + \epsilon = \lambda(I \setminus E) + 2\epsilon$$

이 되어서 $I \setminus E$ 가 첫째 등식을 만족한다.

만일 $E \in \mathfrak{C}$ 이면 각 $n = 1, 2, \ldots$ 에 대하여 $E \cap [-n, n] \in \mathfrak{C}$ 임을 확인할 수 있다. 따라서 $[-n, n] \setminus E \in \mathfrak{C}$ 인데, $\mathfrak{C}$ 가 셀수있는 합집합에 대하여 닫혀있음을 이미 알고 있으므로 $E^c = \bigcup_n([-n, n] \setminus E) \in \mathfrak{C}$ 임이 증명되었다. □

연습문제 7.3.2. 임의의 열린집합은 증가하는 유계닫힌집합열의 합집합으로 표시됨을 보여라. 또한, 정리 7.3.3 의 증명과정에서 $\lim_n \lambda(K_n) = \lambda(E)$ 과 $\lim_n \lambda(L_n) = \lambda(E^c)$ 을 보여라.

따름정리 7.3.4. 만일 $\lambda \ll m$ 이고 거의 모든 점에서 $\alpha_\lambda' = 0$ 이면 $\lambda = 0$ 이다.

증명: 정리 7.3.2 에 의하여 α_λ 가 절대연속이므로, 정리 2.2.4 를 적용하면

$$\lambda((a, b)) = \alpha_\lambda(b) - \alpha_\lambda(a) = \int_a^b \alpha_\lambda'(x)dx = 0$$

이 된다. 따라서 임의의 열린집합 U 에 대하여 $\lambda(U) = 0$ 이고 정리 7.3.3 을 이용하면 원하는 결론을 얻는다. □

정리 7.3.5. 실직선에 정의된 정규 양보렐측도 λ 에 대하여 다음은 동치이다.

(가) $\lambda \perp m$ 이다.
(나) 거의 모든 점에서 $\alpha_\lambda' = 0$ 이다.

증명: 먼저, 거의 모든 점에서 $\alpha_\lambda{}' = 0$ 이라 가정하자. 측도 λ 를 르벡 분해하여 $\lambda = \lambda_a + \lambda_s$ 라 쓰면 $\alpha_\lambda = \alpha_{\lambda_a} + \alpha_{\lambda_s}$ 이다. 따라서, 부등식 $0 \le \alpha_{\lambda_a}{}' \le \alpha_\lambda{}' = 0$ 및 등식 $\alpha_{\lambda_a}{}' = 0$ 이 거의 모든 점에서 성립한다. 그런데 $\lambda_a \ll m$ 이므로 따름정리 7.3.4 에 의하여 $\lambda_a = 0$ 이고, $\lambda = \lambda_s$ 는 특이측도가 된다.

이제, 역을 증명하기 위하여 $\lambda \perp m$ 이라 가정하자. 이 때,

$$\nu(E) = \int_E \alpha_\lambda{}' dm, \qquad E \in \mathfrak{B} \tag{15}$$

라 두면 당연히 $\nu \ll m$ 이다. 한편 명제 2.1.3 에 의하여

$$\nu((a,b]) = \int_{(a,b]} \alpha_\lambda{}' dm \le \alpha_\lambda(b) - \alpha_\lambda(a) = \lambda((a,b])$$

가 성립한다. 그런데 임의의 열린집합이 $(a,b]$ 꼴로 된 서로소인 셀수 있는 구간들의 합집합이므로 각 열린집합 U 에 대하여 $\nu(U) \le \lambda(U)$ 가 성립한다. 그런데 ν 와 λ 가 모두 정규 양보렐측도이므로 정리 7.3.3 에 의하여 $\nu \ll \lambda$ 임을 알 수 있다. 또한 $\lambda \perp m$ 이므로 $\nu \perp m$ 이 되고, $\nu \ll m$ 으로부터 $\nu = 0$ 임을 알 수 있다. 그런데, 거의 모든 점에서 $\alpha_\lambda{}' \ge 0$ 이므로 원하는 결론을 얻는다. □

연습문제 7.3.3. 만일 $\nu \ll \lambda$ 이고 $\lambda \perp m$ 이면 $\nu \perp m$ 임을 보여라.

임의의 정규 양보렐측도 λ 의 르벡분해 $\lambda = \lambda_a + \lambda_s$ 에 대하여 측도 ν 를 (15) 와 같이 정의하자. 그러면 정리 7.3.5 에 의하여

$$\alpha_\lambda{}' = \alpha_{\lambda_a}{}' + \alpha_{\lambda_s}{}' = \alpha_{\lambda_a}{}'$$

이고, 정리 2.2.4 를 이용하면

$$\nu((c,d)) = \int_{(c,d)} \alpha_\lambda{}' dm = \int_{(c,d)} \alpha_{\lambda_a}{}' dm = \lambda_a(d) - \lambda_a(c) = \lambda_a((c,d))$$

가 된다. 따라서, 임의의 열린집합 U 에 대하여 $\nu(U) = \lambda_a(U)$ 이고 ν 역시 정규측도이므로 $\nu = \lambda_a$ 임을 알 수 있다. 즉, 등식

$$\lambda_a(E) = \int_E \alpha_\lambda' dm$$

이 임의의 보렐집합 $E \in \mathfrak{B}$ 에 대하여 성립함을 알 수 있는데, 이는 $\alpha_{\lambda_a}' = \alpha_\lambda'$ 이 바로 m 에 대한 λ_a 의 라돈–니코딤 도함수임을 뜻한다.

따름정리 7.3.6. 실직선 위의 정규 양보렐측도 λ 가 르벡측도 m 에 대하여 절대연속이면 거의 모든 점에서 $\left[\dfrac{d\lambda}{dm}\right] = \alpha_\lambda'$ 이 성립한다.

이제, λ 가 정규 양보렐측도일 때

$$D = \{x \in \mathbb{R} : \lambda(\{x\}) > 0\}$$

이라 두고, 각 $E \in \mathfrak{B}$ 에 대하여

$$\lambda_d(E) = \lambda(E \cap D), \qquad \lambda_c(E) = \lambda(E \setminus D)$$

라 정의하자. 각 $n = 1, 2, \dots$ 에 대하여 $\lambda(D \cap [-n, n]) \le \lambda([-n, n]) < \infty$ 이므로 D 는 셀수있는 집합이고 따라서 $D = \{x_n : n = 1, 2, \dots\}$ 로 쓸 수 있다. 그러면, 각 $E \in \mathfrak{B}$ 에 대하여

$$\lambda_d(E) = \sum_{x_n \in E} \lambda(\{x_n\}) = \sum_{n=1}^{\infty} \lambda(\{x_n\}) \delta_{x_n}(E)$$

이므로, λ_d 는 디락측도들의 합임을 알 수 있다. 이로부터 얻어진 단조증가함수 α_{λ_d} 는 각 점 $x \in D$ 에서 불연속점을 가진다. 한편, 단조함수 α_{λ_c} 는 명제 7.3.1 에 의하여 연속함수가 된다. 만일 $\lambda_c \perp m$ 이면 정리 7.3.5 에 의하여 그 도함수가 거의 모든 점에서 0 이다. 이처럼 거의 모든 점에서 도함수가 0 이지만 상수함수가 아닌 연속함수의 대표적 예가 칸토르함수이다.

지금까지 논의한 바를 정리하면 다음과 같다. 실직선 위에 정의된 정규 양보렐측도 λ 는 절대연속측도 λ_a, 연속특이측도 λ_s 및 디락측도의 합으로 표현되는 측도 λ_d 등 세 개의 측도의 합으로 쓸 수 있다. 이 때, 이들 측도에 의하여 얻어지는 단조증가함수를 각각 $\alpha_a, \alpha_s, \alpha_d$ 라 두면, α_a 는 절대연속함수, α_s 는 그 도함수가 거의 모든 점에서 0 인 연속함수가 되고 α_d 는 불연속함수이다. 또한 λ 에 의하여 얻어지는 단조증가함수를 α 라 두면 $\alpha = \alpha_a + \alpha_s + \alpha_d$ 이고, 등식

$$\lambda_a(E) = \int_E \alpha_a' dm = \int_E \alpha' dm, \qquad E \in \mathfrak{B}$$

이 성립한다.

정규 양보렐측도 λ 가 주어지면 이에 대응하여 단조증가하는 오른쪽연속함수 α 가 있고, 이 때 $C_c(\mathbb{R})$ 위에서 정의된 두 선형범함수

$$f \mapsto \int_{\mathbb{R}} f d\lambda, \qquad f \mapsto \int_{\text{supp}\, f} f(x) d\alpha(x)$$

는 같음을 알았다. 여기서 왼쪽은 보렐측도 λ 에 관한 적분이고, 오른쪽은 단조증가함수 α 에 관한 리만–스틸체스적분이다. 다음 장에서, 단조증가함수가 주어지면 역으로 이에 대응하는 정규 양보렐측도가 있음을 보게 된다.

7.4 연습문제

7.4.1. 부호측도 μ 가 σ–대수 $\mathfrak{S}$ 위에 정의되어 있을 때, 임의의 잴수있는 집합 E 에 대하여

$$\mu_+(E) = \sup\{\mu(F) : F \subset E, F \in \mathfrak{S}\}, \qquad \mu_- = -\inf\{\mu(F) : F \subset E, F \in \mathfrak{S}\}$$

가 성립함을 보여라.

7.4.2. 유한부호측도 μ, ν 에 대하여 $\mu - \nu$ 가 양측도일 때 $\mu \geq \nu$ 라 정의하였을 때, 이는 순서관계가 됨을 보여라.

(가) 유한부호측도 μ, ν 에 대하여

$$\mu \wedge \nu = \frac{\mu + \nu - |\mu - \nu|}{2}, \qquad \mu \vee \nu = \frac{\mu + \nu + |\mu - \nu|}{2}$$

라 정의하면

$$\mu \geq \mu \wedge \nu, \qquad \nu \geq \mu \wedge \nu, \qquad \lambda \geq \mu, \nu \Longrightarrow \lambda \geq \mu \wedge \nu$$

가 성립함을 보여라. 또한 $\mu \vee \nu$ 에 대하여 이에 대응하는 성질을 증명하여라.

(나) 유한양측도 μ, ν 가 주어졌을 때, $\mu \perp \nu$ 일 필요충분조건이 $\mu \wedge \nu = 0$ 임을 보여라.

7.4.3. 만일 $d\lambda = g d\mu$ 이면 $d|\lambda| = |g| d\mu$ 임을 보여라.

7.4.4. 복소측도 λ 가 양측도 μ 에 대하여 절대연속이라 하자. 그러면 임의의 양수 $\epsilon > 0$ 에 대하여 다음

$$\mu(E) < \delta \implies |\lambda|(E) < \epsilon$$

을 만족하는 양수 $\delta > 0$ 가 존재함을 보여라. 이 명제의 역이 성립하는지 살펴보아라.

7.4.5. 임의의 잴수있는 집합 $E \subset [0,1]$ 에 대하여

$$\mu(E) = \int_E f(x)dx, \qquad \nu(E) = \int_E x dx$$

라 정의하자 (단, $f = \chi_{[0,1,2]} - \chi_{[1/2,1]}$). 이 때 $\nu \ll |\mu|$ 임을 보여라. 또한 $\mu(E) = 0 \implies \nu(E) = 0$ 이 성립하는지 살펴보아라.

7.4.6. 세 측도 μ, ν, λ 가 σ–유한양측도일 때, $\nu \ll \lambda$, $\lambda \ll \mu$ 이면 $\nu \ll \mu$ 이고, 다음 등식

$$\left[\frac{d\nu}{d\mu}\right] = \left[\frac{d\nu}{d\lambda}\right] \cdot \left[\frac{d\lambda}{d\mu}\right]$$

이 성립함을 보여라.

7.4.7. 집합 X 위에 σ–유한양측도 μ 가 주어져 있고, $1 \leq p \leq \infty$ 라 하자. 만일 X 에서 정의된 함수 g 가 다음 성질

$$h \in L^q(\mu) \implies gh \in L^1(\mu)$$

을 만족하면 $g \in L^p(\mu)$ 임을 보여라.(4)

7.4.8. 각 $f \in L^1(\mathbb{T})$ 에 대하여

$$\lambda_f(\xi) = f * \xi, \qquad \xi \in L^2(\mathbb{T})$$

라 정의하자.

(가) 선형사상 λ_f 는 $L^2(\mathbb{T})$ 에서 $L^2(\mathbb{T})$ 로 가는 유계선형사상이고 부등식

$$\|\lambda_f\| \le \|f\|_1, \qquad f \in L^1(\mathbb{T})$$

이 성립함을 보여라.

(나) L^2 주기함수의 푸리에변환을 $U : L^2(\mathbb{T}) \to \ell^2(\mathbb{Z})$ 라 두면, 즉

$$U(\xi) = \widehat{\xi}, \qquad \xi \in L^2(\mathbb{T})$$

라 두면 $U \circ \lambda_f = M_{\widehat{f}} \circ U$ 가 성립함을 보여라. 여기서 $M_{\widehat{f}} : \ell^2(\mathbb{Z}) \to \ell^2(\mathbb{Z})$ 는 연습문제 6.4.3 을 참조하라.

(다) 각 $f \in L^1(\mathbb{T})$ 에 대하여 $\|\lambda_f\| = \|\widehat{f}\|_\infty$ 임을 보여라.

(라) 이 연습문제에서 $\mathbb{T}$ 를 $\mathbb{R}$ 로 고치면 어떻게 되는지 살펴보아라.

7.4.9. 집합 X 에 양측도 $(\mathfrak{S}, \mu)$ 가 주어져 있고, 함수 $\lambda : \mathfrak{S} \to \mathbb{C}$ 가 다음 세 성질

(i) $E, F \in \mathfrak{S}, E \cap F = \emptyset \implies \lambda(E \sqcup F) = \lambda(E) + \lambda(F)$,

(ii) $\|\lambda\| := \sup\{|\lambda(E)| : E \in \mathfrak{S}\} < \infty$,

(iii) $\mu(E) = 0 \implies \lambda(E) = 0$

을 만족한다고 가정하자.

(가) 측도 μ 에 관한 단순함수 $s = \sum_{k=1}^{n} \alpha_k \chi_{E_k}$ 에 대하여

$$s \mapsto \sum_{i=1}^{n} \alpha_k \lambda(E_k) \tag{16}$$

라 정의하면, 단순함수 전체의 부분공간 $S \subset L^\infty(X, \mathfrak{S}, \mu)$ 위에서 잘 정의된 유계선형범함수가 됨을 보여라. 또한 이 유계선형범함수의 노음이 $\|\lambda\|$ 보다 크지 않음을 보여라.

(4) 따름정리 7.2.4 와 비교하여 보아라.

(나) 단순함수 전체의 부분공간 S 는 $L^\infty(X,\mathfrak{S},\mu)$ 안에서 조밀함을 보여라. [도움말: 함수 $f \in L^\infty(X,\mathfrak{S},\mu)$ 가 주어져 있을 때, 집합 $D_f = \{z \in \mathbb{C} : |z| \le \|f\|_\infty\}$ 를 보렐집합들로 분할하여 $D_f = \bigsqcup_{k=1}^n A_n$ 으로 표시하되, $\operatorname{diam} A_n < \epsilon$ 이 되도록 한다.(5) 각 $k = 1, 2, \dots, n$ 에 대하여 $\alpha_k \in A_k$ 를 택하고 $s = \sum_{k=1}^\infty \alpha_k \chi_{E_k}$ 를 생각한다.]

(다) 관계식 (16) 에서 정의된 선형범함수는 $L^\infty(X,\mathfrak{S},\mu)$ 의 유계선형범함수로 확장됨을 보여라. 이 선형범함수를 φ_λ 로 쓰기로 한다.(6)

(라) 함수 $\lambda : \mathfrak{S} \to \mathbb{C}$ 가운데 위에서 열거한 세 성질을 만족하는 것 전체의 집합 $\mathfrak{M}_\mu$ 는 $\lambda \mapsto \|\lambda\|$ 에 대하여 노음공간이 됨을 보여라.

(마) 대응관계 $\lambda \mapsto \varphi_\lambda : \mathfrak{M}_\mu \to L^\infty(X,\mathfrak{S},\mu)^*$ 는 전단사 등거리 선형사상이 됨을 보여라.

---

(5) 집합 $A \subset \mathbb{C}$ 에 대하여 $\operatorname{diam} A = \sup\{|x-y| : x, y \in A\}$ 로 정의한다.

(6) 이 때 $\varphi_\lambda(f) = \int_X f d\lambda$ 로 쓰기도 하는데, 한 가지 유의할 점은 λ 가 측도가 아니라는 점이다.

제 8 장 위상과 측도

지금까지 공부한 여러 가지 측도는 임의의 집합에 주어진 σ-대수 위에서 정의되었지만, 실제로 측도가 정의되는 대부분의 집합은 이미 위상구조가 주어져 있는 공간이다. 예를 들어서 3.2 절과 7.3 절에서 공부한 내용들은 실직선의 위상과 밀접한 관계가 있는데, 그 핵심적인 부분은 모든 열린집합이 잴수 있는 집합이고, 따라서 임의의 연속함수는 잴수있는 함수라는 점이다. 이 장에서는 임의의 국소옹골 하우스도르프공간에 이러한 측도를 어떻게 정의하는지 살펴보는데, 결론부터 말하자면 이러한 측도는 적절한 연속함수공간의 선형범함수로 이해할 수 있다는 것이다. 먼저 국소옹골공간의 기본적인 성질들을 알아보고, 지난 3.2 절과 7.3 절에서 공부한 내용이 어떻게 일반적인 국소옹골공간에서 적용되는지 살펴본다.

8.1 국소옹골공간

집합 X 의 부분집합모임 $\mathfrak{T}$ 가 다음 성질들

(위1) $\emptyset, X \in \mathfrak{T}$ 이다,

(위2) $\mathfrak{T}$ 는 임의의 합집합에 대하여 닫혀있다,

(위3) $\mathfrak{T}$ 는 유한교집합에 대하여 닫혀있다

을 만족할 때 이 $\mathfrak{T}$ 를 X 의 위상이라 하고, 위상이 주어진 집합을 위상공간이라 한다. 이 때, $\mathfrak{T}$ 에 들어가는 집합을 열린집합이라 하며,

그 여집합이 $\mathfrak{T}$에 들어가는 집합을 닫힌집합이라 부른다. 임의의 집합 $S \subset X$에 대하여 S를 포함하는 모든 닫힌부분집합들의 교집합을 $\overline{S}$라 쓰고 이를 S의 **닫힘**이라 하는데, 이는 S를 포함하는 최소 닫힌집합이 된다. 한편, S 안에 들어가는 열린집합 전체의 합집합을 S의 내부라 하고, 이를 $\operatorname{int} S$로 쓴다.

예를 들어, 지금까지 공부한 노음공간이나 거리공간은 모두 위상공간이다. 또한, 모든 부분집합을 다 모으면 이는 당연히 위상이 되는데, 이러한 위상이 주어진 위상공간을 이산공간이라 한다. 한편, 위상공간 $(X, \mathfrak{T})$와 X의 부분집합 $Y \subset X$가 있을 때, $\mathfrak{T}|_Y = \{A \cap Y : A \in \mathfrak{T}\}$는 Y의 위상이 되는데, 이 때 $(Y, \mathfrak{T}|_Y)$를 $(X, \mathfrak{T})$의 부분공간[(1)]이라 한다. 예를 들어서 실직선 $\mathbb{R}$의 거리로부터 얻어지는 위상을 생각하면 그 부분공간 $\mathbb{Z}$는 이산공간이 된다.

위상공간 X, Y 사이에 정의된 함수 $f : X \to Y$가 있을 때, 임의의 열린집합 $V \subset Y$에 대하여 그 역상 $f^{-1}(V)$가 X의 열린집합이면 f를 연속함수라 한다. 두 위상공간 X, Y 사이에 전단사함수 f가 존재하여 f 및 f^{-1}가 모두 연속이면 X와 Y가 서로 위상동형이라 한다.

연습문제 8.1.1. 두 노음공간 $\ell^p(\{1, 2, \ldots, n\})$과 $\ell^q(\{1, 2, \ldots, n\})$은 서로 위상동형임을 보여라 (단, $1 \le p, q \le \infty$).

집합 X의 부분집합모임 $\mathcal{W}$가 있을 때, $\mathcal{W}$에 들어가는 집합들의 유한교집합으로 표시되는 집합들을 모아서 $\mathfrak{B}_{\mathcal{W}}$라 하자. 또한, $\mathfrak{B}_{\mathcal{W}}$에 있는 집합들의 합집합으로 표시되는 집합들을 모두 모아서 $\mathfrak{T}_{\mathcal{W}}$라 하자. 그러면 $\mathfrak{T}_{\mathcal{W}}$가 집합 X의 위상이 됨을 바로 확인할 수 있다. 또한, $\mathfrak{T}$가 $\mathcal{W}$를 품는 X의 위상이라면 $\mathfrak{T}_{\mathcal{W}} \subset \mathfrak{T}$임도 바로 확인된다. 따라서, $\mathfrak{T}_{\mathcal{W}}$는 $\mathcal{W}$를 포함하는 가장 작은 위상이 된다. 일반적으로, 위상공간 $(X, \mathfrak{T})$의 모든 열린집합이 집합모임 $\mathfrak{B} \subset \mathfrak{T}$에 있는 집합들의 합집합

(1) 벡터공간의 부분공간과 혼동하지 말아야 한다. 특히, 노음공간의 부분공간은 항상 벡터부분공간을 의미한다.

으로 표시되면 $\mathfrak{B}$ 를 이 공간의 위상기저 혹은 그냥 기저라 한다. 따라서, $\mathfrak{B}_{\mathcal{W}}$ 는 위상공간 $(X, \mathfrak{T}_{\mathcal{W}})$ 의 위상기저가 된다.

집합모임 $\{X_\alpha : \alpha \in A\}$ 의 곱집합을 다음

$$\prod_{\alpha\in A} X_\alpha = \{\xi : A \to \bigcup_{\alpha\in A} X_\alpha \ : \ \xi(\alpha) \in X_\alpha \ (\alpha \in A)\}$$

과 같이 정의한다. 만일 각 $\alpha \in A$ 에 대하여 $X_\alpha = X$ 이면 이는 A 에서 X 로 가는 함수 전체의 집합 X^A 와 마찬가지이다. 각 $\alpha \in A$ 에 대하여 다음

$$\pi_\alpha(\xi) = \xi(\alpha), \qquad \xi \in \prod_{\alpha\in A} X_\alpha$$

과 같이 정의된 함수 $\pi_\alpha : \prod_\alpha X_\alpha \to X_\alpha$ 를 정사영이라 한다. 위상공간 모임 $\{(X_\alpha, \mathfrak{T}_\alpha) : \alpha \in A\}$ 에 대하여 곱집합의 부분집합모임

$$\mathcal{W} = \{\pi_\alpha^{-1}(U) \subset \prod_{\alpha\in A} X_\alpha : \alpha \in A,\ U \in \mathfrak{T}_\alpha\}$$

을 생각하자. 이 모임을 품는 가장 작은 위상을 곱집합 $\prod_\alpha X_\alpha$ 의 곱위상이라 하는데, 이는 물론 모든 정사영이 연속함수가 되도록 하여 주는 최소 위상이다. 앞으로, 위상공간의 곱공간이란 곱집합에 이러한 곱위상이 주어진 위상공간을 말한다.

순서집합 I 가 다음 조건

$$\text{임의의 } i, j \in I \text{ 에 대하여 } i \le i_0,\ j \le i_0 \text{ 인 } i_0 \in I \text{ 가 존재한다} \tag{1}$$

을 만족할 때, 함수 $i \mapsto x_i \in X$ 를 X 의 그물이라고 한다. 자연수집합 $\mathbb{N}$ 이 조건 (1) 을 만족하므로, 모든 수열은 그물이 된다. 만일 $\langle x_i : i \in I\rangle$ 이 공간 X 의 그물이고 $x \in X$ 일 때, x 를 품는 임의의 열린집합 U 에 대하여

$$i \in I,\ i \ge i_0 \implies x_i \in U$$

를 만족하는 $i_0 \in I$ 가 존재하면 $\langle x_i \rangle$ 가 x 로 **수렴한다** 하고 $\lim_i x_i = x$ 라 쓴다.

명제 8.1.1. 곱공간 $\prod_{\alpha \in A} X_\alpha$ 의 그물 $\langle \xi_i : i \in I \rangle$ 과 한 점 ξ 가 있을 때, $\lim_i \xi_i = \xi$ 일 필요충분조건은 각 $\alpha \in A$ 에 대하여 $\lim_i \xi_i(\alpha) = \xi(\alpha)$ 임이다.

증명: 먼저 $\lim_i \xi_i = \xi$ 라 가정하자. 이 때 $\alpha \in A$ 를 고정하고 $\xi(\alpha)$ 를 품는 임의의 열린집합 U 를 잡으면 $\pi_\alpha^{-1}(U)$ 는 곱공간의 열린집합이므로 $i \geq i_0 \implies \xi_i \in \pi_\alpha^{-1}(U)$ 가 되는 $i_0 \in I$ 가 존재한다. 그러면 $i \geq i_0$ 에 대하여 $\xi_i(\alpha) = \pi_\alpha(\xi_i) \in U$ 가 되어 $\lim_i \xi_i(\alpha) = \xi(\alpha)$ 임을 알 수 있다. 역으로, 각 $\alpha \in A$ 에 대하여 그물 $\langle \xi_i(\alpha) : i \in I \rangle$ 이 $\xi(\alpha)$ 로 수렴한다고 가정하자. 이제 ξ 를 품는 열린집합 $V \subset \prod_\alpha X_\alpha$ 를 잡으면 곱위상의 정의에 의하여

$$\xi \in \bigcap_{\beta \in F} \pi_\beta^{-1}(U_\beta) \subset V$$

인 유한집합 $F \subset A$ 와 X_β 의 열린집합 U_β 를 잡을 수 있다. 각 $\beta \in F$ 에 대하여 $\xi(\beta) \in U_\beta$ 이므로

$$i \geq i_\beta \implies \xi_i(\beta) \in U_\beta$$

인 $i_\beta \in I$ 가 존재한다. 그런데 F 가 유한집합이므로 조건 (1) 을 적용하면, 각 $\beta \in F$ 에 대하여 $i_0 \geq i_\beta$ 인 $i_0 \in I$ 를 찾을 수 있다. 만일 $i \geq i_0$ 이면 각 $\beta \in F$ 에 대하여 $i \geq i_\beta$ 이므로 $\pi_\beta(\xi_i) = \xi_i(\beta) \in U_\beta$ 이고 따라서 $\xi_i \in V$ 임을 알 수 있다. □

예를 들어서 집합 A 에서 $\mathbb{C}$ 로 가는 함수 전체의 집합 $\mathbb{C}^A$ 을 생각하면 함수열 $\langle f_n \rangle$ 이 곱위상에 관하여 f 로 수렴할 필요충분조건이 바로 점별수렴이다.

위상공간 X 의 집합모임 $\{U_\alpha : \alpha \in A\}$ 의 합집합이 $K \subset X$ 를 포함하면 이를 K 의 **덮개**라 하고 열린집합으로 이루어진 덮개를 **열린덮개**

라 한다. 만일 K 의 덮개 $\{U_\alpha : \alpha \in A\}$ 의 부분모임 $\{U_\alpha : \alpha \in B\}$ 이 K 의 덮개이면, 이를 $\{U_\alpha : \alpha \in A\}$ 의 부분덮개라 한다. 만일 K 의 임의의 열린덮개가 유한부분덮개를 가지면 K를 옹골집합이라 한다. 또한, 위상공간 X 자체가 옹골집합일 때 이를 옹골공간이라 한다.

연습문제 8.1.2. 위상공간 X 의 부분집합 Y 가 옹골집합일 필요충분조건은 Y 를 X 의 부분공간으로 이해하였을 때 옹골공간임을 보여라.

연습문제 8.1.3. 옹골공간의 닫힌부분집합이 옹골집합임을 보여라. 또한, 노음공간의 옹골집합은 항상 유계닫힌집합임을 보여라.

명제 8.1.2. 옹골집합 X 에서 정의된 연속함수 $f : X \to Y$ 의 치역은 옹골집합이다.

증명: 만일 $\{V_\alpha : \alpha \in A\}$ 가 치역 $f(X)$ 의 열린덮개이면 $\{f^{-1}(V_\alpha) : \alpha \in A\}$ 는 X 의 열린덮개이므로 유한부분덮개 $\{f^{-1}(V_\alpha) : \alpha \in B\}$ 를 가진다. 그러면 $\{V_\alpha : \alpha \in B\}$ 가 $f(X)$ 의 유한부분덮개가 된다. □

하이네–보렐 정리는 유한차원 좌표공간에서 유계닫힌집합이 항상 옹골공간임을 말한다. 그러나, 이는 무한차원공간에서는 성립하지 않는다. 예를 들어서, ℓ^p 에서 (단, $p \geq 1$) 각 $n \in \mathbb{N}$ 에 대하여 $e_n \in \ell^p$ 를 6.1 절의 (3) 과 같이 정의하면 $Y = \{e_n : n \in \mathbb{N}\}$ 는 옹골집합이 아니다. 실제로 각 점 $U_n = \{e_n\}$ 은 Y 안에서 열린집합이므로 $\{U_n : n \in \mathbb{N}\}$ 은 유한부분덮개를 가지지 않는 Y 의 열린덮개이다.

위상공간 X 의 임의의 서로 다른 두 점 $x, y \in X$ 에 대하여 $x \in U$, $y \in V$ 이고 서로소인 열린집합 U, V 가 있으면 이를 하우스도르프공간이라 한다. 일반적으로 두 집합 $A, B \subset X$ 가 주어져 있을 때, $A \subset U$, $B \subset V$ 이고 서로소인 열린집합 U, V 가 있으면 A 와 B 가 분리된다고 말한다.

연습문제 8.1.4. 하우스도르프공간에서 한 점으로 이루어진 집합이나 옹골집합은 항상 닫힌집합임을 보여라. 또한 하우스도르프공간의 곱공간과 부분공간이 다시 하우스도르프공간이 됨을 보여라.

명제 8.1.3. 하우스도르프 옹골공간 X에서 서로소인 닫힌집합은 항상 분리된다.

증명: 먼저 한 점 $\{x_0\}$와 $x_0 \notin B$인 닫힌집합 B가 분리됨을 보이자. 각 $y \in B$에 대하여

$$x_0 \in U_y, \qquad y \in V_y, \qquad U_y \cap V_y = \emptyset$$

인 열린집합 U_y, V_y를 잡으면 $\{V_y : y \in B\}$는 B의 열린덮개인데 B가 옹골집합이므로, 유한부분덮개 $\{V_{y_i} : i = 1, 2, \dots, n\}$을 가진다. 이제 $U = \bigcap_{i=1}^n U_{y_i}$, $V = \bigcup_{i=1}^n V_{y_i}$라 놓으면 된다. 서로소인 닫힌집합 A, B가 주어지면, 각 $x \in A$에 대하여 $x \in U_x$, $B \subset V_x$이고 서로소인 열린집합 U_x, V_x를 잡을 수 있다. 앞에서 살펴본 바와 같이 A의 유한덮개 $\{U_{x_j} : j = 1, \cdots, m\}$을 잡은 후에 $U = \bigcup_{j=1}^m U_{x_j}$, $V = \bigcap_{j=1}^m V_{x_j}$라 두면 A, B가 분리됨을 알 수 있다. □

명제 8.1.4. 위상공간 X에 대하여 다음은 동치이다.

(가) X가 옹골공간이다.

(나) $\{K_\alpha : \alpha \in A\}$이 닫힌집합모임이고 $\bigcap_{\alpha \in A} K_\alpha = \emptyset$이면 $\bigcap_{\alpha \in F} K_\alpha = \emptyset$인 유한집합 $F \subset A$가 존재한다.

증명: 먼저 X가 옹골공간이라 하자. 특정 $\alpha_0 \in A$를 고정하면 집합모임 $\{X \setminus K_\alpha : \alpha \in A\}$는 K_{α_0}의 열린덮개이고, 따라서 유한덮개 $\{X \setminus K_\alpha : \alpha \in F_0\}$를 가진다. 이 때, $F = F_0 \cup \{\alpha_0\}$라 두면 (나)가 성립한다. 만일 $\{U_\alpha \in A\}$가 X의 열린덮개이면 $\bigcap_\alpha (X \setminus U_\alpha) = \emptyset$이므로 (나)를 가정하면 X가 옹골공간임을 알 수 있다. □

집합모임 $\mathcal{K} = \{K_\alpha : \alpha \in A\}$ 의 임의의 유한부분모임을 택했을 때 그 교집합이 비어있지 않으면 $\mathcal{K}$ 가 유한교집합성질을 가진다고 말한다. 명제 8.1.4 (나) 는 유한교집합성질을 가지는 닫힌집합모임의 교집합은 비어있지 않다는 것과 동치이다.

다음 정리는 옹골공간의 곱공간이 다시 옹골공간이 된다는 것인데 해석학 전반에 걸쳐서 응용이 많다. 이 정리는 한–바나하 정리와 더불어 선택공리가 사용되는 대표적인 정리이다.(2)

정리 8.1.5. (티코노프(3)) 임의의 옹골공간모임 $\{X_\alpha : \alpha \in A\}$ 의 곱공간 $X = \prod_{\alpha \in A} X_\alpha$ 는 옹골공간이다.

증명: 닫힌집합모임 $\mathcal{K}$ 가 유한교집합성질을 가진다 가정하고, $\mathcal{K}$ 를 포함하며 유한교집합성질을 가지는 부분집합모임들을 모두 모아서 이를 $\mathfrak{K}$ 라 두자. 그러면 $\mathfrak{K}$ 는 포함관계에 의하여 순서집합이 되고, 하우스도르프 최대정리에 의하여 최대 전순서 부분집합 $\mathfrak{L} \subset \mathfrak{K}$ 이 존재한다. 이제 $\mathfrak{L}$ 에 들어가는 집합 전체의 합집합을 $\mathcal{L}$ 이라 두면 $\mathcal{L}$ 도 유한교집합성질을 가짐을 바로 확인할 수 있다. 그러면 각 $\alpha \in A$ 에 대하여 X_α 의 집합모임 $\{\overline{\pi_\alpha(L)} : L \in \mathcal{L}\}$ 이 유한교집합성질을 가지는데 X_α 가 옹골공간이므로

$$x_\alpha \in \bigcap \left\{\overline{\pi_\alpha(L)} : L \in \mathcal{L}\right\}$$

인 $x_\alpha \in X_\alpha$ 를 찾을 수 있다. 이제 $x(\alpha) = x_\alpha$ 라 두면 x 는 곱공간 X 의 점이 된다.

만일 $L_1, \ldots, L_n \in \mathcal{L}$ 이고, $L = \bigcap_{i=1}^n L_i$ 라 하면 $\mathcal{L}' = \mathcal{L} \cup \{L\}$ 도 유한교집합성질을 가지고 $\mathcal{L}' \in \mathfrak{K}$ 가 된다. 그런데, $\mathcal{L}'$ 은 $\mathfrak{L}$ 의 어떤 원소보

(2) 자유군의 부분군이 자유군이라는 정리는 대수학에서 선택공리가 사용되는 대표적인 예이다.

(3) Andreĭ Nikolaevich Tikhonov (1906~1993), 러시아 수학자. 모스크바에서 활동하였다.

다도 크므로 $\mathfrak{L}\cup\{\mathcal{L}'\}$은 $\mathfrak{K}$의 전순서 부분집합이 된다. 이제, $\mathfrak{L}$의 최대성에 의하여 $\mathcal{L}'\in\mathfrak{L}$이 되고, 따라서 $\mathcal{L}'\subset\mathcal{L}$이 된다. 이는 $L\in\mathcal{L}$임을 뜻한다. 다시 말하여, $\mathcal{L}$에 있는 집합들의 유한교집합은 다시 $\mathcal{L}$에 들어간다.

이제 x를 포함하는 열린집합 V가 있으면

$$x\in\bigcap_{\beta\in F}\pi_\beta^{-1}(U_\beta)\subset V$$

를 만족하는 유한집합 $F\subset A$와 X_β의 열린집합 U_β (단, $\beta\in F$)를 잡을 수 있다. 각 $\beta\in F$와 임의의 $L\in\mathcal{L}$에 대하여 $x_\beta\in\overline{\pi_\beta(L)}\cap U_\beta$인데 U_β가 열린집합이므로 $\pi_\beta(L)\cap U_\beta\neq\emptyset$이 되고, 따라서 $L\cap\pi_\beta^{-1}(U_\beta)\neq\emptyset$임을 알 수 있다. 그런데, $\mathcal{L}$에 있는 집합들의 유한교집합이 $\mathcal{L}$에 들어가므로 $\mathcal{L}\cup\{\pi_\beta^{-1}(U_\beta)\}$는 유한교집합성질을 가진다. 다시 $\mathfrak{L}$의 최대성질을 이용하면 $\pi_\beta^{-1}(U_\beta)\in\mathcal{L}$임을 알 수 있다. 따라서 그 유한교집합 $\bigcap_{\beta\in F}\pi_\beta^{-1}(U_\beta)$도 $\mathcal{L}$에 들어가고, 임의의 $L\in\mathcal{L}$에 대하여 $L\cap V\neq\emptyset$임을 알게 된다. 그런데 V는 x를 포함하는 임의의 열린집합이었으므로, 임의의 $L\in\mathcal{L}$에 대하여 $x\in\overline{L}$이다. 특히, $\mathcal{K}\subset\mathcal{L}$이므로 임의의 $K\in\mathcal{K}$에 대하여 $x\in\overline{K}=K$가 되고, $\mathcal{K}$의 교집합은 비어있지 않음이 증명되었다. □

지금부터 별 단서가 없는 한, 모든 위상공간은 하우스도르프공간이라 가정한다.

위상공간 X의 한 점 $x\in X$와 x를 포함하는 부분집합 U가 있을 때, 만일 $x\in V\subset U$를 만족하는 열린집합 V가 존재하면 U를 x의 근방이라 부른다. 임의의 점 $x\in X$가 옹골근방을 가지면 X를 국소옹골공간이라 한다. 두 국소옹골공간의 곱집합은 다시 국소옹골집합이 된다.

명제 8.1.6. 국소옹골공간 X 의 한 점 $x \in X$ 와 그 근방 U 에 대하여 $x \in V \subset U$ 인 옹골근방 V 가 존재한다.

증명: 먼저 x 의 옹골근방 W 를 잡은 후, $x \in U_0 \subset U$, $x \in W_0 \subset W$ 인 열린집합 U_0, W_0 를 택하자. 이제 $K = \overline{U_0 \cap W_0}$ 라 두면 K 는 옹골집합이다. 이를 전체공간으로 생각하여 명제 8.1.3 을 적용하면

$$x \in V_1, \qquad K \setminus (U_0 \cap W_0) \subset V_2, \qquad V_1 \cap V_2 = \emptyset$$

인 K 의 열린집합 V_1 과 V_2 를 잡을 수 있다. 따라서

$$x \in V_1 \subset \overline{V_1} \subset K \setminus V_2 \subset U_0 \cap W_0 \subset K$$

가 된다. 여기서 $\overline{V_1}$ 은 K 안에서 닫힘을 취한 것이지만 K 가 X 의 닫힌집합이므로 X 안에서 닫힘을 취한 것이나 같다. 아무튼 $\overline{V_1} \subset K$ 이므로 $\overline{V_1}$ 는 옹골집합이고, $V_1 \subset U_0 \cap W_0$ 인데 $U_0 \cap W_0$ 가 X 의 열린집합이므로 V_1 은 X 의 열린집합이다. 따라서, $\overline{V_1}$ 가 원하는 x 의 옹골근방이다. □

연습문제 8.1.5. 국소옹골공간의 열린부분집합이나 닫힌부분집합은 국소옹골공간임을 보여라.

연습문제 8.1.6. 노음공간 X 가 국소옹골공간일 필요충분조건은 단위공 $\overline{X_1} = \{x : \|x\| \le 1\}$ 이 옹골집합임을 보여라. 노음공간 $\ell^p(I)$ (단, $1 \le p \le \infty$) 가 국소옹골공간일 필요충분조건은 I 가 유한집합임을 보여라.

위상공간 X 에서 정의된 함수 $f : X \to \mathbb{C}$ 에 대하여 그 받침 $\operatorname{supp} f$ 을 다음

$$\operatorname{supp} f = \overline{\{x \in X : f(x) \ne 0\}}$$

과 같이 정의한다. 국소옹골공간 X 에서 정의된 연속함수 $f : X \to \mathbb{C}$ 가운데 그 받침이 옹골집합인 함수 전체의 모임을 $C_c(X)$ 라 쓰면, 이

는 벡터공간이 된다. 또한, 임의의 양수 $\epsilon > 0$ 에 대하여

$$x \in X \setminus K \implies |f(x)| < \epsilon$$

를 만족하는 옹골집합이 존재하는 연속함수 전체의 모임을 $C_0(X)$ 라 쓰면, 이 또한 벡터공간이 되고 $C_c(X) \subset C_0(X)$ 이다. 만일 X 가 옹골공간이면 $C_c(X)$ 나 $C_0(X)$ 는 물론 연속함수 전체의 공간 $C(X)$ 와 일치한다. 명제 8.1.2 를 적용하면 임의의 $f \in C_0(X)$ 에 대하여

$$\|f\|_{\text{sup}} = \sup\{|f(x)| : x \in X\} < \infty$$

임을 알 수 있다.

연습문제 8.1.7. 벡터공간 $C_0(X)$ 에서 $f \mapsto \|f\|_{\text{sup}}$ 는 노음이 됨을 보여라. 또한, $C_0(X)$ 는 이 노음에 관하여 바나하공간임을 보여라.

정리 8.1.7. (유리손[(4)]) 위상공간 X 에서 서로소인 닫힌집합이 항상 분리된다고 가정하자. 만일 A, B 가 서로소인 닫힌집합이면 $f|_A = 0$, $f|_B = 1$ 인 연속함수 $f : X \to [0,1]$ 이 존재한다.

증명: 먼저 $U_1 = X \setminus B$ 라 두자. 집합 A, B 가 분리되므로

$$A \subset U_{1/2} \subset \overline{U_{1/2}} \subset U_1$$

인 열린집합 $U_{1/2}$ 를 잡을 수 있다. 그런데 A, $X \setminus U_{1/2}$ 와 $\overline{U_{1/2}}$, $X \setminus U_1$ 이 각각 분리되므로,

$$A \subset U_{1/4} \subset \overline{U_{1/4}} \subset U_{1/2} \subset \overline{U_{1/2}} \subset U_{3/4} \subset \overline{U_{3/4}} \subset U_1$$

을 만족하는 열린집합 $U_{1/4}, U_{3/4}$ 를 잡을 수 있다. 집합

$$D = \{m/2^n \in (0,1) : m = 1, 2, \ldots, 2^n - 1,\ n = 1, 2, \ldots\}$$

(4) Pavel Samuilovich Uryson (1898~1924), 러시아 수학자. 모스크바에서 공부하고 활동하였는데, 프랑스 여행중에 요절하였다.

을 생각하면, 귀납법을 이용하여

$$r, s \in D,\ r < s \implies U_r \subset \overline{U_r} \subset U_s$$

가 성립하도록 열린집합모임 $\{U_r : r \in D\}$ 를 잡을 수 있다. 이제 각 $x \in X$ 에 대하여

$$f(x) = \begin{cases} 1, & x \in B, \\ \inf\{r \in D : x \in U_r\}, & x \notin B \end{cases}$$

라 정의하면 $f|_A = 0$, $f|_B = 1$ 임은 자명하다. 만일 $a, b \in (0,1)$ 이면

$$\begin{aligned} f(x) < a &\iff x \in \bigcup\{U_r : r < a\}, \\ f(x) > b &\iff x \in \bigcup\{X \setminus \overline{U_r} : r > b\} \end{aligned} \tag{2}$$

이므로 $f^{-1}([0,a))$ 및 $f^{-1}((b,1])$ 이 열린집합이고, 따라서 f 는 연속함수가 된다. □

연습문제 8.1.8. 동치관계 (2) 를 증명하여라.

위상공간 X 의 열린집합 V 와 $f \in C_c(X)$ 가 있을 때, $f \prec V$ 란

$$0 \le f \le 1, \qquad \operatorname{supp} f \subseteq V$$

임을 뜻하고, 또한 K 가 옹골집합일 때 $K \prec f$ 란

$$0 \le f \le 1, \qquad f|_K = 1$$

임을 뜻한다. 다음 정리에서는 국소옹골공간에 충분히 많은 연속함수가 있음을 보이려 한다.

따름정리 8.1.8. (유리손) 국소옹골공간 X 의 옹골집합 K 와 이를 포함하는 열린집합 V 에 대하여 $K \prec f \prec V$ 인 $f \in C_c(X)$ 가 존재한다.

증명: 각 $x \in K$ 와 열린집합 V 에 대하여 명제 8.1.6 을 적용하면 $x \in U_x \subset L_x \subset V$ 인 열린집합 U_x 와 옹골집합 L_x 를 잡을 수 있다. 그러면 $\{U_x : x \in K\}$ 가 K 의 열린덮개이므로 유한부분덮개 $\{U_{x_i} : i = 1, 2, \ldots, n\}$ 를 가지는데, $U = \bigcup_{i=1}^n U_{x_i}$, $L = \bigcup_{i=1}^n \overline{U_{x_i}}$ 라 두면 $K \subset U \subset L \subset V$ 가 된다. 이제 옹골공간 L 에 대하여 명제 8.1.3 과 유리손 정리를 적용하면 $f|_K = 1$ 이고 $f|_{L \setminus \operatorname{int} L} = 0$ 인 연속함수 $f : L \to [0,1]$ 을 잡을 수 있다. 만일 $x \in X \setminus L$ 에 대하여 $f(x) = 0$ 이라 놓으면 $f : X \to [0,1]$ 이 원하는 연속함수가 된다. □

연습문제 8.1.9. 따름정리 8.1.8 에서 만든 $f : X \to [0,1]$ 이 연속함수임을 보여라.

다음 정리는 국소적으로 성립하는 성질을 전체 공간으로 확장할 때 필요한 내용인데, 해석학과 기하학에서 폭넓게 쓰인다.

정리 8.1.9. (단위분할정리) 국소옹골공간에 열린집합 $V_1, V_2, \ldots V_n$ 과 $K \subset \bigcup_{i=1}^n V_i$ 인 옹골집합 K 에 대하여 다음

$$\sum_{i=1}^n h_i(x) = 1 \quad (x \in K), \qquad h_i \prec V_i \quad (i = 1, 2, \ldots, n)$$

을 만족하는 $h_1, h_2, \ldots, h_n \in C_c(X)$ 가 존재한다.

증명: 각 $x \in K$ 에 대하여 x 는 적절한 V_i 에 들어가는데, 명제 8.1.6 에 의하여 $x \in U_x \subset K_x \subset V_i$ 인 열린집합 U_x 와 옹골집합 K_x 를 찾을 수 있다. 그러면 $\{U_x : x \in K\}$ 는 K 의 열린덮개이므로 유한부분덮개 $\{U_{x_j} : j = 1, \ldots, m\}$ 이 존재한다. 각 $i = 1, 2, \ldots, n$ 에 대하여, V_i 에 들어가는 K_{x_j} 들의 합집합을 L_i 라 하자. 이제 유리손 정리에 의하여 $L_i \prec f_i \prec V_i$ 인 연속함수 $f_i \in C_c(X)$ 를 찾고,

$$h_1 = f_1, \qquad h_i = (1 - f_1)(1 - f_2) \cdots (1 - f_{i-1}) f_i, \quad i = 2, 3, \ldots, n$$

이라 정의하자. 그러면 $h_i \prec V_i$ 는 당연하고, i 에 관하여 귀납법을 사용하면

$$h_1 + h_2 + \cdots + h_n = 1 - (1 - f_1)(1 - f_2)\cdots(1 - f_n)$$

이 성립함을 확인할 수 있다. 그런데 $K \subset \bigcup_{i=1}^n L_i$ 이므로, 각 $x \in K$ 에 대하여 $\sum_{i=1}^n h_i(x) = 1$ 이 성립한다. □

유계닫힌구간 위에서 정의된 연속함수가 다항식함수로 점근된다는 바이에르쉬트라스 정리는 옹골공간에서 다음과 같이 확장된다. 옹골공간 X 에서 정의된 연속실함수 전체의 집합을 $C^{\mathbb{R}}(X)$ 라 쓰면, 이는 실벡터공간이 된다.

정리 8.1.10. (스톤[(5)]–바이에르쉬트라스) 옹골공간 X 에서 정의된 실연속함수공간 $C^{\mathbb{R}}(X)$ 의 실부분공간 A 가 다음 성질들

(가) $f, g \in A$ 이면 $fg \in A$ 이다,

(나) 서로 다른 두 점 $x, y \in X$ 에 대하여 $f(x) \neq f(y)$ 인 $f \in A$ 가 존재한다,

(다) $1_X \in A$ 이다

을 만족하면 A 는 바나하공간 $C^{\mathbb{R}}(X)$ 안에서 조밀하다.

증명: 함수 $f \in C^{\mathbb{R}}(X)$ 를 고정하고, 임의의 $x, y \in X$ 에 대하여

$$h_{x,y}(x) = f(x), \qquad h_{x,y}(y) = f(y)$$

인 $h_{x,y} \in A$ 를 잡을 수 있다. 이는 $x = y$ 일 때 당연하고, $x \neq y$ 이면 $g(x) \neq g(y)$ 인 $g \in A$ 를 잡은 후에

$$z \mapsto f(x) + (f(y) - f(x)) \cdot \frac{g(z) - g(x)}{g(y) - g(x)}, \qquad z \in X$$

(5) Marshall Harvey Stone (1903~1989), 미국 수학자. Harvard 에서 공부하고 활동하다가, 이차대전 이후 Chicago 대학으로 옮겼다.

라 두면 된다.[6] 점 $x \in X$ 를 고정하면, 함수 $h_{x,y} - f$ 가 점 y 에서 연속이고 $(h_{x,y} - f)(y) = 0$ 이므로

$$z \in U_y \implies h_{x,y}(z) < f(z) + \epsilon$$

인 열린집합 U_y 를 잡을 수 있다. 이제 X 의 유한덮개 $\{U_y : y \in F\}$ 를 잡고 $h_x = \min\{h_{x,y} : y \in F\}$ 라 두면

$$h_x(x) = f(x), \qquad h_x < f + \epsilon$$

이 된다. 이제 $h_x \in \overline{A}$ 임을 보이고자 하는데

$$\min\{h, k\} = \frac{h+k}{2} - \frac{|h-k|}{2}$$

이므로, $h \in A \implies |h| \in \overline{A}$ 임을 보이면 된다. 먼저 함수 h 의 치역이 유계구간 안에 들어가는데, 이 유계구간 위에서 함수 $t \mapsto |t|$ 에 대하여 바이에르쉬트라스 정리를 사용하면

$$\big|\, |h(x)| - P(h(x)) \,\big| < \epsilon, \qquad x \in X$$

를 만족하는 다항식 P 를 찾을 수 있다. 그런데 가정 (가) 에 의하여 $P \circ h \in A$ 이므로 $|h| \in \overline{A}$ 임을 알 수 있다.

이제, 각 $x \in X$ 에 대하여 $z \in V_x \implies f(z) - \epsilon < h_x(z)$ 를 만족하고 x 를 품는 열린집합 V_x 를 찾을 수 있다. 따라서 유한덮개 $\{V_x : x \in G\}$ 를 잡은 후에 $g = \max\{h_x : x \in G\}$ 라 두면 $g \in \overline{A}$ 이고

$$f - \epsilon < g < f + \epsilon$$

임을 알 수 있다. 따라서 $f \in \overline{A}$ 가 되어서 증명이 끝난다. □

---

(6) 여기서 조건 (다) 가 쓰임을 유의하라.

8.2 리쓰 표현정리

위상공간 X 의 열린집합을 포함하는 최소의 σ–대수 $\mathfrak{B}$ 에 들어가는 집합을 **보렐집합**이라 하고, $(X, \mathfrak{B})$ 에 정의된 측도를 **보렐측도**라 한다. 또한, 보렐측도에 관하여 잴수있는 함수를 **보렐함수**라 한다. 만일 국소옹골공간 X 에 주어진 양보렐측도 μ 가 다음 성질

$$K \text{ 가 옹골집합 } \implies \mu(K) < \infty \tag{3}$$

을 만족하면 임의의 $f \in C_c(X)$ 에 대하여 $\int_X f d\mu \in \mathbb{C}$ 이고,

$$\Lambda_\mu : f \mapsto \int_X f d\mu : C_c(X) \to \mathbb{C} \tag{4}$$

는 $C_c(X)$ 의 선형범함수가 된다. 또한 다음 성질

$$f \in C_c(X),\ f \geq 0 \implies \Lambda_\mu(f) \geq 0$$

이 성립하는데, 이러한 $C_c(X)$ 의 선형범함수를 **양선형범함수**라 부른다. 만일 Λ 가 $C_c(X)$ 의 양선형범함수이면 $h - g \geq 0$ 일 때 $\Lambda(h) - \Lambda(g) = \Lambda(h - g) \geq 0$ 가 성립한다. 즉, $g, h \in C_c(X)$ 가 실함수일 때,

$$g \leq h \implies \Lambda(g) \leq \Lambda(h) \tag{5}$$

이 성립함을 알 수 있다. 지난 6.1 절의 보기 1 에서 보았듯이 양선형범함수가 항상 유계선형범함수가 되는 것은 아니다. 물론 μ 가 유한 양측도이면 Λ_μ 는 유계선형범함수이다. 이 절의 목적은 X 가 국소옹골공간일 때, $C_c(X)$ 의 양선형범함수 Λ 가 주어지면 $\Lambda_\mu = \Lambda$ 가 되는 보렐측도 μ 를 찾을 수 있음을 보이는 것이다. 이러한 보렐측도를 정의하려면 당연히 열린집합에 대한 측도값을 먼저 정의하여야 할 것이다.

지금부터 X 는 국소옹골공간이라 가정하고, $C_c(X)$ 의 양선형범함수 $\Lambda : C_c(X) \to \mathbb{C}$ 가 주어져 있다고 하자. 임의의 열린집합 $V \subset X$ 에

대하여

$$\mu(V) = \sup\{\Lambda(f) : f \prec V\} \tag{6}$$

라 정의하고, 임의의 $E \subset X$ 에 대하여

$$\mu(E) = \inf\{\mu(V) : V \supset E,\ V \text{ 는 열린집합}\} \tag{7}$$

이라 정의하는데, 이는 르벡측도를 정의할 때와 같은 방법이다.

먼저 $\mu(\emptyset) = 0$ 임은 자명하다. 이제, 다음 부등식

$$\mu\left(\bigcup_{n=1}^{\infty} E_n\right) \le \sum_{n=1}^{\infty} \mu(E_n) \tag{8}$$

이 임의의 집합열 $\langle E_n \rangle$ 에 대하여 성립함을 보이려 하는데, 먼저 열린집합 V_1, V_2 에 대하여 $\mu(V_1 \cup V_2) \le \mu(V_1) + \mu(V_2)$ 임을 보이자. 만일 $f \prec V_1 \cup V_2$ 가 있을 때, 단위분할정리에 의하여

$$h_1 \prec V_1, \quad h_2 \prec V_2, \quad (h_1 + h_2)|_{\operatorname{supp} f} = 1$$

인 $h_1, h_2 \in C_c(X)$ 를 잡으면 $h_i f \prec V_i\ (i = 1, 2)$ 이고 $f = h_1 f + h_2 f$ 이므로

$$\Lambda(f) = \Lambda(h_1 f) + \Lambda(h_2 f) \le \mu(V_1) + \mu(V_2)$$

가 성립한다. 따라서 부등식 $\mu(V_1 \cup V_2) \le \mu(V_1) + \mu(V_2)$ 를 얻으며, 귀납법을 적용하면 유한개의 열린집합에 대하여 부등식 (8) 이 성립함을 알 수 있다. 만일 $\mu(E_n) = \infty$ 인 것이 있으면 (8) 은 당연히 성립하므로, 각 $n = 1, 2, \ldots$ 에 대하여 $\mu(E_n) < \infty$ 라 가정하면

$$V_n \supset E_n, \qquad \mu(V_n) < \mu(E_n) + \frac{\epsilon}{2^n}$$

이 성립하는 열린집합 V_n 을 잡을 수 있다. 이제, $V = \bigcup_{n=1}^{\infty} V_n$ 이라 두고 $g \prec V$ 인 $g \in C_c(X)$ 를 잡으면 실제로 적절한 n 에 대하여 $g \prec \bigcup_{i=1}^{n} V_i$

가 된다. 따라서,

$$\Lambda(g) \leq \mu\left(\bigcup_{i=1}^{n} V_i\right) \leq \sum_{i=1}^{n} \mu(V_i) \leq \sum_{i=1}^{\infty} \mu(E_i) + \epsilon$$

이 성립하여 $\mu(V) \leq \sum_{n=1}^{\infty} \mu(E_n) + \epsilon$ 임을 알 수 있다. 그런데 $\bigcup_{n=1}^{\infty} E_n \subset V$ 이므로 부등식 (8) 을 얻는다.

또한, $E \subset F$ 일 때 $\mu(E) \leq \mu(F)$ 임은 당연하기 때문에, 집합 X 에 정의된 외측도 $\mu : \mathcal{P}(X) \to [0, \infty]$ 를 얻었다. 이제 명제 3.3.2 에 의하여 양측도 $(X, \mathfrak{S}, \mu)$ 를 얻을 수 있는데, 이것이 우리가 원하는 측도임을 보이기 위하여 우선 임의의 열린집합 U 가 카라테오도리 조건을 만족함을 보이자. 이를 위하여

$$A \subset X,\ \mu(A) < \infty \implies \mu(A) \geq \mu(A \cap U) + \mu(A \setminus U) \tag{9}$$

을 보이면 된다. 먼저 A 가 열린집합일 때 이를 증명하자. 이 경우 $A \cap U$ 가 열린집합이므로

$$f \prec A \cap U, \qquad \Lambda(f) > \mu(A \cap U) - \epsilon$$

인 $f \in C_c(X)$ 를 찾을 수 있다. 또한 $A \setminus \operatorname{supp} f$ 가 열린집합이므로

$$g \prec A \setminus \operatorname{supp} f, \qquad \Lambda(g) > \mu(A \setminus \operatorname{supp} f) - \epsilon$$

인 $g \in C_c(X)$ 를 찾을 수 있다. 그러면 $f + g \prec A$ 이고 $A \setminus \operatorname{supp} f \supset A \setminus U$ 이므로

$$\begin{aligned}\mu(A) \geq \Lambda(f+g) = \Lambda(f) + \Lambda(g) &> \mu(A \cap U) + \mu(A \setminus \operatorname{supp} f) - 2\epsilon \\ &\geq \mu(A \cap U) + \mu(A \setminus U) - 2\epsilon\end{aligned}$$

이 되어서 (9) 가 증명된다. 일반적인 경우에 $A \subset V$ 이고 $\mu(A) > \mu(V) - \epsilon$ 인 열린집합 V 를 잡으면

$$\begin{aligned}\mu(A) > \mu(V) - \epsilon &\geq \mu(V \cap U) + \mu(V \setminus U) - \epsilon \\ &\geq \mu(A \cap U) + \mu(A \setminus U) - \epsilon\end{aligned}$$

가 되어서, 임의의 열린집합 U 에 대하여 (9) 가 성립함을 보였다. 따라서 $\mathfrak{B} \subset \mathfrak{S}$ 임이 증명되고 μ 를 $\mathfrak{B}$ 에 제한하면 보렐측도를 얻는다.

이제, 이와 같이 만든 보렐측도 μ 에 의하여 생기는 양선형범함수 Λ_μ 와 원래 Λ 가 일치함을 보이기 앞서, 보렐측도 μ 와 X 의 위상이 어떤 관련을 가지는가 좀더 알아보자. 물론 기본적인 성질은 등식 (7) 이다.

도움정리 8.2.1. 지금까지 만든 보렐측도 μ 는 다음 성질을 가진다.

(가) K 가 옹골집합이면 $\mu(K) < \infty$ 이고, 다음 등식

$$\mu(K) = \inf\{\Lambda(f) : K \prec f\} \tag{10}$$

이 성립한다.

(나) 임의의 열린집합 E 가 다음 등식

$$\mu(E) = \sup\{\mu(K) : K \subset E,\ K \text{ 는 옹골집합}\} \tag{11}$$

을 만족한다.

증명: 먼저 K 가 옹골집합일 때

$$K \prec f \implies \mu(K) \le \Lambda(f) \tag{12}$$

임을 보이자. 각 실수 $\alpha \in (0,1)$ 에 대하여 $V_\alpha = \{x \in X : f(x) > \alpha\}$ 라 두자. 그러면 $K \subset V_\alpha$ 이고 $g \prec V_\alpha \implies \alpha g \le f$ 이므로 (5) 에 의하여

$$\mu(K) \le \mu(V_\alpha) = \sup\{\Lambda(g) : g \prec V_\alpha\} \le \frac{1}{\alpha}\Lambda(f)$$

를 얻고, 따라서 (12) 가 증명되었다. 이에 의하여 등식 (10) 의 한쪽 부등호가 증명된다. 특히 유리손 정리에 의하여 $K \prec f$ 인 $f \in C_c(X)$ 를 잡으면 $\mu(K) \le \Lambda(f) < \infty$ 임을 알 수 있다. 이제, 반대 부등호

를 보이기 위하여 임의의 양수 $\epsilon > 0$ 을 잡자. 그러면 $V \supset K$ 이고 $\mu(V) < \mu(K) + \epsilon$ 인 열린집합 V 를 잡은 후, 유리손 정리에 의하여 $K \prec f \prec V$ 인 $f \in C_c(X)$ 를 잡으면, $\Lambda(f) \le \mu(V) < \mu(K) + \epsilon$ 이 되어서 등식 (10) 이 증명되었다. 따라서 (가) 의 증명이 끝난다.

임의의 열린집합 $E = V$ 에 대하여 등식 (11) 을 보이기 위하여 $r < \mu(V)$ 인 실수 r 을 잡으면 $f \prec V$ 이고 $r < \Lambda(f)$ 인 $f \in C_c(X)$ 를 택할 수 있다. 그러면 $\operatorname{supp} f$ 를 포함하는 임의의 열린집합 W 에 대하여 $f \prec W$ 이고 따라서 $\Lambda(f) \le \mu(W)$ 인데, 이는 $\Lambda(f) \le \mu(\operatorname{supp} f)$ 임을 뜻한다. 즉, $r < \Lambda(f) \le \mu(\operatorname{supp} f) \le \mu(V)$ 인데 $\operatorname{supp} f$ 가 옹골집합이므로 등식 (11) 이 성립하고, 따라서 (나) 가 증명되었다. □

지금까지 만든 보렐측도 $(X, \mathfrak{B}, \mu)$ 는 $C_c(X)$ 의 양선형범함수 Λ 에 의하여 구성하였는데, 이제 Λ_μ 가 원래 범함수가 됨을 보이자. 즉, 다음 등식

$$\Lambda(f) = \int_X f d\mu, \qquad f \in C_c(X) \tag{13}$$

이 성립함을 보이려 한다. 이를 위하여 $f : X \to \mathbb{R}$ 인 경우에 증명하면 된다. 함수 f 의 치역이 옹골집합이므로 유계구간 $[-a, a]$ 안에 들어간다. 이 때 $\{c_i : i = 0, 1, 2, \ldots, n\}$ 을 택하되 다음

$$c_0 < -a < c_1 < \cdots < c_n = a, \quad \max\{c_i - c_{i-1} : i = 1, 2, \ldots, n\} < \epsilon$$

이 성립하도록 하자. 각 $i = 1, 2, \ldots, n$ 에 대하여

$$E_i = \{x \in X : c_{i-1} < f(x) \le c_i\} \cap \operatorname{supp} f, \qquad i = 1, 2, \ldots, n$$

라 두면 각 E_i 는 서로소인 보렐집합이 된다. 이제, 각 $i = 1, 2, \ldots, n$ 에 대하여

$$V_i \supset E_i, \quad \mu(V_i) < \mu(E_i) + \frac{\epsilon}{n} \qquad f|_{V_i} < c_i + \epsilon$$

이 되도록 열린집합 V_i 를 택할 수 있다. 그러면 $\bigcup_i V_i \supset \bigcup_i E_i = \operatorname{supp} f$ 이므로 단위분할정리를 적용하여 $h_i \prec V_i$ 이고 각 $x \in \operatorname{supp} f$ 에 대하

여 $\sum_i h_i(x) = 1$ 인 $h_i \in C_c(X)$ 를 잡을 수 있다. 그러면 $f = \sum_i h_i f$ 이고 $h_i f \leq (c_i + \epsilon)h_i$ 이므로, (5) 에 의하여 부등식

$$\begin{aligned}\Lambda(f) = \sum_{i=1}^{n} \Lambda(h_i f) &\leq \sum_{i=1}^{n} (c_i + \epsilon)\Lambda(h_i) \\ &= \sum_{i=1}^{n} (a + c_i + \epsilon)\Lambda(h_i) - a\sum_{i=1}^{n} \Lambda(h_i)\end{aligned}$$

을 얻는다. 한편 도움정리 8.2.1 (가) 에 의하여 $\mu(\operatorname{supp} f) \leq \Lambda(\sum_i h_i) = \sum_i \Lambda(h_i)$ 이므로

$$\begin{aligned}\Lambda(f) &\leq \sum_{i=1}^{n} (a + c_i + \epsilon)\left(\mu(E_i) + \frac{\epsilon}{n}\right) - a\mu(\operatorname{supp} f) \\ &= \sum_{i=1}^{n} (c_i - \epsilon)\mu(E_i) + 2\epsilon\mu(\operatorname{supp} f) + \frac{\epsilon}{n}\sum_{i=1}^{n} (a + c_i + \epsilon)\end{aligned}$$

가 된다. 그런데 $c_i - \epsilon < f|_{E_i}$ 이므로 $\sum_{i=1}^{n} (c_i - \epsilon)\mu(E_i) \leq \int_X f d\mu$ 이 되고, 또한 $\sum_{i=1}^{n} c_i \leq na$ 이므로

$$\Lambda(f) \leq \int_X f d\mu + 2\epsilon\mu(\operatorname{supp} f) + \epsilon(2a + \epsilon)$$

을 얻는다. 따라서, 임의의 실함수 f 에 대하여 부등식 $\Lambda(f) \leq \int_X f d\mu$ 이 성립함을 알았다. 여기에 $-f$ 를 넣으면 반대 부등식을 얻으므로 등식 (13) 이 증명된다. 이제, 지금까지 논의한 내용을 정리하면 다음 정리를 얻는다.

정리 8.2.2. (리쓰 표현정리) 국소옹골 하우스도르프공간 X 가 주어져 있을 때, 벡터공간 $C_c(X)$ 에서 정의된 임의의 양선형범함수 Λ 에 대하여 다음 성질들

(가) 임의의 $f \in C_c(X)$ 에 대하여 $\Lambda(f) = \int_X f d\mu$ 이다,

(나) 임의의 보렐집합 E에 대하여 (7) 이 성립한다,
(다) 임의의 열린집합 E에 대하여 (11) 이 성립한다

을 만족하는 보렐측도 μ가 유일하게 존재한다. 이 때, 측도 μ는 조건 (3) 을 만족한다. 또한, $\mu(E) < \infty$ 인 임의의 보렐집합 E에 대하여 (11) 이 성립한다.

증명: 세 가지 성질 (가), (나), (다) 를 만족하는 보렐측도 μ가 존재한다는 것은 이미 보였다. 이제, 유일성을 보이기 위하여 보렐측도 μ_1과 μ_2가 (가), (나), (다) 를 만족한다고 하자. 이제 임의의 옹골집합 K에 대하여 $\mu_1(K) = \mu_2(K)$를 보이면 (나) 와 (다) 에 의하여 $\mu_1 = \mu_2$임이 증명된다. 만일 $\mu_1(K) < \infty$ 이면 (나) 에 의하여 $V \supset K$ 이고 $\mu_1(V) < \mu_1(K) + \epsilon$ 인 열린집합 V를 찾을 수 있다. 이제 유리손 정리에 의하여 $K \prec f \prec V$ 인 $f \in C_c(X)$를 찾으면 $\chi_K \leq f \leq \chi_V$ 이므로,

$$\mu_2(K) \leq \int_X f d\mu_2 = \int_X f d\mu_1 \leq \mu_1(V) < \mu_1(K) + \epsilon$$

가 되어 $\mu_2(K) \leq \mu_1(K) < \infty$ 임이 증명된다. 한편 μ_1과 μ_2의 역할을 바꾸면 $\mu_2(K) < \infty \implies \mu_1(K) \leq \mu_2(K) < \infty$ 임을 알 수 있다. 즉, $\mu_1(K)$와 $\mu_2(K)$ 중 하나의 값이 ∞를 취하면 다른 하나도 마찬가지일 뿐 아니라, 둘 중에 하나가 유한값을 취하면 다른 하나도 같은 유한값을 취한다.

이제 조건 (3) 이 만족됨은 이미 도움정리 8.2.1 (가) 에서 보였으므로, $\mu(E) < \infty$ 인 보렐집합 $E \in \mathfrak{B}$에 대하여 등식 (11) 을 보이면 증명이 모두 끝난다. 이를 위하여 $E \subset U$ 이고 $\mu(E) > \mu(U) - \epsilon$ 인 열린집합을 찾으면, 정리의 (다) 에 의하여 $L \subset U$ 이고 $\mu(L) > \mu(U) - \epsilon$ 인 옹골집합 L을 찾을 수 있다. 그런데 $\mu(U \setminus E) < \epsilon$ 이므로 $U \setminus E \subset V$ 이고 $\mu(V) < \epsilon$ 인 열린집합 V를 잡을 수 있다. 이제 $K = L \setminus V$ 라 두면 K는 E에 들어가는 옹골집합이고 부등식

$$\mu(K) = \mu(L) - \mu(L \cap V) > \mu(E) - \epsilon - \mu(V) > \mu(E) - 2\epsilon$$

이 성립하므로 등식 (11) 이 성립됨을 보였다. □

국소옹골공간에 정의된 양보렐측도가 조건 (3) 을 만족하고 임의의 보렐집합에 대하여 등식 (7) 과 (11) 이 성립하면, 이를 **정규보렐측도**라 한다. 리쓰 표현정리에 의하여 주어진 측도 μ 는 일반적으로 정규측도가 되지 못하지만, 만일 μ 가 σ–유한측도라면 이는 자동적으로 정규측도가 된다. 이를 보이기 위하여 $X = \bigcup_{i=1}^{\infty} X_i$ 이고 $\mu(X_i) < \infty$ 라 하자. 만일 $\mu(E) = \infty$ 일 때 $E_n = E \cap (\bigcup_{i=1}^{n} X_i)$ 라 두면, $\lim_n \mu(E_n) = \infty$ 이므로 임의의 양수 M 에 대하여 $\mu(E_n) > M$ 인 자연수 n 을 찾을 수 있다. 그런데 $\mu(E_n) < \infty$ 이므로 $K \subset E_n$ 이고 $\mu(K) > M$ 인 옹골집합 K 가 존재한다. 그러면 $K \subset E$ 이므로 $\mu(E) = \infty$ 인 보렐집합 E 에 대해서도 등식 (11) 이 증명된다. 셀수있는 옹골부분집합의 합집합으로 표시되는 공간을 **σ–옹골공간**이라 하는데, 특히 이 경우 리쓰 표현정리에서 얻어진 측도가 자동적으로 정규측도가 된다. 따라서, 국소옹골공간 X 가 σ–옹골공간이면, $C_c(X)$ 의 양선형범함수와 X 의 정규 양보렐측도는 완전히 일대일대응이 된다. 정리 7.3.3 은 실직선의 측도가 조건 (3) 을 만족하면 자동적으로 정규측도가 됨을 말하는데, 이는 사실 훨씬 일반적인 공간에서도 성립한다.(7)

지난 7.3 절에서, 실직선의 정규 양보렐측도 μ 에 대하여 단조증가하는 오른쪽연속함수 α_μ 를 정의하여 대응관계

$$\mu \mapsto \alpha_\mu \tag{14}$$

를 얻었고, 이 단조함수에 의하여 정의되는 $C_c(\mathbb{R})$ 의 리만–스틸체스 적분이 바로 (4) 에서 정의된 양선형사상 Λ_μ 임을 알았다. 만일 두 정규 양보렐측도 μ_1 과 μ_2 에 대응하는 단조함수가 같다면 이에 의한 리만–스틸체스적분이 같고, 따라서 $\Lambda_{\mu_1} = \Lambda_{\mu_2}$ 를 얻는다. 그러면 리쓰 표현정리의 유일성에 의하여 $\mu_1 = \mu_2$ 가 되므로 (14) 는 단사대응이 된

(7) 연습문제 8.4.4 를 참조하라.

다. 만일 단조증가하는 오른쪽연속함수 $\alpha : \mathbb{R} \to \mathbb{R}$ 가 주어지면 (단, $\alpha(0) = 0$) 이에 의한 리만–스틸체스적분에 의하여 양선형사상

$$\Lambda : f \mapsto \int_{\operatorname{supp} f} f(x) d\alpha(x), \qquad f \in C_c(\mathbb{R})$$

을 얻는다. 이제 이에 대응되는 정규 양보렐측도를 μ 라 두었을 때, $\alpha = \alpha_\mu$ 임을 보이자.

이를 위하여 양수 $a > 0$ 를 고정하고 0 으로 단조감소 수렴하는 수열 $\langle r_n \rangle$ 을 구간 $(0, a)$ 안에서 잡자. 각 $n = 1, 2, \ldots$ 에 대하여

$$[r_n, a] \prec f_n \prec (0, a + r_n)$$

인 연속함수 $f_n \in C_c(\mathbb{R})$ 을 잡으면 $\langle f_n \rangle$ 은 $\chi_{(0,a]}$ 로 점별수렴하므로 르벡 수렴정리에 의하여

$$\alpha_\mu(a) = \mu((0, a]) = \int_{\mathbb{R}} \chi_{(0,a]} d\mu = \lim_{n\to\infty} \int_{\mathbb{R}} f_n d\mu = \lim_{n\to\infty} \int_0^{2a} f_n(x) d\alpha(x)$$

가 된다. 이제, 분할 $P_n = \{0, r_n, a, a + r_n, 2a\} \in \mathcal{P}[0, 2a]$ 을 생각하면

$$U_0^{2a}(f_n, P_n, \alpha) = \alpha(a + r_n), \qquad L_0^{2a}(f_n, P_n, \alpha) = \alpha(a) - \alpha(r_n)$$

이다. 그런데 α 가 오른쪽연속이므로

$$\begin{aligned} \alpha(a) &= \lim_{n\to\infty} L_0^{2a}(f_n, P_n, \alpha) \\ &\le \lim_{n\to\infty} \int_0^{2a} f_n d\alpha \le \lim_{n\to\infty} U_0^{2a}(f_n, P_n, \alpha) = \alpha(a) \end{aligned}$$

가 되고, 따라서 $\alpha_\mu(a) = \alpha(a)$ 임을 알 수 있다. 나머지 경우 $a \le 0$ 일 때에도 마찬가지로 생각하면 $\alpha_\mu = \alpha$ 가 되어서 대응관계 (14) 는 실직선의 정규 양보렐측도와 단조증가하는 오른쪽연속함수 사이의 일대일 대응이 됨을 알 수 있다. 여기서 물론 단조함수의 상수차이는 무시하고, 오른쪽연속함수 대신에 왼쪽연속함수를 사용해도 같은 결과를 얻는다.

끝으로 좌표평면 $\mathbb{R}^2$ 의 리만이중적분을 이용한 양선형범함수를 생각하자. 만일 $f \in C_c(\mathbb{R}^2)$ 의 받침이 $R = [a,b] \times [c,d]$ 에 들어가면 f 는 R 위에서 연속함수이므로 이중적분 $\iint_R f$ 을 생각할 수 있는데, 이는 푸비니 정리에 의하여 르벡적분 $\int_{\mathbb{R}^2} f dm_2$ 과 같은 값이다. 따라서 양선형범함수

$$f \mapsto \iint_R f \;:\; C_c(\mathbb{R}^2) \to \mathbb{C}$$

에 의하여 얻어진 보렐측도는 르벡측도 m_2 를 보렐집합에 제한한 것에 지나지 않는다.

8.3 연속함수와 보렐측도

지난 3.2 절에서 실직선의 연속함수와 르벡측도 사이에 어떤 관련이 있는지 알아보았다. 이제 국소옹골공간에 주어진 보렐측도와 연속함수가 어떠한 관련이 있는지 알아보는데, 실직선의 경우와 거의 같은 결과를 얻을 수 있고 많은 경우 증명 방법도 비슷하다. 실제로 3.2 절의 결과들은 절대적으로 도움정리 3.2.1 에 의존하고 있는데 이에 해당하는 것이 바로 국소옹골공간의 유리손 정리이다. 앞으로 리쓰 표현정리에 의하여 얻어진 국소옹골공간의 양측도를 준정규 양보렐측도라 부르자.(8) 그러면 X 의 준정규 양보렐측도와 $C_c(X)$ 의 양선형범함수는 정확하게 일대일대응관계를 가진다. 한 가지 조심해야 할 점은 이러한 측도에 대하여 등식 (11) 이 성립한다는 보장이 없다는 점이다. 그러나 리쓰 표현정리에서 보듯이, 유한측도집합이나 열린집합 E 에 대해서는 등식 (11) 이 성립한다.

정리 8.3.1. (루진) 국소옹골공간 X 에 준정규 양보렐측도 μ 와 잴수 있는 함수 $f : X \to \mathbb{C}$ 가 주어져 있고, f 는 유한측도집합 A 바깥에서

(8) 이를 라돈측도라 부르기도 한다.

0 이라 가정하자. 이 때, 임의의 양수 $\epsilon > 0$에 대하여

$$\mu(\{x \in X : f(x) \neq g(x)\}) < \epsilon$$

을 만족하는 연속함수 $g \in C_c(X)$ 가 존재한다. 만일 $f \in L^\infty(X, \mu)$ 이면 $\|g\|_\infty \leq \|f\|_\infty$ 가 되도록 $g \in C_c(X)$ 를 택할 수 있다.

정리 3.2.2 의 증명을 따라가다 보면, μ 가 정규측도일 필요가 없으므로 명제 1.1.6 을 적용하는 데 문제가 생긴다. 그러나 증명과정에 나오는 집합 T_n 은 가정에 의하여 그 측도값이 유한이므로

$$K_n \subset T_n \subset U_n, \qquad \mu(U_n \setminus K_n) < \frac{\epsilon}{2^n}$$

이 되는 옹골집합 K_n 과 열린집합 U_n 을 잡을 수 있고, 나머지 증명은 그대로 따라 가면 된다. 도움정리 3.2.3 의 증명 역시 그대로 유효하여, 유한측도 바깥에서 함수값이 0 인 단순함수 전체의 집합 S 는 노음공간 $L^p(X, \mu)$ 안에서 조밀함을 알 수 있다 (단, $1 \leq p < \infty$). 한편, 정리 3.2.4 의 증명에서 단순함수를 잡을 때 유한측도 바깥에서 함수값이 0 인 단순함수를 잡으면 루진 정리를 이용할 수 있고, 따라서 다음을 얻는다.

정리 8.3.2. 국소옹골공간 X 에 준정규 양보렐측도 μ 가 주어져 있을 때 $C_c(X)$ 는 $L^p(X, \mu)$ 의 조밀한 부분공간이다[(9)] (단, $1 \leq p < \infty$).

연습문제 8.3.1. 노음공간 $C_c(X)$ 는 $C_0(X)$ 의 조밀한 부분공간임을 보여라.

연습문제 8.3.2. 에고로프 정리를 보다 일반적인 공간에서 쓰고 증명하여 보아라.

정리 7.2.3 에서 바나하공간 $L^p(\mu)$ (단, $1 \leq p < \infty$) 의 쌍대공간을 찾은 바 있는데, 이제 바나하공간 $C_0(X)$ 의 쌍대공간이 무엇인지 알아보

(9) 연습문제 8.4.1 (라) 를 참조하라.

자. 이미 $C_c(X)$ 에서 정의된 임의의 양선형범함수가 준정규 양보렐측도에 의하여 주어진다는 것을 알았는데, 일반적으로 양선형범함수는 $C_c(X)$ 의 유계선형범함수가 되지 못한다. 그러나 이 중에서 $\mu(X) < \infty$ 인 측도는 유계선형범함수가 되고, $C_0(X)$ 의 유계선형범함수로 확장된다. 국소옹골공간 X 의 복소측도 λ 가 있을 때, 양측도 $|\lambda|$ 가 정규보렐측도인 경우 λ 를 다시 정규보렐측도라 한다. 이 경우, 항상 $|\lambda|(X) < \infty$ 이므로 리쓰 표현정리의 (나), (다) 만 만족되면 자동적으로 정규측도가 된다. 국소옹골공간 X 에서 정의된 복소 정규보렐측도 전체의 벡터공간을 $M(X)$ 라 쓰면 이는 $\lambda \mapsto \|\lambda\|$ 에 관하여 노음공간이 된다.

연습문제 8.3.3. 복소 정규보렐측도의 선형결합이 다시 복소 정규보렐측도가 됨을 보여라. 또한, $\lambda \mapsto \|\lambda\|$ 가 노음임을 보여라.

이제, 국소옹골공간 X 에 주어진 복소 정규보렐측도 λ 를 극형식분해하여 $d\lambda = hd|\lambda|$ 라 하고, 각 $f \in C_0(X)$ 에 대하여

$$\varphi_\lambda(f) = \int_X f d\lambda$$

라 정의하자. 그러면 $f \mapsto \varphi_\lambda(f)$ 는 선형범함수가 되고,

$$|\varphi_\lambda(f)| = \left|\int_X fhd|\lambda|\right| \le \int_X |fh|d|\lambda| \le \|f\|_{\sup}|\lambda|(X) = \|f\|_{\sup}\|\lambda\|$$

가 되어서 $\|\varphi_\lambda\| \le \|\lambda\|$ 임을 알 수 있다. 따라서

$$\lambda \mapsto \varphi_\lambda : M(X) \to C_0(X)^* \tag{15}$$

은 노음감소 선형사상임을 알 수 있다.

연습문제 8.3.4. $\varphi_{\alpha\lambda+\beta\mu} = \alpha\varphi_\lambda + \beta\varphi_\mu$ 임을 보여라.

이제 이 선형사상이 등거리사상임을 보이는데, $|\lambda|(X) < \infty$ 이므로 함수 $\overline{h}$ 에 루진 정리를 적용하면, 임의의 양수 $\epsilon > 0$ 에 대하여

$$|\lambda|(A) < \epsilon, \qquad \|f\|_{\sup} = 1, \qquad \overline{h(x)} = f(x) \quad (x \in X \setminus A)$$

인 연속함수 $f \in C_c(X)$ 를 잡을 수 있다. 그러면

$$\begin{aligned}|\varphi_\lambda(f)| &= \left|\int_{X\setminus A} d|\lambda| + \int_A fhd|\lambda|\right| \\ &\geq |\lambda|(X\setminus A) - |\lambda|(A) \geq |\lambda|(X) - 2\epsilon = \|\lambda\| - 2\epsilon\end{aligned}$$

이 되어서 $\|\lambda\| = \|\varphi_\lambda\|$ 임을 알 수 있다.

이제 선형사상 (15) 가 전사사상임을 보이기 위하여, 먼저 $C_0(X)$ 의 유계선형범함수를 양선형범함수들의 선형결합으로 표시하고자 한다. 함수값이 항상 실수인 $f \in C_0(X)$ 전체의 집합을 $C_0^{\mathbb{R}}(X)$ 라 쓰면, 이는 실벡터공간이 된다. 또한, $f \geq 0$ 인 $f \in C_0^{\mathbb{R}}(X)$ 전체의 집합을 $C_0^+(X)$ 라 쓴다.

도움정리 8.3.3. 실노음공간 $C_0^{\mathbb{R}}(X)$ 에서 정의된 유계 실선형범함수 φ 에 대하여

$$\varphi = \varphi_+ - \varphi_-, \qquad \|\varphi\| = \|\varphi_+\| + \|\varphi_-\| \tag{16}$$

인 양선형범함수 φ_+, φ_- 가 존재한다.

증명: 각 $f \in C_0^+(X)$ 에 대하여

$$\varphi_+(f) = \sup\{\varphi(h) : h \in C_0^+(X),\ 0 \leq h \leq f\}$$

라 정의한다. 만일 $a \geq 0$ 이고 $f \in C_0^+(X)$ 이면, $\varphi_+(af) = a\varphi_+(f)$ 임은 당연하다. 이제 $f, g \in C_0^+(X)$ 에 대하여 $\varphi_+(f+g) = \varphi_+(f) + \varphi_+(g)$ 임을 보이자. 만일 $0 \leq h \leq f$ 이고 $0 \leq k \leq g$ 이면

$$\varphi(h) + \varphi(k) = \varphi(h+k) \leq \varphi_+(f+g)$$

이므로 $\varphi_+(f) + \varphi_+(g) \leq \varphi_+(f+g)$ 임을 알 수 있다. 만일 $0 \leq h \leq f+g$ 일 때 $k = \min\{f, h\}$ 라 두면 $0 \leq k \leq f$, $0 \leq h - k \leq g$ 이므로

$$\varphi(h) = \varphi(k) + \varphi(h-k) \leq \varphi_+(f) + \varphi_+(g)$$

가 된다. 따라서 $\varphi_+(f+g) \le \varphi_+(f) + \varphi_+(g)$ 임을 알게 된다.

이제 $f \in C_0^{\mathbb{R}}(X)$ 인 경우 $f = f_1 - f_2$ (단, $f_i \in C_0^+$) 라 쓸 수 있다. 만일 $f = g_1 - g_2$ 이고 $g_i \in C_0^+(X)$ 이면

$$\varphi_+(f_1) + \varphi_+(g_2) = \varphi_+(f_1 + g_2) = \varphi_+(f_2 + g_1) = \varphi_+(f_2) + \varphi_+(g_1)$$

이므로, 임의의 $f \in C_0^{\mathbb{R}}(X)$ 에 대하여

$$\varphi_+(f) = \varphi_+(f_1) - \varphi_+(f_2)$$

라 정의할 수 있다. 만일 $a \ge 0$ 이고 $f = f_1 - f_2 \in C_0^{\mathbb{R}}(X)$ 이면

$$\begin{aligned}\varphi_+(af) &= \varphi_+(af_1 - af_2) = \varphi_+(af_1) - \varphi_+(af_2)\\ &= a\varphi_+(f_1) - a\varphi_+(f_2) = a[\varphi_+(f_1) - \varphi_+(f_2)] = a\varphi_+(f)\end{aligned}$$

가 된다. 또한, $\varphi_+(-f) = \varphi_+(f_2 - f_1) = \varphi_+(f_2) - \varphi_+(f_1) = -\varphi_+(f)$ 이므로 임의의 $a \in \mathbb{R}$ 과 $f \in C_0^{\mathbb{R}}(X)$ 에 대하여 $\varphi_+(af) = a\varphi_+(f)$ 가 성립한다. 한편, $f = f_1 - f_2$, $g = g_1 - g_2$ 이고 $f_i, g_i \in C_0^+(X)$ 라면 $f_i + g_i \in C_0^+(X)$ 이므로

$$\begin{aligned}\varphi_+(f+g) &= \varphi_+(f_1 + g_1) - \varphi_+(f_2 + g_2)\\ &= \varphi_+(f_1) + \varphi_+(g_1) - \varphi_+(f_2) - \varphi_+(g_2) = \varphi_+(f) + \varphi_+(g)\end{aligned}$$

가 되어서 φ_+ 는 $C_0^{\mathbb{R}}(X)$ 의 실선형범함수가 된다. 한편, φ_+ 의 정의에 의하면 임의의 $f \in C_0^+(X)$ 에 대하여 $\varphi(f) \le \varphi_+(f)$ 이므로 $\varphi_- = \varphi_+ - \varphi$ 는 양선형범함수가 되고, $\varphi = \varphi_+ - \varphi_-$ 가 성립한다.

부등식 $\|\varphi\| \le \|\varphi_+\| + \|\varphi_-\|$ 은 항상 성립하는데, 그 반대 부등식을 보이자. 만일 ψ 가 $C_0^{\mathbb{R}}(X)$ 의 유계 양선형범함수이면 $\|f\|_{\text{sup}} \le 1$ 이고 $|\psi(f)| \ge \|\psi\| - \epsilon$ 인 $f \in C_0^{\mathbb{R}}(X)$ 를 잡을 수 있다. 그런데 $\psi(f_+) \ge 0$, $\psi(f_-) \ge 0$ 이므로 부등식

$$\|\psi\| - \epsilon \le |\psi(f)| = |\psi(f_+) - \psi(f_-)| \le \max\{\psi(f_+), \psi(f_-)\}$$

을 얻고, 이로부터 임의의 유계 양선형범함수 ψ 에 대하여

$$0 \le g \le 1, \qquad \psi(g) \ge \|\psi\| - \epsilon$$

인 $g \in C_0^+(X)$ 를 잡을 수 있음을 알게 된다. 이제,

$$0 \le g_i \le 1, \qquad \varphi_+(g_1) \ge \|\varphi_+\| - \epsilon, \qquad \varphi_-(g_2) \ge \|\varphi_-\| - \epsilon$$

인 $g_1, g_2 \in C_0^+(X)$ 를 잡고 $g = \max\{g_1, g_2\}$ 라 두자. 그러면

$$0 \le g \le 1, \qquad \varphi_+(g) \ge \|\varphi_+\| - \epsilon, \qquad \varphi_-(g) \ge \|\varphi_-\| - \epsilon$$

이 성립한다. 만일 $0 \le h \le g$ 이면 $|2h - g| \le g \le 1$ 이므로

$$2\varphi(h) - \varphi(g) = \varphi(2h - g) \le \|\varphi\|$$

이 되고, φ_+ 의 정의에 의하여 $2\varphi_+(g) - \varphi(g) \le \|\varphi\|$ 임을 알 수 있다. 따라서

$$\|\varphi\| \ge 2\varphi_+(g) - \varphi(g) = \varphi_+(g) + \varphi_-(g) \ge \|\varphi_+\| + \|\varphi_-\| - 2\epsilon$$

이 되어서, 등식 $\|\varphi\| = \|\varphi_+\| + \|\varphi_-\|$ 가 성립한다. □

이제, 각 $\varphi \in C_0(X)^*$ 에 대하여

$$\varphi_1(f) = \frac{\varphi(f) + \overline{\varphi(f)}}{2}, \quad \varphi_2(f) = \frac{\varphi(f) - \overline{\varphi(f)}}{2i}, \qquad f \in C_0(X)$$

라 정의하자. 그러면, $\varphi = \varphi_1 + i\varphi_2$ 이고

$$f \in C_0^{\mathbb{R}}(X) \implies \varphi_i(f) \in \mathbb{R}, \qquad i = 1, 2$$

임을 바로 확인할 수 있다. 따라서, φ_i 는 $C_0^{\mathbb{R}}(X)$ 의 유계 실선형범함수가 되므로 $\varphi_i = \varphi_{i+} - \varphi_{i-}$ 로 쓸 수 있다. 아직까지 $\varphi_{i\pm}$ 는 $C_0^{\mathbb{R}}(X)$ 위에서 정의된 유계 양선형범함수인데, 이로부터 $C_0(X)$ 의 유계 양선형범함수를 얻으려 한다.

일반적으로 $C_0^{\mathbb{R}}(X)$ 의 실선형범함수 ψ 가 있을 때

$$\widetilde{\psi}(f+ig)=\psi(f)+i\psi(g),\qquad f+ig\in C_0(X)$$

라 두면 $\widetilde{\psi}$ 는 $C_0(X)$ 의 선형범함수가 된다. 만일 ψ 가 양선형범함수이면 $\widetilde{\psi}$ 도 물론 양선형범함수가 된다. 만일 ψ 가 유계 양선형범함수이면 $\widetilde{\psi}$ 도 유계범함수가 되고, 이 때 등식 $\|\widetilde{\psi}\|=\|\psi\|$ 가 성립한다. 우선 $\|\psi\|\le\|\widetilde{\psi}\|$ 는 바로 확인되고, 반대 부등호는 1.2 절의 부등식 (17) 을 증명할 때 쓴 방법을 그대로 적용하면 된다.

연습문제 8.3.5. 노음공간 $C_0^{\mathbb{R}}(X)$ 의 양선형범함수 ψ 에 대하여 등식 $\|\widetilde{\psi}\|=\|\psi\|$ 를 증명하여라.

만일 $f\in C_0(X)$ 를 실함수의 선형결합 $f=g+ih$ 로 쓰면, 각 $\varphi\in C_0(X)^*$ 에 대하여

$$\begin{aligned}\varphi(f)&=\varphi(g)+i\varphi(h)\\&=[(\varphi_{1+}(g)-\varphi_{1-}(g))+i(\varphi_{2+}(g)-\varphi_{2-}(g))]\\&\qquad\qquad+i[(\varphi_{1+}(h)-\varphi_{1-}(h))+i(\varphi_{2+}(h)-\varphi_{2-}(h))]\\&=[\widetilde{\varphi_{1+}}(f)-\widetilde{\varphi_{1-}}(f)]+i[\widetilde{\varphi_{2+}}(f)-\widetilde{\varphi_{2-}}(f)]\end{aligned}$$

가 된다. 이제 $C_0(X)$ 에서 정의된 유계 양선형범함수 $\widetilde{\varphi_{i\pm}}$ 을 그냥 $\varphi_{i\pm}$ 이라 쓰자. 그러면 임의의 유계선형범함수 $\varphi\in C_0(X)^*$ 를

$$\varphi=(\varphi_{1+}-\varphi_{1-})+i(\varphi_{2+}-\varphi_{2-})\tag{17}$$

와 같이 유계 양선형범함수들의 선형결합으로 쓸 수 있다.

이제, 등거리 선형사상 (15) 로 돌아가서 이 사상이 전사임을 보이자. 임의의 $\varphi\in C_0(X)^*$ 를 (17) 과 같이 표현하자. 그러면 리쓰 표현정리에 의하여 $\varphi_{\lambda_{i\pm}}=\varphi_{i\pm}$ (단, $i=1,2$) 인 양보렐측도 $\lambda_{i\pm}$ 를 찾을 수 있는데, 이는 모두 유한측도이므로 정규측도가 된다. 이제

$$\lambda=(\lambda_{1+}-\lambda_{1-})+i(\lambda_{2+}-\lambda_{2-})$$

라 두면 $\lambda \in M(X)$ 이고 $\varphi_\lambda = \varphi$ 임을 알 수 있다. 따라서, 선형사상 (15) 는 전단사 등거리사상임이 증명되었고, 이를 요약하면 다음과 같이 쓸 수 있다.

정리 8.3.4. 국소옹골공간 X 에 대하여 $C_0(X)^* = M(X)$ 이다.

특히, 노음공간의 쌍대공간이 항상 바나하공간이므로 $M(X)$ 는 바나하공간임을 알 수 있다.

연습문제 8.3.6. 노음공간 $M(X)$ 가 바나하공간임을 직접 증명하여 보아라.

지난 4.1 절에서 두 σ–유한 양측도에 대하여 곱측도를 정의하였는데, 이를 양보렐측도에 대하여 적용하여 보자. 위상공간 X, Y, $X \times Y$ 의 보렐집합모임을 각각 $\mathfrak{B}_X$, $\mathfrak{B}_Y$, $\mathfrak{B}_{X\times Y}$ 라 쓰기로 하자. 두 보렐측도의 곱측도는 $\mathfrak{B}_X \times \mathfrak{B}_Y$ 위에서 정의되므로 이 σ–대수가 $\mathfrak{B}_{X\times Y}$ 와 일치하는가 하는 문제가 먼저 제기된다. 만일

$$\mathfrak{C}_X = \{A \subset X : A \times Y \in \mathfrak{B}_{X\times Y}\}$$

라 두면 등식

$$\left(\bigcup_{n=1}^{\infty} A_n\right) \times Y = \bigcup_{n=1}^{\infty} (A_n \times Y), \qquad (X \setminus A) \times Y = (X \times Y) \setminus (A \times Y)$$

로부터 $\mathfrak{C}_X$ 가 σ–대수임을 확인할 수 있고, 임의의 열린집합은 당연히 $\mathfrak{C}_X$ 에 들어가므로 $\mathfrak{B}_X \subset \mathfrak{C}_X$ 이 된다. 즉, $A \in \mathfrak{B}_X$ 이면 $A \times Y \in \mathfrak{B}_{X\times Y}$ 임을 알 수 있고, 마찬가지로 $B \in \mathfrak{B}_Y$ 이면 $X \times B \in \mathfrak{B}_{X\times Y}$ 이다. 이제, 임의의 $A \in \mathfrak{B}_X$ 와 $B \in \mathfrak{B}_Y$ 에 대하여 $A \times B = (A \times Y) \cap (X \times B) \in \mathfrak{B}_{X\times Y}$ 이므로

$$\mathfrak{B}_X \times \mathfrak{B}_Y \subset \mathfrak{B}_{X\times Y}$$

임이 증명되었다. 그러나, 일반적으로 두 σ–대수 $\mathfrak{B}_X \times \mathfrak{B}_Y$ 와 $\mathfrak{B}_{X\times Y}$ 는 서로 같지 않은데, 이 경우 $X \times Y$ 의 σ–대수 $\mathfrak{B}_X \times \mathfrak{B}_Y$ 에서 정의된 곱측도가 보렐측도가 아님을 말한다.

연습문제 8.3.7. 만일 X 와 Y 가 셀수있는 위상기저를 가지면 $\mathfrak{B}_X \times \mathfrak{B}_Y = \mathfrak{B}_{X\times Y}$ 가 성립함을 보여라.

여기서는 리쓰 표현정리를 이용하여 보렐측도의 곱측도를 정의하여 다시 보렐측도를 얻으려 한다. 만일 μ 와 ν 가 각각 X, Y 의 보렐측도일 때, 당연히

$$F \mapsto \int_{X\times Y} F d(\mu \times \nu), \qquad F \in C_c(X \times Y)$$

에 대응하는 측도를 찾아야 할 것이다. 따라서, 우선 $F \in C_c(X \times Y)$ 가 σ–대수 $\mathfrak{B}_X \times \mathfrak{B}_Y$ 에 관하여 잴수있는 함수라는 것을 보여야 하는데, 이를 위하여 스톤–바이에르쉬트라스 정리를 다음과 같이 약간 변형한다.

명제 8.3.5. 국소옹골공간 X 의 실함수공간 $C_c^{\mathbb{R}}(X)$ 의 실부분공간 A 가 스톤–바이에르쉬트라스 정리의 가정 (가), (나) 를 만족한다고 가정하자. 또한, 임의의 옹골집합 K 에 대하여 $K \prec h$ 인 $h \in A$ 가 존재한다고 가정하자. 그러면 A 는 노음공간 $(C_c^{\mathbb{R}}(X), \| \|_{\sup})$ 안에서 조밀하다.

증명: 함수 $f \in C_c(X)$ 에 대하여 $\operatorname{supp} f \prec h$ 인 $h \in C_c(X)$ 를 잡으면 $fh = f$ 이다. 이제 $K = \operatorname{supp} h$ 라 두고 $A_K = \{g|_K : g \in A\}$ 라 정의하면, 이는 $C(K)$ 의 부분공간이 되고 스톤–바이에르쉬트라스 정리의 가정을 만족한다. 따라서,

$$\sup\{|f(x) - g(x)| : x \in K\} < \epsilon$$

인 $g \in A$ 가 존재한다. 만일 $x \in K$ 이면

$$|f(x) - g(x)h(x)| = |h(x)||f(x) - g(x)| < \epsilon$$

이고 $x \in X \setminus K$ 이면 $f(x) = h(x) = 0$ 이므로 $\|f - gh\|_{\sup} < \epsilon$ 임을 알 수 있다. 그런데 $gh \in A$ 이므로 증명이 끝난다. □

이제, X 에서 정의된 보렐함수 f 와 Y 에서 정의된 보렐함수 g 가 주어지면 $X \times Y$ 에서 정의된 함수

$$(x, y) \mapsto f(x), \qquad (x, y) \mapsto g(y)$$

는 각각 $\mathfrak{B}_X \times \mathfrak{B}_Y$ 에 대하여 잴수있는 함수이고, 따라서 함수

$$(x, y) \mapsto f(x)g(y), \qquad (x, y) \in X \times Y \tag{18}$$

는 $\mathfrak{B}_X \times \mathfrak{B}_Y$ 에 관하여 잴수있는 함수이다. 만일 $f \in C_c(X)$ 이고 $g \in C_c(Y)$ 이면 (18) 에 의하여 정의된 함수는 $C_c(X \times Y)$ 에 들어가는데, 이런 형태의 함수들에 의하여 생성된 $C_c(X \times Y)$ 의 부분공간을 $\mathcal{A}$ 라 두자. 이 때, $\mathcal{A}$ 가 점별곱하기에 대하여 닫혀있음은 바로 확인된다. 만일 $(x_1, y_1) \neq (x_2, y_2)$ 이면 $x_1 \neq x_2$ 이거나 $y_1 \neq y_2$ 이다. 만일 $x_1 \neq x_2$ 이면 $f(x_1) \neq f(x_2)$ 인 $f \in C_c(X)$ 를 잡고 $g(x_1) = g(x_2)$ 인 $g \in C_c(Y)$ 를 잡으면 스톤–바이에르쉬트라스 정리의 (나) 가 성립함을 알 수 있다. 끝으로, K 가 $X \times Y$ 의 옹골집합이면 이 집합의 정사영 K_X, K_Y 는 각각 옹골집합이고 $K \subset K_X \times K_Y$ 가 되는데, $K_X \prec f$ 인 $f \in C_c(X)$ 와 $K_Y \prec g$ 인 $g \in C_c(Y)$ 를 잡으면 명제 8.3.5 의 가정이 모두 충족됨을 알게 된다. 따라서, $\mathcal{A}$ 는 $C_c(X \times Y)$ 의 조밀집합이고 임의의 $F \in C_c^{\mathbb{R}}(X \times Y)$ 는 $\mathcal{A}$ 에 있는 실함수열의 고른극한으로 표시된다. 따라서, 임의의 $F \in C_c(X \times Y)$ 는 $\mathfrak{B}_X \times \mathfrak{B}_Y$ 에 관하여 잴수있는 함수임을 알게 된다.

만일 μ, ν 가 각각 X, Y 의 σ–유한 준정규 양보렐측도이면, 푸비니 정리에 의하여 임의의 $F \in C_c(X \times Y)$ 는 $L^1(\mu \times \nu)$ 에 들어간다. 따라서, $C_c(X \times Y)$ 의 양선형범함수

$$F \mapsto \int_{X \times Y} F \, d(\mu \times \nu), \qquad F \in C_c(X \times Y)$$

를 생각할 수 있다. 이 선형범함수에 대응하는 준정규 양보렐측도는 σ–대수 $\mathfrak{B}_X \times \mathfrak{B}_Y$ 위에서 곱측도 $\mu \times \nu$ 와 그 측도값이 일치하고, $X \times Y$

에서 정의된 보렐함수에 대하여 토넬리–푸비니 정리가 성립함이 잘 알려져 있다.(10) 여기서는, $F \in C_c(X \times Y)$ 가 $\mathfrak{B}_X \times \mathfrak{B}_Y$ 에 관하여 잴수 있는 함수이므로 토넬리–푸비니 정리를 적용할 수 있다는 점만 언급하고 넘어간다. 앞으로, μ, ν 가 각각 국소옹골공간에 주어진 σ–유한 준정규 양보렐측도이면 그 곱측도 $\mu \times \nu$ 는 항상 이와 같이 만든 보렐측도로 이해한다.

이제, (18) 과 같이 정의된 함수를 $f \otimes g$ 라 표시하자. 만일 μ 와 ν 가 각각 국소옹골공간 X 와 Y 의 복소 정규보렐측도이면, 이를 극형식분해하여

$$d\mu = h d|\mu|, \qquad d\nu = k d|\nu|, \qquad |h| = |k| = 1$$

인 $h \in L^1(X, |\mu|)$ 와 $k \in L^1(Y, |\nu|)$ 를 찾으면 $h \otimes k \in L^1(X \times Y,\ |\mu| \times |\nu|)$ 가 됨을 바로 확인할 수 있다. 따라서

$$F \mapsto \int_{X \times Y} F \cdot (h \otimes k)\, d(|\mu| \times |\nu|), \qquad F \in C_0(X \times Y) \tag{19}$$

는 $C_0(X \times Y)$ 의 유계선형범함수가 되고, 이에 대응하는 복소 정규보렐측도를 $\mu \times \nu$ 라 쓴다. 만일 μ, ν 가 각각 유계 정규 양보렐측도이면 $h \otimes k = 1$ 이므로, 앞에서 한 정의와 일치한다. 한편, 임의의 $F \in C_0(X \times Y)$ 에 대하여

$$\left| \int_{X \times Y} F\, d(\mu \times \nu) \right| \le \|F\|_{\sup} (|\mu| \times |\nu|)(X \times Y) = \|F\|_{\sup} \|\mu\| \|\nu\|$$

이므로 부등식

$$\|\mu \times \nu\| \le \|\mu\| \|\nu\|$$

를 얻는다.

---

(10) 참고문헌 [10] 의 7.4 절을 참고하라.

만일 $f \in C_c(X)$, $g \in C_c(Y)$ 이면 푸비니 정리에 의하여

$$\begin{aligned}\int_{X\times Y}(f\otimes g)(h\otimes k)\,d(|\mu|\times|\nu|) &= \int_{X\times Y}(fh\otimes gk)\,d(|\mu|\times|\nu|)\\ &= \int_X fh\,d|\mu|\int_Y gk\,d|\nu| = \int_X f\,d\mu\int_Y g\,d\nu\end{aligned}$$

가 된다. 따라서, (19) 에서 정의된 유계선형범함수는 $C_0(X\times Y)$ 의 조밀한 부분공간 $\mathcal{A}$ 에서 정의된 선형범함수

$$\sum_{i=1}^n f_i\otimes g_i \mapsto \sum_{i=1}^n \int_X f_i\,d\mu\int_Y g_i\,d\nu, \qquad \sum_{i=1}^n f_i\otimes g_i \in \mathcal{A}$$

를 전체공간 $C_0(X\times Y)$ 로 확장한 것으로 이해할 수 있다. 물론 이 범함수가 유계가 아니면 확장하는 것이 가능하지 않다.

만일 $F \in C_0(X\times Y)$ 이면 임의의 $x\in X$ 에 대하여 $F_x \in C_0(Y)$ 임은 당연하다. 이제 함수

$$x \mapsto \int_Y F_x\,d\nu : X \to \mathbb{C} \tag{20}$$

가 $C_0(X)$ 에 들어감을 보이자. 우선,

$$(x,y)\in(X\times Y)\setminus K \implies |F(x,y)|<\epsilon \tag{21}$$

인 옹골집합 $K\subset X\times Y$ 를 잡고 K 의 정사영을 각각 K_X, K_Y 라 두자. 만일 $x\in X\setminus K_X$ 이면 임의의 $y\in Y$ 에 대하여 $(x,y)\in(X\times Y)\setminus K$ 이므로

$$\left|\int_Y F_x\,d\nu\right| \le \int_Y |F_x|\,d|\nu| < \epsilon|\nu|(Y)$$

임을 알 수 있다.

이제, 함수 (20) 이 연속임을 보이기 위하여 점 $x_0\in X$ 를 고정하자. 그러면 F 가 연속이므로 각 $y\in Y$ 에 대하여

$$(x,y')\in U_y\times V_y \implies |F(x,y')-F(x_0,y)|<\epsilon$$

인 (x_0, y) 의 근방 $U_y \times V_y$ 를 잡을 수 있다. 그러면 $\{V_y : y \in K_Y\}$ 는 옹골집합 K_Y 의 열린덮개이므로 $K_Y \subset \bigcup_{i=1}^n V_{y_i}$ 인 유한개의 점 $y_1, \ldots, y_n$ 이 존재하는데, $U = \bigcap_{i=1}^n U_{y_i}$ 라 두자. 임의의 $y \in K_Y$ 에 대하여 $y \in V_{y_i}$ 인 점 y_i 를 잡을 수 있다. 만일 $x \in U$ 이면 (x_0, y) 와 (x, y) 가 각각 $U_{y_i} \times V_{y_i}$ 에 들어가는데

$$|F(x_0, y) - F(x, y)| \leq |F(x_0, y) - F(x_0, y_i)| + |F(x, y) - F(x_0, y_i)|$$

이므로

$$|F(x_0, y) - F(x, y)| < 2\epsilon \tag{22}$$

임을 알 수 있다. 만일 $y \in Y \setminus K_Y$ 이면 두 점 (x_0, y) 와 (x, y) 가 모두 $(X \times Y) \setminus K$ 에 들어가므로 (21) 에 의하여 마찬가지 부등식을 얻는다. 따라서 부등식 (22) 가 임의의 $x \in U$ 와 $y \in Y$ 에 대하여 성립함을 알 수 있고,

$$x \in U \implies \left| \int_Y F_x \, d\nu - \int_Y F_{x_0} \, d\nu \right| < 2\epsilon |\nu|(Y)$$

가 되어서, (20) 에서 정의된 함수가 연속임이 증명되었다.

이제, $C_0(X \times Y)$ 의 선형범함수

$$F \mapsto \int_X \int_Y F(x, y) \, d\nu(y) d\mu(x), \qquad F \in C_0(X \times Y) \tag{23}$$

를 생각할 수 있다. 그런데 두 유계선형범함수 (19) 와 (23) 이 $C_0(X \times Y)$ 의 조밀한 부분공간 $\mathcal{A}$ 위에서 그 값이 일치함을 이미 확인하였으므로, 사실 같은 범함수가 된다. 따라서 임의의 복소 정규보렐측도 $\mu \in M(X)$ 와 $\nu \in M(Y)$ 에 대하여 푸비니 정리

$$\int_{X \times Y} F \, d(\mu \times \nu) = \int_X \int_Y F(x, y) \, d\nu(y) d\mu(x), \qquad F \in C_0(X \times Y)$$

가 성립함을 알 수 있다. 여기서 μ 와 ν 의 역할을 바꾸면 등식

$$\int_X \int_Y F(x, y) \, d\nu(y) d\mu(x) = \int_Y \int_X F(x, y) \, d\mu(x) d\nu(y)$$

역시 임의의 $F \in C_0(X \times Y)$ 에 대하여 성립한다.

8.4 연습문제

8.4.1. 국소옹골공간 X 에 정의된 정규 양보렐측도 μ 에 대하여 그 받침 $\operatorname{supp}\mu$ 를 다음

$$\operatorname{supp}\mu = X \setminus \bigcup\{V : \mu(V) = 0,\ V \text{ 는 열린집합}\}$$

과 같이 정의하자.

(가) 만일 V 가 열린집합이고 $V \cap \operatorname{supp}\mu \neq \emptyset$ 이면 $\mu(V) > 0$ 임을 보여라.

(나) 만일 K 가 옹골집합이고 $K \cap \operatorname{supp}\mu = \emptyset$ 이면 $\mu(K) = 0$ 임을 보여라.

(다) 임의의 보렐집합 E 에 대하여 $\mu(E) = \mu(E \cap \operatorname{supp}\mu)$ 임을 보여라.

(라) 벡터공간 $C_c(X)$ 위에 정의된 함수 $f \mapsto \|f\|_{L^p(\mu)}$ 가 $C_c(X)$ 의 노음이 될 필요충분조건은 $\operatorname{supp}\mu = X$ 임을 보여라.

(마) 만일 X 가 옹골공간이면

$$\operatorname{supp}\mu = \bigcap\{K : \mu(K) = \|\mu\|,\ K \text{ 는 옹골공간}\}$$

이 성립함을 보여라.

(바) 측도 μ 가 준정규 양보렐측도인 경우 위 논증에서 문제가 없는지 살펴보아라.

8.4.2. 국소옹골공간 X 에 정의된 준정규 양보렐측도 μ 가 연속이라 가정하자.(11) 만일 $0 < \mu(E) < \infty$ 이고 $0 < a < \mu(E)$ 이면 $F \subset E$ 이고 $\mu(B) = a$ 인 보렐집합 F 가 존재함을 보여라. [도움말: 선택공리]

8.4.3. 좌표평면 $\mathbb{R}^2$ 의 두 점 $\mathbf{x}_1 = (x_1, y_1)$ 과 $\mathbf{x}_2 = (x_2, y_2)$ 에 대하여

$$d(\mathbf{x}_1, \mathbf{x}_2) = \begin{cases} |y_1 - y_2|, & x_1 = x_2, \\ 1 + |y_1 - y_2|, & x_1 \neq x_2 \end{cases}$$

라 정의하자.

(가) $X = (\mathbb{R}^2, d)$ 는 국소옹골거리공간이 됨을 보여라.

(나) 각 $f \in C_c(X)$ 에 대하여

$$S_f = \{x \in \mathbb{R} : f(x, y) \neq 0 \text{ 인 } y \text{ 가 존재한다}\}$$

(11) 이는 $x \in X$ 에 대하여 $\mu(\{x\}) = 0$임을 뜻한다.

라 정의하였을 때, S_f 는 유한집합임을 보여라.

(다) 각 $f \in C_c(X)$ 에 대하여

$$\Lambda(f) = \sum_{x \in S_f} \int_{-\infty}^{\infty} f(x, y) dy$$

라 정의하면 Λ 가 $C_c(X)$ 의 양선형범함수가 됨을 보여라.

(라) 양선형범함수 Λ 에 대응되는 준정규 양보렐측도를 μ 라 두자. 공간 X 의 x 축을 E 라 두었을 때, 등식 (11) 이 성립하는지 살펴보아라.

8.4.4. 국소옹골공간 X 의 모든 열린집합이 셀수있는 옹골집합의 합집합으로 표시될 수 있다고 가정하면, (3) 을 만족하는 X 의 양보렐측도는 자동적으로 정규측도가 됨을 보여라. 또한, 좌표공간 $\mathbb{R}^n$ 이 이 조건을 만족함을 보여라.

8.4.5. 만일 X 가 옹골집합이고 ψ 가 $C(X)$ 의 유계선형범함수이면, ψ 가 양선형범함수일 필요충분조건이 $\|\psi\| = \psi(1_X)$ 임을 보여라. 이 경우, 도움정리 8.3.3 에서 (16) 의 둘째 등식의 증명이 얼마나 간단해지는가 살펴보아라.

8.4.6. (가) 만일 μ 가 부호측도, λ, ν 가 양측도이고 $\mu = \lambda - \nu$ 이면 $\lambda \geq \mu_+$ 이고 $\nu \geq \mu_-$ 임을 보여라.

(나) 도움정리 8.3.3 에서 등식 (16) 을 만족하는 양선형범함수 φ_+ 와 φ_- 가 유일하게 존재함을 보여라.

8.4.7. (가) 각 $\mu \in M(X)$ 에 대하여 $\Phi(\mu) = \sum_{x \in X} \mu(\{x\})$ 라 정의하면 $\mu \mapsto \Phi(\mu)$ 는 $M(X)$ 의 유계선형범함수임을 보여라.

(나) 국소옹골공간 X 가 연속 양보렐측도 $\mu \in M(X)$ 를 적어도 하나 가지면 노음공간 $C_0(X)$ 는 반사공간이 아님을 보여라.

8.4.8. 임의의 $\mu, \nu \in M(X)$ 에 대하여 등식 $\|\mu \times \nu\| = \|\mu\| \|\nu\|$ 이 성립함을 보여라.

8.4.9. 복소평면의 열린단위원판 $U = \{z : |z| < 1\}$ 위에서 해석적이고 그 닫힘 $\overline{U}$ 위에서 연속인 복소함수 전체의 벡터공간을 $\mathfrak{A}$ 라 두고

$$\mathfrak{A}|_{\mathbb{T}} = \{f|_{\mathbb{T}} : f \in \mathfrak{A}\}$$

라 두자. 여기서 $\mathbb{T}$ 는 U 의 경계이다.

(가) 대응 $f \mapsto f|_{\mathbb{T}} : \mathfrak{A} \to \mathfrak{A}|_{\mathbb{T}}$ 가 등거리사상임을 보여라. 여기서 물론 $\mathfrak{A}$ 와 $\mathfrak{A}|_{\mathbb{T}}$ 는 각각 노음공간 $C(\overline{U})$ 와 $C(\mathbb{T})$ 의 부분공간으로 이해한다. [도움말: 복소해석함수의 최대정리]

(나) 임의의 $z \in U$ 에 대하여 다음

$$f(z) = \int_{\mathbb{T}} f d\mu_z, \qquad f \in \mathfrak{A} \tag{24}$$

을 만족하는 보렐측도 $\mu_z \in M(\mathbb{T})$ 가 존재함을 보여라. [도움말: 한–바나하 정리와 $C(\mathbb{T})^* = M(\mathbb{T})$ 를 사용한다.]

(다) 복소수 $z = re^{i\theta} \in U$ (단, $0 \le r < 1$) 을 고정하고,

$$P_r(\theta - t) = \sum_{n=-\infty}^{\infty} r^{|n|} e^{in(\theta - t)}, \qquad t \in \mathbb{R}$$

이라 정의하였을 때,(12) 임의의 $f \in \mathfrak{A}$ 에 대하여 등식

$$f(re^{i\theta}) = \int_{\mathbb{T}} f d\mu_z = \frac{1}{2\pi} \int_{-\pi}^{\pi} f(e^{i\theta}) P_r(\theta - t) dt$$

이 성립함을 보여라. [도움말: 다항식함수에 대하여 먼저 증명한다.]

(라) 각 $z \in U$ 에 대하여 관계식 (24) 를 만족하는 측도 μ_z 가 유일하게 결정됨을 보여라.

(마) 등식 $P_r(\theta - t) = \dfrac{1 - r^2}{1 - 2r\cos(\theta - t) + r^2}$ 을 증명하여라. 또한, μ_z 가 양측도임을 보여라.(13)

8.4.10. 좌표공간의 볼록부분집합 C 에서 정의된 함수 $f : C \to \mathbb{C}$ 가 다음

$$f((1-t)x + ty) = (1-t)f(x) + tf(y), \qquad x, y \in C, \ t \in [0,1]$$

을 만족하면 이를 아핀함수라 부른다. 볼록집합 C 에서 정의된 아핀함수 전체의 벡터공간을 $\text{Aff}(C)$ 라 표시하자.

(가) 임의의 아핀함수는 연속임을 보여라.

(나) 볼록집합 C 가 옹골집합이고 C 의 모든 점들이 C 의 닫힌부분집합 D 의 볼록결합으로 표시된다고 가정하자.(14) 이 때, 임의의 $x \in C$ 에 대하여 다음

$$f(x) = \int_D f d\mu_x, \qquad f \in \text{Aff}(C)$$

---

(12) $\{P_r : 0 \le r < 1\}$ 은 뽀아송핵이라 불린다.

(13) 이는 연습문제 8.4.5 로부터 알 수도 있다.

(14) 예를 들어 볼록다면체와 그 꼭지점들을 생각한다.

을 만족하는 D 의 양정규보렐측도 μ_x 가 존재함을 보여라. [도움말: 연습문제 8.4.9 와 비슷한 과정을 거친다.]

(다) 위 연습문제에서 측도 μ_x 가 유일하게 존재하는 경우와 그렇지 않은 경우의 예를 들어라.

제 9 장 삼각급수

주기함수의 푸리에변환을 복소 정규보렐측도에 확장하면 유계수열을 얻는다. 또한 측도공간 $M(\mathbb{T})$ 를 $C(\mathbb{T})$ 의 쌍대공간으로 이해하여 $C(\mathbb{T})$ 위에서 점별수렴을 취함으로써, 푸리에급수의 수렴을 훨씬 폭넓게 해석할 수 있다. 이러한 발상은 한없이 미분가능한 주기함수공간의 쌍대를 생각함으로써 더욱 확대되어, 심지어 그 계수가 증가수열인 삼각급수의 수렴까지 논의할 수 있도록 한다. 고전적인 의미의 '함수'공간은 이러한 과정을 거쳐서 보다 큰 공간으로 확장되어, 임의의 주기함수를 삼각급수로 표현하고자 하는 푸리에의 발상이 150 년에 걸쳐서 완결되었다. 이 장에서는 이와 더불어 이러한 수렴이 보장되려면 벡터공간에 어떤 위상을 주어야 하는지 알아보고 이러한 위상벡터공간의 초보적인 성질을 간단히 알아본다.

9.1 푸리에–스틸체스변환

주기함수의 푸리에변환

$$f \mapsto \widehat{f} : L^1(\mathbb{T}) \to c_0(\mathbb{Z})$$

은 정리 5.1.11 에서 살펴보았듯이 노음감소 단사 준동형이다. 그 치역은 $c_0(\mathbb{Z})$ 의 점별곱하기에 대하여 닫혀있는데, 이를 $A(\mathbb{Z})$ 라 쓰고 푸리에대수라 부른다. 또한 $\widehat{f} \in \ell^1(\mathbb{Z})$ 인 $f \in L^1(\mathbb{T})$ 전체의 집합을 $A(\mathbb{T})$ 라 쓰자. 그러면 임의의 $f \in A(\mathbb{T})$ 는 연속함수임을 알고 있으므로, 이를

요약하면 다음

$$\begin{array}{ccccccccccc} f & \in & A(\mathbb{T}) & \subset & C(\mathbb{T}) & \subset & L^2(\mathbb{T}) & \subset & L^1(\mathbb{T}) & & \\ \updownarrow & & \updownarrow & & \updownarrow & & \updownarrow & & \updownarrow & & \\ \widehat{f} & \in & \ell^1(\mathbb{Z}) & \subset & \mathfrak{X} & \subset & \ell^2(\mathbb{Z}) & \subset & A(\mathbb{Z}) & \subset & c_0(\mathbb{Z}) \end{array} \qquad (1)$$

과 같이 표로 나타낼 수 있다. 여기서 대응관계 $L^2(\mathbb{T}) \leftrightarrow \ell^2(\mathbb{Z})$ 는 정리 **6.3.7** 에 의하여 내적이 보존되는 힐버트공간 동형사상이다. 이미 언급하였지만 $L^2(\mathbb{T})$ 나 $L^1(\mathbb{T})$ 의 원소는 더 이상 고전적인 의미의 '함수'가 아니고 함수모임이다.

이제 대응관계 $A(\mathbb{T}) \leftrightarrow \ell^1(\mathbb{Z})$ 를 살펴보자. 각 $a \in \ell^1(\mathbb{Z})$ 에 대하여

$$\widehat{a}(t) = \sum_{n=-\infty}^{\infty} a(n)e^{-int}, \qquad t \in \mathbb{T}$$

라 정의하면 $\widehat{a}$ 는 연속함수가 되므로 선형사상

$$a \mapsto \widehat{a} : \ell^1(\mathbb{Z}) \to C(\mathbb{T}) \qquad (2)$$

을 얻는다. 그러면

$$\widehat{\widehat{a}}(n) = \int_{\mathbb{T}} \sum_{k=-\infty}^{\infty} a(k)e^{-ikt}e^{-int}dt = \sum_{k=-\infty}^{\infty} \int_{\mathbb{T}} a(k)e^{-i(k+n)t}dt = a(-n)$$

임을 알 수 있다. 따라서 $\widehat{\widehat{a}} \in \ell^1(\mathbb{Z})$ 이므로 $\widehat{a} \in A(\mathbb{T})$ 임을 알 수 있다. 역으로 $f \in A(\mathbb{T})$ 이면 $\widehat{f} \in \ell^1(\mathbb{Z})$ 이므로

$$\widehat{\widehat{f}}\,(-t) = \sum_{n=-\infty}^{\infty} \widehat{f}(n)e^{int} = f(t), \qquad t \in \mathbb{T}$$

이고, 따라서 f 는 선형사상 (2) 의 치역에 들어간다. 선형사상 (2) 는 $\ell^1(\mathbb{Z})$ 의 푸리에변환이라 불린다. 적분가능함수의 곱하기를 정의할 수 있었듯이 절대수렴급수 $a, b \in \ell^1(\mathbb{Z})$ 의 곱하기도 다음

$$(a * b)(n) = \sum_{m=-\infty}^{\infty} a(m)b(n-m), \qquad n \in \mathbb{Z} \qquad (3)$$

과 같이 정의할 수 있다.

연습문제 9.1.1. 각 $a, b \in \ell^1(\mathbb{Z})$ 에 대하여 $a * b \in \ell^1(\mathbb{Z})$ 임을 보여라. 또한 등식 $\widehat{a * b}(t) = \widehat{a}(t)\widehat{b}(t)$ 이 성립함을 보여라.

이제 다시 (1) 로 돌아가면 두 가지 문제가 생긴다. 만일 $a \in \ell^1(\mathbb{Z})$ 이면 삼각급수

$$t \mapsto \sum_{n=-\infty}^{\infty} a(n)e^{int} \tag{4}$$

가 절대수렴하고, $a \in \ell^2(\mathbb{Z})$ 이면 이 삼각급수의 수렴을 6.3 절의 (18) 과 같이 이해할 수 있다. 그런데 $a \in A(\mathbb{Z}) \setminus \ell^2(\mathbb{Z})$ 인 경우 삼각급수 (4) 의 극한을 어떻게 이해할 수 있는가 하는 점이 그 첫째 문제이다. 이와 더불어 $c_0(\mathbb{Z})$ 에 들어가지 않는 수열에 대응하는 '함수'는 무엇인가 하는 점이다.

먼저 둘째 문제를 생각하면 당연히 $L^1(\mathbb{T})$ 보다 큰 공간을 생각해야 하는데, 자연스러운 후보가 측도공간 $M(\mathbb{T})$ 이다. 옹골공간 $\mathbb{T}$ 의 르벡측도 m 을 보렐집합에 제한하여 그대로 m 이라 쓰자. 각 $f \in L^1(\mathbb{T})$ 에 대하여

$$g \mapsto \int_{\mathbb{T}} gf\,dm, \qquad g \in C(\mathbb{T})$$

은 $C(\mathbb{T})$ 의 유계선형범함수를 정의하므로 이는 $M(\mathbb{T})$ 의 원소로 이해할 수 있다. 따라서,

$$f \mapsto f\,dm : L^1(\mathbb{T}) \to M(\mathbb{T}) \tag{5}$$

는 단사 등거리선형사상이다. 라돈-니코딤 정리는 이 사상의 치역이 바로 m 에 대한 절대연속측도들임을 말해 주고, 이러한 방법으로 $L^1(\mathbb{T})$ 는 $M(\mathbb{T})$ 의 부분공간으로 이해할 수 있다.

이제, 각 $\mu \in M(\mathbb{T})$ 에 대하여

$$\widehat{\mu}(n) = \int_{\mathbb{T}} e^{-int}\,d\mu(t), \qquad n \in \mathbb{Z} \tag{6}$$

라 정의하자. 만일 μ 가 절대연속측도이고 $f \in L^1(\mathbb{T})$ 에 대하여 $d\mu = f\,dm$ 이면 이는 푸리에계수의 정의와 일치한다. 또한,

$$|\widehat{\mu}(n)| \le \|u_{-n}\|_{\sup}\|\mu\| = \|\mu\|, \qquad n \in \mathbb{Z}$$

이므로 $\widehat{\mu}$ 는 유계수열이 된다. 국소옹골공간 X 에서 정의된 유계연속함수 전체의 벡터공간을 $C^b(X)$ 라 쓰면 $f \mapsto \|f\|_{\sup}$ 는 이공간의 노음이 된다. 만일 X 가 이산공간이면 이를 보통 $c^b(X)$ 라 쓴다. 따라서,

$$\mu \mapsto \widehat{\mu} : M(\mathbb{T}) \to c^b(\mathbb{Z})$$

는 노음감소 선형사상이 되는데, 이를 푸리에-스틸체스변환이라 부른다. 이 변환을 $L^1(\mathbb{T})$ 에 제한하면 물론 푸리에변환을 얻는다.

보기 1. 디락측도 δ_0 의 푸리에-스틸체스변환은 $1_{\mathbb{Z}}$ 가 되는데, 이는 $c^b(\mathbb{Z})$ 의 항등원임을 주목할 필요가 있다. □

연습문제 9.1.2. 국소옹골공간 X 에 대하여 $C^b(X)$ 가 바나하공간임을 보여라.

연습문제 9.1.3. $M(\mathbb{Z}) = \ell^1(\mathbb{Z})$ 임을 보여라.

푸리에변환을 공부할 때 $L^1(\mathbb{T})$ 의 곱하기 $f * g$ 가 큰 역할을 하였는데, 이를 $M(\mathbb{T})$ 에 확장하자. 두 복소측도 $\mu, \nu \in M(\mathbb{T})$ 에 대하여 $C(\mathbb{T})$ 의 선형범함수를 다음

$$h \mapsto \int_{\mathbb{T}\times\mathbb{T}} h(s+t)d(\mu \times \nu)(s,t), \qquad h \in C(\mathbb{T}) \tag{7}$$

과 같이 정의하자. 그러면 부등식

$$\left|\int_{\mathbb{T}\times\mathbb{T}} h(s+t)d(\mu \times \nu)(s,t)\right| \le \|h\|_{\sup}\|\mu \times \nu\| \le \|h\|_{\sup}\|\mu\|\|\nu\|$$

에 의하여 (7) 은 $C(\mathbb{T})$ 의 유계선형범함수가 되는데, 이에 대응하는 복소측도를 $\mu * \nu \in M(\mathbb{T})$ 라 쓰면 다음 부등식

$$\|\mu * \nu\| \le \|\mu\|\|\nu\|, \qquad \mu, \nu \in M(\mathbb{T})$$

이 성립함을 알 수 있다.

만일 $\mu, \nu \in M(\mathbb{T})$ 가 절대연속측도이고 각각 $f, g \in L^1(\mathbb{T})$ 에 대하여 $d\mu(s) = f(s)ds$ 와 $d\nu(t) = g(t)dt$ 로 각각 표현되면,

$$\int_{\mathbb{T}} hd(\mu * \nu) = \int_{\mathbb{T}\times\mathbb{T}} h(s+t)f(s)dsg(t)dt, \qquad h \in C(\mathbb{T})$$

이 된다. 또한

$$\begin{aligned}\int_{\mathbb{T}} h(t)(f*g)(t)dt &= \int_{\mathbb{T}} h(t) \int_{\mathbb{T}} f(s)g(t-s)dsdt \\ &= \int_{\mathbb{T}}\int_{\mathbb{T}} h(t)f(s)g(t-s)\,dtds\end{aligned}$$

이므로 $d(\mu * \nu) = (f * g)\,dm$ 이 된다. 따라서, 측도의 곱하기 $\mu * \nu$ 를 $L^1(\mathbb{T})$ 에 제한하면 바로 L^1–함수의 곱하기가 된다.

연습문제 9.1.4. 복소 정규보렐측도의 곱하기 $\mu * \nu$ 는 결합법칙, 분배법칙 및 교환법칙을 만족함을 보여라. 결합법칙을 증명할 때, 복소 정규보렐측도에 대한 푸비니 정리가 어떻게 적용되는지 설명하여라.

바나하대수 $L^1(\mathbb{T})$ 는 곱하기에 대한 항등원을 가지지 못하는데 비하여 디락측도 δ_0 는 $M(\mathbb{T})$ 의 항등원이 된다. 실제로, 각 $h \in C(\mathbb{T})$ 에 대하여

$$\int_{\mathbb{T}} h(t)\,d(\delta_0 * \mu)(t) = \int_{\mathbb{T}}\int_{\mathbb{T}} h(s+t)\,d\delta_0(s)d\mu(t) = \int_{\mathbb{T}} h(t)\,d\mu(t)$$

이므로, 임의의 $\mu \in M(\mathbb{T})$ 에 대하여 $\delta_0 * \mu = \mu$ 임을 알 수 있다. 따라서, $M(\mathbb{T})$ 는 항등원을 가지는 바나하대수가 된다.

만일 $\mu \in M(\mathbb{T})$ 이고 $f \in L^1(\mathbb{T})$ 이면 임의의 $h \in C(\mathbb{T})$ 에 대하여

$$\begin{aligned}\int_{\mathbb{T}} h(t)d(\mu * f)(t) &= \int_{\mathbb{T}}\int_{\mathbb{T}} h(s+t)d\mu(s)f(t)dt \\ &= \int_{\mathbb{T}} h(t) \int_{\mathbb{T}} f(t-s)d\mu(s)dt\end{aligned}$$

이므로, 함수 $t \mapsto \int_{\mathbb{T}} f(t-s)\, d\mu(s)$ 를 생각하자. 그러면 푸비니 정리에 의하여

$$\begin{aligned}\int_{\mathbb{T}} \left| \int_{\mathbb{T}} f(t-s)\, d\mu(s) \right| dt &\le \int_{\mathbb{T}} \int_{\mathbb{T}} |f(t-s)|\, d|\mu|(s)dt \\ &= \int_{\mathbb{T}} \int_{\mathbb{T}} |f(t-s)|\, dtd|\mu|(s) = \|f\|_1 \|\mu\|\end{aligned}$$

이므로 $\mu * f \in L^1(\mathbb{T})$ 이고,

$$(\mu * f)(t) = \int_{\mathbb{T}} f(t-s)\, d\mu(s) \tag{8}$$

가 성립함을 알 수 있다. 지금까지 논의한 바를 정리하자.

명제 9.1.1. 정규보렐측도공간 $M(\mathbb{T})$ 는 항등원을 가지는 바나하대수이고, $L^1(\mathbb{T})$ 는 $M(\mathbb{T})$ 의 이데알이다.

여기서, $L^1(\mathbb{T})$ 가 $M(\mathbb{T})$ 의 이데알이라 함은, $f \in L^1(\mathbb{T})$ 이고 $\mu \in M(\mathbb{T})$ 이면 $f * \mu \in L^1(\mathbb{T})$ 임을 뜻한다. 한편 $\mu, \nu \in M(\mathbb{T})$ 와 각 $n \in \mathbb{Z}$ 에 대하여

$$\begin{aligned}\widehat{\mu * \nu}(n) &= \int_{\mathbb{T}} e^{-int}\, d(\mu * \nu)(t) \\ &= \int_{\mathbb{T}} \int_{\mathbb{T}} e^{-in(s+t)}\, d(\mu \times \nu)(s,t) = \widehat{\mu}(n)\widehat{\nu}(n)\end{aligned} \tag{9}$$

이므로, 푸리에-스틸체스변환은 $M(\mathbb{T})$ 에서 $c^b(\mathbb{Z})$ 로 가는 준동형이 된다. 따라서, 이 변환의 치역이 점별곱하기에 대하여 닫혀있는데, 이를 푸리에-스틸체스대수라 부르고, $B(\mathbb{Z})$ 라 쓴다.

만일 $\widehat{\mu} = 0$ 이면 (9) 를 적용함으로써, 임의의 $h \in L^1(\mathbb{T})$ 에 대하여 $\widehat{\mu * h} = 0$ 임을 알 수 있다. 그런데 $\mu * h \in L^1(\mathbb{T})$ 이므로 정리 5.1.8 에 의하여 $\mu * h = 0$ 이다. 특히, 임의의 $h \in C(\mathbb{T})$ 에 대하여 $\mu * h = 0$ 이 성립한다. 이제, 등식 (8) 을 생각하면 임의의 $g \in C(\mathbb{T})$ 를 μ 에 관하여

적분했을 때 그 값이 0 임을 알 수 있고, 따라서 $\mu = 0$ 이 된다. 지금까지 논의한 바를 정리하자.

연습문제 9.1.5. 따름정리 5.1.12 를 이용하여 $\mu \in M(\mathbb{T})$ 이고 $\widehat{\mu} = 0$ 이면 $\mu = 0$ 임을 보여라.

정리 9.1.2. 푸리에–스틸체스변환 $\mu \mapsto \widehat{\mu}$ 는 $M(\mathbb{T})$ 에서 $c^b(\mathbb{Z})$ 로 가는 노음감소 단사 준동형이다.

푸리에변환의 경우 주어진 $a \in c_0(\mathbb{Z})$ 가 언제 푸리에변환의 치역에 들어가는지 판단하기가 쉽지 않다. 그러나 푸리에–스틸체스변환의 경우 오히려 이 문제가 쉬워진다. 지금부터 $f \in C(\mathbb{T})$ 와 $\mu \in M(\mathbb{T})$ 에 대하여

$$\langle f, \mu \rangle = \int_{\mathbb{T}} f \, d\mu \tag{10}$$

라 쓴다. 그러면

$$\langle u_n, \mu \rangle = \int_{\mathbb{T}} e^{int} \, d\mu(t) = \widehat{\mu}(-n), \qquad \mu \in M(\mathbb{T}) \tag{11}$$

가 된다. 따라서, 5.1 절의 (2) 를 적용하면

$$\langle u_k * f, \mu \rangle = \langle \widehat{f}(k) u_k, \mu \rangle = \widehat{f}(k) \, \widehat{\mu}(-k), \qquad k \in \mathbb{Z}$$

가 된다. 이제, 정리 5.1.6 의 내용을 페제르핵 $\langle K_n \rangle$ 에 적용하면 임의의 $f \in C(\mathbb{T})$ 와 $\mu \in M(\mathbb{T})$ 에 대하여

$$\lim_{n \to \infty} \sum_{k=-n}^{n} \left(1 - \frac{|k|}{n+1} \right) \widehat{f}(k) \, \widehat{\mu}(-k) = \lim_{n \to \infty} \langle K_n * f, \mu \rangle = \langle f, \mu \rangle \tag{12}$$

임을 알 수 있다. 특히 삼각다항식 $P \in T(\mathbb{T})$ 는 $P = \sum_k \widehat{P}(k) u_k$ 로 쓸 수 있으므로, (11) 에 의하여

$$\langle P, \mu \rangle = \textstyle\sum_k \widehat{P}(k) \, \widehat{\mu}(-k), \qquad P \in T(\mathbb{T}), \ \mu \in M(\mathbb{T}) \tag{13}$$

임을 알 수 있다. 삼각다항식은 연속함수로 이해할 수도 있지만 (5) 에 의하여 측도로 이해할 수도 있다. 삼각다항식 P 를 측도로 이해하는 경우 그 노음을 $\|P\|_{M(\mathbb{T})}$ 로 쓴다. 만일 $f \in C(\mathbb{T})$ 이면 $\langle f, u_n \rangle$ 이 물론 의미가 있고,

$$\langle f, u_n \rangle = \widehat{f}(-n) \tag{14}$$

이 된다.

정리 9.1.3. 함수 $a : \mathbb{Z} \to \mathbb{C}$ 에 대하여 다음은 동치이다.

(가) $a \in B(\mathbb{Z})$ 이다.

(나) 임의의 $P \in T(\mathbb{T})$ 에 대하여 $|\sum_k \widehat{P}(k)a(-k)| \le M\|P\|_{\sup}$ 이 성립하는 상수 M 이 존재한다.

(다) $M' := \sup_{n\in\mathbb{N}} \left\| \sum_{k=-n}^{n} \left(1 - \frac{|k|}{n+1}\right) a(k)u_k \right\|_{M(\mathbb{T})} < \infty$ 이다.

증명: 먼저 $a \in B(\mathbb{Z})$ 라 가정하고 $\widehat{\mu} = a$ 라 하자. 각 $n = 1, 2, \ldots$ 에 대하여

$$d\mu_n = \left[\sum_{k=-n}^{n} \left(1 - \frac{|k|}{n+1}\right) \widehat{\mu}(k)u_k \right] dm \tag{15}$$

이라 두고 (14) 와 (12) 를 적용하여 계산하면, 임의의 $f \in C(\mathbb{T})$ 에 대하여

$$\lim_{n\to\infty} \langle f, \mu_n \rangle = \lim_{n\to\infty} \sum_{k=-n}^{n} \left(1 - \frac{|k|}{n+1}\right) \widehat{\mu}(k)\widehat{f}(-k) = \langle f, \mu \rangle \tag{16}$$

이다. 따라서, 고른유계원칙에 의하여 $\sup_n \|\mu_n\| < \infty$ 인데 이를 다시 쓰면 (다) 가 된다. 한편 임의의 삼각다항식 $P \in T(\mathbb{T})$ 에 대하여

$$\begin{aligned} \sum_k a(k)\widehat{P}(-k) &= \lim_{n\to\infty} \sum_{k=-n}^{n} \left(1 - \frac{|k|}{n+1}\right) a(k)\widehat{P}(-k) \\ &= \lim_{n\to\infty} \left\langle P, \sum_{k=-n}^{n} \left(1 - \frac{|k|}{n+1}\right) a(k)u_k \right\rangle \le M'\|P\|_{\sup} \end{aligned}$$

가 성립하므로 (다) $\Longrightarrow$ (나) 가 성립함을 알 수 있다. 위 계산에서 첫째 등식은 $\sum_k a(k)\widehat{P}(-k)$ 가 유한합이기 때문에 성립한다는 사실을 유의할 필요가 있다.

이제, (나) 가 말하는 것은

$$P \mapsto \sum_k \widehat{P}(k)a(-k), \qquad P \in T(\mathbb{T})$$

가 노음공간 $(T(\mathbb{T}), \| \ \|_{\text{sup}})$ 의 유계선형사상이라는 것이다. 그런데, 이 공간이 $C(\mathbb{T})$ 안에서 조밀하므로 이를 $C(\mathbb{T})$ 로 확장할 수 있다. 이에 대응하는 측도를 μ 라 두면

$$\widehat{\mu}(n) = \langle u_{-n}, \mu\rangle = \sum_k \widehat{u_{-n}}(k)a(-k) = a(n), \qquad n \in \mathbb{Z}$$

를 얻는다. □

처음 제기하였던 문제, 즉 주어진 삼각급수 (4) 의 극한을 어떻게 이해할 것인가 하는 물음에 대한 답이 증명과정에 주어져 있다. 만일 $a \in B(\mathbb{Z})$ 에 들어가고 $a = \widehat{\mu}$ 인 경우, (15) 와 같이 삼각다항식으로 주어진 측도 μ_n 를 생각하면 (16) 에서 보듯이 다음

$$\lim_{n\to\infty} \langle f, \mu_n\rangle = \langle f, \mu\rangle, \qquad f \in C(\mathbb{T}) \tag{17}$$

을 얻는다. 측도는 $C(\mathbb{T})$ 에서 정의된 선형범함수이므로, 이는 측도열 $\langle \mu_n\rangle$ 이 μ 로 점별수렴함을 말한다.

이제, 양측도 $\mu \in M(\mathbb{T})$ 의 푸리에-스틸체스변환에 의하여 주어지는 수열 $a \in c^b(\mathbb{Z})$ 가 어떠한 것들인지 알아보자. 만일 $\mu \in M(\mathbb{T})$ 가 양측도이면, 임의의 $c_1, \ldots, c_k \in \mathbb{C}$ 와 임의의 $n_1, \ldots, n_k \in \mathbb{Z}$ 에 대하여

$$\begin{aligned}\sum_{i,j=1}^{k} \widehat{\mu}(n_i - n_j)c_i\overline{c_j} &= \int_{\mathbb{T}} \left(\sum_{i=1}^{k} e^{-in_it}c_i\right)\left(\sum_{j=1}^{k} e^{in_jt}\overline{c_j}\right) d\mu(t) \\ &= \int_{\mathbb{T}} \left|\sum_{i=1}^{k} c_ie^{-in_it}\right|^2 d\mu(t) \geq 0\end{aligned}$$

가 된다. 이는 임의의 양수 k에 대하여 (i,j) 원이 $\widehat{\mu}(n_i-n_j)$로 주어지는 $k\times k$ 행렬이 준양부호행렬임을 말한다.[(1)] 이와 같이 함수 $a:\mathbb{Z}\to\mathbb{C}$가 다음 성질

$$c_1,\ldots,c_k\in\mathbb{C},\ n_1,\ldots,n_k\in\mathbb{Z}\implies\sum_{i,j=1}^{k}a(n_i-n_j)c_i\overline{c_j}\geq 0$$

을 만족하면 이를 양부호수열이라 부른다. 예를 들어서 페제르핵의 푸리에변환 $\widehat{K_n}$은 양부호수열이다. 양부호수열은 극한과 전혀 상관없는 대수적인 개념이다. 위 정의에서 $n_1=0, n_2=k$라 두면 2×2 행렬

$$\begin{pmatrix}a(0) & a(k)\\ a(-k) & a(0)\end{pmatrix}$$

이 준양부호행렬이 된다. 따라서

$$\overline{a(k)}=a(-k),\qquad |a(k)|\leq a(0),\qquad k\in\mathbb{Z}$$

를 얻는다. 특히 양부호수열은 항상 유계수열이다.

정리 9.1.4. (헬그로츠[(2)]) 함수 $a:\mathbb{Z}\to\mathbb{C}$가 양부호수열일 필요충분조건은 a가 양측도의 푸리에-스틸체스변환임이다.

증명: 함수 $a:\mathbb{Z}\to\mathbb{C}$가 양부호수열이라 하자. 자연수 $n\in\mathbb{N}$과 $t\in\mathbb{T}$를 고정하고, 각 $k=0,1,\ldots,n$에 대하여 $c_k=e^{ikt}$라 두자. 그러면 $p-q=k$일 때 $a(p-q)e^{ipt}e^{-iqt}=a(k)e^{ikt}$이므로

$$\begin{aligned}0\leq\sum_{p,q=0}^{n}a(p-q)c_p\overline{c_q}&=\sum_{k=-n}^{n}(n+1-|k|)a(k)e^{ikt}\\&=(n+1)\sum_{k=-n}^{n}\left(1-\frac{|k|}{n+1}\right)a(k)e^{ikt}\end{aligned}$$

(1) 연습문제 9.4.9를 참조하라.

(2) Gustav Herglotz (1881~1953), 오스트리아 수학자. Wien에서 공부하고 Leibzig, Göttingen에서 활동하였다.

가 된다. 그런데 이 부등식이 임의의 $t \in \mathbb{T}$ 에 대하여 성립하므로

$$d\mu_n(t) = \left[\sum_{k=-n}^{n}\left(1 - \frac{|k|}{n+1}\right) a(k)e^{ikt}\right] dm(t)$$

라 두면 μ_n 은 양측도가 된다. 특히, 각 $n = 1, 2, \ldots$ 에 대하여

$$\|\mu_n\|_{M(\mathbb{T})} = \frac{1}{2\pi}\int_{\mathbb{T}}\left(\sum_{k=-n}^{n}\left(1 - \frac{|k|}{n+1}\right) a(k)e^{ikt}\right) dt = a(0)$$

이 되므로, 정리 9.1.3 에 의하여 $\widehat{\mu} = a$ 인 $\mu \in M(\mathbb{T})$ 가 존재한다. 그런데 μ_n 이 양측도이므로, (17) 에 의하여

$$\langle f, \mu\rangle = \lim_{n\to\infty}\langle f, \mu_n\rangle \ge 0, \qquad f \in C^+(\mathbb{T})$$

임을 알 수 있다. 그 역은 이미 증명하였다. □

정수집합에서 정의된 양부호수열 전체의 집합을 $P(\mathbb{Z})$ 라 쓴다. 이때, $P(\mathbb{Z})$ 가 더하기와 양수곱에 의하여 닫혀있음은 자명하다.

이미 임의의 $\mu \in M(\mathbb{T})$ 가 양측도들의 선형결합으로 쓸 수 있음을 알고 있으므로, 다음 관계

$$B(\mathbb{Z}) = \{(a_1 - a_2) + i(a_3 - a_4) : a_i \in P(\mathbb{Z})\}$$

가 성립함을 알 수 있다.

연습문제 9.1.6. 받침이 $\{-1, 0, 1\}$ 에 들어가는 함수 $a : \mathbb{Z} \to \mathbb{C}$ 중에서 양부호수열인 것을 모두 찾아라.

9.2 푸리에–쉬와르츠변환

삼각급수의 극한을 설명하는 관계식 (17) 에서, 정의 (15) 대신에

$$\mu_n = \sum_{k=-n}^{n}\widehat{\mu}(k)u_k$$

로 두면 어떻게 될까 하는 의문이 제기된다. 예를 들어서 디락측도 δ_0 의 푸리에–스틸체스변환 $\widehat{\delta_0} = 1$ 을 생각하여 보자. 이 경우 등식 (17) 이 말하는 것은

$$\lim_{n\to\infty} \langle f, K_n \rangle = \langle f, \delta_0 \rangle = f(0), \qquad f \in C(\mathbb{T})$$

가 성립한다는 것인데, 말을 바꾸면 K_n 을 $C(\mathbb{T})$ 의 선형범함수로 이해하여 그 점별극한이 δ_0 라는 말이다. 방금 제시한 문제는 여기서 페제르핵 대신에 디리끌렛핵을 써도 되는가 하는 점을 묻고 있다. 그런데 $\langle f, D_n \rangle = \sum_{k=-n}^{n} \widehat{f}(k)$ 이므로 이는 연속함수의 푸리에급수가 $t = 0$ 에서 점별수렴하는가 하는 문제와 마찬가지이고, 이에 대하여 이미 그 답이 부정적임을 살펴본 바 있다. 그러나 미분가능함수에 대해서는 답이 긍정적이므로, D_n 을 미분가능함수공간의 선형범함수로 이해하고 점별극한을 생각하면 $\langle D_n \rangle$ 의 극한이 δ_0 라고 이해할 수 있다.

무한번 미분가능하고 주기가 2π 인 주기함수 전체의 집합을 $\mathcal{D}(\mathbb{T})$ 라 두고 이러한 함수들의 푸리에계수가 어떤 성질을 가지는가 알아보자. 명제 5.1.2 를 반복하여 적용하면 임의의 $f \in \mathcal{D}(\mathbb{T})$ 이 대하여

$$\widehat{D^p f}(n) = (in)^p \widehat{f}(n), \qquad p = 1, 2, \ldots, n \in \mathbb{Z}$$

임을 알 수 있다. 여기서 $D^p f$ 는 f 의 p 계 도함수를 나타낸다. 그런데 $D^p f \in L^1(\mathbb{T})$ 이므로, 각 $p = 1, 2, \ldots$ 에 대하여

$$f \in \mathcal{D}(\mathbb{T}) \implies \lim_{n\to\pm\infty} |n|^p \widehat{f}(n) = 0$$

임을 알 수 있다. 일반적으로 함수 $a : \mathbb{Z} \to \mathbb{C}$ 가 다음 성질

$$\sup\{|n|^p\, |a(n)| : n \in \mathbb{Z}\} < \infty, \qquad p = 1, 2, \ldots$$

을 만족하면, 이를 빠른감소수열이라 부른다. 즉, $f \in \mathcal{D}(\mathbb{T})$ 이면 $\widehat{f}$ 는 빠른감소수열이다.

연습문제 9.2.1. 만일 $a:\mathbb{Z}\to\mathbb{C}$ 가 빠른감소수열이면 각 $p=1,2,\ldots$ 에 대하여 $n\mapsto |n|^p a(n)$ 이 $\ell^1(\mathbb{Z})$ 에 들어감을 보여라.

역으로 a 가 빠른감소수열이라 하고 유한삼각급수

$$f_n(t)=\sum_{k=-n}^{n} a(k)e^{ikt}, \qquad n=1,2,\ldots$$

를 생각하자. 그러면 $a\in\ell^1(\mathbb{Z})$ 이므로 $\langle f_n\rangle$ 은 연속함수 f 로 고르게 수렴하고 $\widehat{f}=a$ 이다. 이제 $f_n'(t)=\sum_{k=-n}^{n} ika(k)e^{ikt}$ 인데, $k\mapsto ika(k)$ 가 ℓ^1–수열이므로 f 가 미분가능하고 $\langle f_n'\rangle$ 은 f' 으로 고르게 수렴한다. 한편, 귀납법을 사용하면 각 $p=1,2,\ldots$ 에 대하여 $\langle D^p f_n\rangle$ 이 $D^p f$ 로 고르게 수렴함을 알 수 있다. 이제, 이러한 형태의 수렴이 보장되도록 $\mathcal{D}(\mathbb{T})$ 에 거리를 정의하려 한다. 이를 위하여

$$d(f,g)=\sum_{p=0}^{\infty}\frac{2^{-p}\|D^p f-D^p g\|_{\sup}}{1+\|D^p f-D^p g\|_{\sup}}, \qquad f,g\in\mathcal{D}(\mathbb{T}) \tag{18}$$

라 정의하자.

연습문제 9.2.2. (18) 에서 정의한 f 는 $\mathcal{D}(\mathbb{T})$ 의 거리가 됨을 보여라. 또한, $f\mapsto d(f,0)$ 이 노음이 되는지 살펴보아라.

명제 9.2.1. 벡터공간 $\mathcal{D}(\mathbb{T})$ 의 함수열 $\langle f_n\rangle$ 과 $f\in\mathcal{D}(\mathbb{T})$ 에 대하여 다음은 동치이다.

(가) $\lim_{n\to\infty} d(f_n,f)=0$ 이다.
(나) 각 $p=0,1,\ldots$ 에 대하여, $\langle D^p f_n\rangle$ 이 $D^p f$ 로 고르게 수렴한다.
(다) 임의의 양수 $\epsilon>0$ 에 대하여 다음

$$n\ge N,\quad p<\frac{1}{\epsilon} \implies \|D^p f_n-D^p f\|_{\sup}<\epsilon$$

이 성립하는 자연수 N 이 존재한다.

증명: 우선 (가) $\Longrightarrow$ (나) $\Longrightarrow$ (다) 는 바로 확인된다. 이제 (다) 를 가정하고, $P < \dfrac{1}{\epsilon} \le P+1$ 인 자연수 P 를 잡자. 그러면 각 $n \ge N$ 에 대하여

$$d(f_n, f) = \sum_{p=0}^{P} \frac{2^{-p}\|D^p f_n - D^p f\|_{\sup}}{1 + \|D^p f_n - D^p f\|_{\sup}} + \sum_{p=P+1}^{\infty} \frac{2^{-p}\|D^p f_n - D^p f\|_{\sup}}{1 + \|D^p f_n - D^p f\|_{\sup}}$$
$$\le \sum_{p=0}^{P} 2^{-p}\epsilon + \sum_{p=P+1}^{\infty} 2^{-p} \le 2\epsilon + 2^{-P} \le 2\epsilon + 2^{-1/\epsilon+1},$$

이 성립한다. □

지금까지 논의한 바를 정리하면 다음을 얻는다.

명제 9.2.2. 푸리에변환 $f \mapsto \widehat{f}$ 는 $\mathcal{D}(\mathbb{T})$ 에서 빨리감소하는 수열 전체의 벡터공간으로 가는 전단사대응이다. 또한 각 $f \in \mathcal{D}(\mathbb{T})$ 에 대하여

$$\lim_{n\to\infty} d\left(f,\ \sum_{k=-n}^{n} \widehat{f}(k)u_k\right) = 0 \tag{19}$$

이 성립한다.

이제 (18) 에서 정의한 거리 d 가 벡터공간 $\mathcal{D}(\mathbb{T})$ 의 연산과 어떻게 관련되는지 알아보자. 먼저, 등식

$$d(f+h, g+h) = d(f,g), \qquad f,g,h \in \mathcal{D}(\mathbb{T}) \tag{20}$$

이 성립함은 당연한데, 이는 두 점을 나란히 평행이동하여도 그 거리가 변하지 않음을 말한다. 노음공간의 삼각부등식 $\|x+y\| \le \|x\| + \|y\|$ 는 연산 $(x,y) \mapsto x+y$ 가 연속임을 말해 준다. 실제로 임의의 양수 $\epsilon > 0$ 에 대하여

$$\|x - x_0\| < \frac{\epsilon}{2},\ \|y - y_0\| < \frac{\epsilon}{2} \implies \|(x+y) - (x_0+y_0)\| < \epsilon$$

이 성립하는데, 이는 벡터의 더하기가 $(x_0, y_0) \in X \times X$ 에서 연속임을 말한다. 거리공간에서도 거리의 삼각부등식과 (20) 을 사용하면 같은

결론을 얻을 수 있다. 먼저 부등식

$$d(f+g,0) \le d(f+g,g) + d(g,0) = d(f,0) + d(g,0)$$

은 노음공간과 마찬가지로 $\mathcal{D}(\mathbb{T})$ 의 더하기가 $(0,0)$ 에서 연속임을 말한다. 다시 (20) 을 쓰면

$$\begin{aligned} d(f+g, f_0+g_0) &= d((f-f_0)+(g-g_0),0) \\ &\le d(f-f_0,0) + d(g-g_0,0) = d(f,f_0) + d(g,g_0) \end{aligned}$$

이므로 $\mathcal{D}(\mathbb{T})$ 의 더하기가 $(f_0,g_0) \in \mathcal{D}(\mathbb{T}) \times \mathcal{D}(\mathbb{T})$ 에서 연속임을 알 수 있다.

연습문제 9.2.3. 노음공간 X 에서 $(\alpha,x) \mapsto \alpha x : \mathbb{C} \times X \to X$ 가 연속함수임을 보여라. 거리공간 $(\mathcal{D}(\mathbb{T}),d)$ 에서 마찬가지로 스칼라곱이 연속임을 보여라.

연습문제 9.2.4. 거리공간 $\mathcal{D}(\mathbb{T})$ 가 완비공간임을 보여라.

각 $P = 0,1,2,\ldots$ 에 대하여

$$\|f\|_P = \max\{\|D^p f\|_{\sup} : p = 0,1,2,\ldots,P\}, \qquad f \in \mathcal{D}(\mathbb{T})$$

라 정의하면 이는 벡터공간 $\mathcal{D}(\mathbb{T})$ 의 노음이 되므로,

$$N_P = \{f \in \mathcal{D}(\mathbb{T}) : \|f\|_P \le 2^{-P}\}$$

는 볼록집합이 된다. 만일 $d(f,0) < \dfrac{2^{-2P}}{1+2^{-P}}$ 이면, 각 $p = 0,1,2,\ldots,P$ 에 대하여

$$\frac{2^{-P}\|D^p f\|_{\sup}}{1+\|D^p f\|_{\sup}} \le \frac{2^{-p}\|D^p f\|_{\sup}}{1+\|D^p f\|_{\sup}} \le d(f,0) < \frac{2^{-2P}}{1+2^{-P}}$$

이므로 $\|D^p f\|_{\sup} \le 2^{-P}$ 이다. 따라서

$$d(f,0) < \frac{2^{-2P}}{1+2^{-P}} \implies f \in N_P$$

가 되어서 각 N_P 는 원점의 볼록근방이 된다. 한편, 임의의 양수 $\epsilon > 0$ 에 대하여 $\frac{3}{2^P} < \epsilon$ 인 자연수 P 를 잡으면 명제 9.2.1 의 증명과 같은 방법으로

$$f \in N_P \implies d(f, 0) < \epsilon \tag{21}$$

임을 알 수 있다.

연습문제 9.2.5. 관계 (21) 을 증명하여라.

일반적으로, 위상공간의 한 점 x 의 근방들의 모임 $\mathcal{N}$ 이 있을 때, 임의의 x 를 포함하는 열린집합 V 에 대하여 $x \in N \subset V$ 가 되는 $N \in \mathcal{N}$ 이 존재하면 $\mathcal{N}$ 을 점 x 의 국소위상기저 혹은 그냥 국소기저라 부른다. 따라서 $\mathcal{D}(\mathbb{T})$ 의 볼록집합들의 모임

$$\{N_P : P = 0, 1, 2, \dots\}$$

는 원점의 국소기저가 된다. 평행이동은 위상동형사상이므로, 원점의 국소기저를 평행이동하면 각 점의 국소기저를 얻을 수 있다. 앞으로, 원점의 국소기저를 그냥 국소기저라 부른다. 또한, 별다른 언급이 없는 한 근방이란 0 의 근방을 발한다. 벡터공간 X 에 (20) 과 같이 평행이동에 불변인 거리가 있어서 완비공간이 되고 볼록집합으로 이루어진 국소기저를 가지면 이를 프레쉐[3]공간이라 부른다. 따라서 $\mathcal{D}(\mathbb{T})$ 는 프레쉐공간이다. 임의의 바나하공간이 프레쉐공간임은 명백하다.

이제 $\mathcal{D}(\mathbb{T})$ 에서 정의된 연속선형범함수 전체의 벡터공간을 $\mathcal{D}'(\mathbb{T})$ 라 쓰자. 만일 $d(f_n, f) \to 0$ 이면 $\|f_n - f\|_P \to 0$ 이 된다. 또한 $P \le Q$ 이면 $\|f\|_P \le \|f\|_Q$ 이므로 다음 관계

$$P \le Q \implies (\mathcal{D}(\mathbb{T}), \|\ \|_P)^* \subset (\mathcal{D}(\mathbb{T}), \|\ \|_Q)^* \subset \mathcal{D}'(\mathbb{T}) \tag{22}$$

---

(3) René Maurice Fréchet (1878~1973), 프랑스 수학자. École Normale Supérieure 에서 공부하고 Strasbourg 및 파리대학에서 활동하였다.

가 성립함을 알 수 있다. 복소 정규보렐측도 $\mu \in M(\mathbb{T})$ 는 $C(\mathbb{T})$ 의 유계선형범함수이므로 이를 $\mathcal{D}(\mathbb{T})$ 에 제한하면 $\mu \in (\mathcal{D}(\mathbb{T}), \| \ \|_0)^*$ 이 되고, 따라서 $M(\mathbb{T}) \subset \mathcal{D}'(\mathbb{T})$ 임을 알 수 있다. 다음 정리는 포함관계 (22) 에서

$$\mathcal{D}'(\mathbb{T}) = \bigcup_{P=0}^{\infty} (\mathcal{D}(\mathbb{T}), \| \ \|_P)^*$$

임을 말해 준다.

연습문제 9.2.6. 벡터공간 $\mathcal{D}(\mathbb{T})$ 의 선형범함수 $f \mapsto \int_{\mathbf{T}} D^Q f$ 가 $\| \ \|_Q$ 에 관하여 연속이지만 $\| \ \|_P$ 에 관하여 연속이 아님을 보여라 (단, $P < Q$). 또한, $M(\mathbb{T}) \subsetneq \mathcal{D}'(\mathbb{T})$ 임을 보여라.

정리 9.2.3. 벡터공간 $\mathcal{D}(\mathbb{T})$ 의 선형범함수 ϕ에 대하여 다음은 동치이다.

(가) ϕ가 거리공간 $(\mathcal{D}(\mathbb{T}), d)$ 에서 $\mathbb{C}$ 로 가는 연속함수이다.

(나) 적절한 양수 $C > 0$ 와 자연수 P에 대하여 다음

$$f \in \mathcal{D}(\mathbb{T}) \implies |\phi(f)| \le C\|f\|_P$$

이 성립한다.

증명: 이미 (나) $\Longrightarrow$ (가) 가 성립함은 설명하였다. 만일 (나) 가 성립하지 않는다면 각 $n = 1, 2, \dots$ 에 대하여

$$|\phi(f_n)| > n\|f_n\|_n$$

인 $f_n \in \mathcal{D}(\mathbb{T})$ 가 존재한다. 그러면 $f_n \neq 0$ 이므로 $\|f_n\|_n > 0$ 이다. 이제 각 $n = 1, 2, \dots$ 에 대하여 $g_n = \dfrac{f_n}{n\|f_n\|_n}$ 이라 두고 $d(g_n, 0) \to 0$ 임을 보이자. 임의의 양수 $\epsilon > 0$ 에 대하여 $N \ge \dfrac{1}{\epsilon}$ 인 자연수 N 을 잡자. 만일

$n \geq N$ 이고 $p < \dfrac{1}{\epsilon}$ 이면 $p < \dfrac{1}{\epsilon} \leq N \leq n$ 이므로

$$\|D^p g_n\|_\infty \leq \|g_n\|_n = \frac{1}{n} < \epsilon$$

이 된다. 따라서 명제 9.2.1 에 의하여 $d(g_n, 0) \to 0$ 이다. 그런데

$$|\phi(g_n)| = \frac{|\phi(f_n)|}{n\|f_n\|_n} > 1, \qquad n = 1, 2, \ldots$$

이므로 ϕ 는 연속이 아님을 알 수 있다. □

이제부터 $\phi \in \mathcal{D}'(\mathbb{T})$ 와 $f \in \mathcal{D}(\mathbb{T})$ 에 대하여 (10) 과 마찬가지로

$$\langle f, \phi \rangle = \phi(f)$$

라 쓰기로 약속한다. 이제 $\mathcal{D}'(\mathbb{T})$ 에 곱하기를 정의하자. 먼저 등식 (8) 을 염두에 두고 각 $\phi \in \mathcal{D}'(\mathbb{T})$ 와 $f \in \mathcal{D}(\mathbb{T})$ 에 대하여

$$(\phi \boxtimes f)(t) = \langle f_{-t}, \phi \rangle, \qquad t \in \mathbb{T}$$

라 정의하고, $\phi \boxtimes f \in \mathcal{D}(\mathbb{T})$ 임을 보이자. 이를 위하여 0 으로 수렴하는 수열 $\langle h_n \rangle$ 을 고정하고,

$$g_n = \frac{f_{-h_n} - f}{h_n}, \qquad n = 1, 2, \ldots \tag{23}$$

라 두면 $\langle g_n \rangle$ 이 Df 로 고르게 수렴함을 알 수 있다.

연습문제 9.2.7. 만일 Df 가 연속함수이면 (23) 과 같이 정의된 함수열 $\langle g_n \rangle$ 이 Df 로 고르게 수렴함을 보여라.

만일 $f \in \mathcal{D}(\mathbb{T})$ 이면 $D^2 f$ 가 연속이므로 $\langle Dg_n \rangle$ 이 $D^2 f$ 로 고르게 수렴한다. 귀납법을 사용하여, 임의의 $p = 1, 2, \ldots$ 에 대하여 $\langle D^p g_n \rangle$ 이 $D^{p+1} f$ 로 고르게 수렴함을 알 수 있는데, 이는 $\lim_n d(g_n, Df) = 0$ 임을 뜻한다. 만일 $f \in \mathcal{D}(\mathbb{T})$ 이면 $f_{-t} \in \mathcal{D}(\mathbb{T})$ 이므로

$$\begin{aligned}\lim_{n\to\infty} \frac{(\phi \boxtimes f)(t + h_n) - (\phi \boxtimes f)(t)}{h_n} &= \lim_{n\to\infty} \left\langle \frac{(f_{-t})_{-h_n} - f_{-t}}{h_n}, \phi \right\rangle \\ &= \langle D(f_{-t}), \phi \rangle = \langle (Df)_{-t}, \phi \rangle = \phi \boxtimes (Df)(t)\end{aligned}$$

을 얻는다. 따라서, $\phi \boxtimes f$ 가 미분가능하고

$$D(\phi \boxtimes f) = \phi \boxtimes (Df), \qquad \phi \in \mathcal{D}'(\mathbb{T}),\ f \in \mathcal{D}(\mathbb{T})$$

임을 알 수 있다. 이를 반복하여 사용하면

$$D^p(\phi \boxtimes f) = \phi \boxtimes (D^p f), \qquad \phi \in \mathcal{D}'(\mathbb{T}),\ f \in \mathcal{D}(\mathbb{T}),\ p = 1, 2, \ldots \tag{24}$$

를 얻고, $\phi \boxtimes f \in \mathcal{D}(\mathbb{T})$ 임을 알 수 있다. 따라서, 각 $\phi, \psi \in \mathcal{D}'(\mathbb{T})$ 에 대하여 다음

$$\langle f, \phi * \psi \rangle = \langle \psi \boxtimes f, \phi \rangle, \qquad f \in \mathcal{D}(\mathbb{T}) \tag{25}$$

과 같이 정의할 수 있다.

곱하기의 정의를 마치기 위하여 $\phi * \psi \in \mathcal{D}'(\mathbb{T})$ 를 보여야 한다. 이를 위하여 $d(f_n, f) \to 0$ 이라 하자. 그러면 $d(f, g) = d(f_t, g_t)$ 이므로, $\langle \psi \boxtimes f_n \rangle$ 이 $\psi \boxtimes f$ 로 고르게 수렴함을 알 수 있다. 그런데 $d(f_n, f) \to 0$ 이면 $d(D^p f_n, D^p f) \to 0$ 이므로 임의의 $p = 1, 2, \ldots$ 에 대하여 $\langle \psi \boxtimes D^p f_n \rangle$ 이 $\psi \boxtimes D^p f$ 로 고르게 수렴한다. 등식 (24) 를 사용하면 $\langle D^p(\psi \boxtimes f_n) \rangle$ 이 $D^p(\psi \boxtimes f)$ 로 고르게 수렴함을 알 수 있다. 즉, $d(\psi \boxtimes f_n, \psi \boxtimes f) \to 0$ 이므로

$$\lim_{n\to\infty} \langle f_n, \phi * \psi \rangle = \lim_{n\to\infty} \langle \psi \boxtimes f_n, \phi \rangle = \langle \psi \boxtimes f, \phi \rangle = \langle f, \phi * \psi \rangle$$

이 되어서 $\phi * \psi$ 가 연속임을 알 수 있고, $\phi * \psi$ 가 선형임은 당연하므로 $\phi * \psi \in \mathcal{D}'(\mathbb{T})$ 임이 증명된다. 만일 $\mu, \nu \in M(\mathbb{T})$ 에 대하여 정의 (25) 를 적용하면, 임의의 $f \in \mathcal{D}(\mathbb{T})$ 에 대하여

$$\begin{aligned} \langle f, \mu * \nu \rangle = \langle \nu \boxtimes f, \mu \rangle &= \int_{\mathbb{T}} (\nu \boxtimes f)(t)\, d\mu(t) \\ &= \int_{\mathbb{T}} \int_{\mathbb{T}} f_{-t}(s)\, d\nu(s)\, d\mu(t) = \int_{\mathbb{T}} \int_{\mathbb{T}} f(s+t)\, d\nu(s)\, d\mu(t) \end{aligned}$$

이므로, 이는 기존의 정의와 일치한다.

연습문제 9.2.8. 벡터공간 $\mathcal{D}'(\mathbb{T})$ 의 곱하기 $\phi * \psi$ 에 대하여 결합법칙, 분배법칙 및 교환법칙을 증명하여라. [도움말: 교환법칙의 경우, 명제 9.2.2 를 사용한다.]

이제 ϕ, ϕ_n 이 $\mathcal{D}(\mathbb{T})$ 의 선형범함수일 때,

$$\lim_{n\to\infty}\langle f, \phi_n\rangle = \langle f, \phi\rangle, \qquad f \in \mathcal{D}(\mathbb{T}) \tag{26}$$

가 성립하면 $\langle\phi_n\rangle$ 이 ϕ 로 수렴한다고 정의하고, 이를 $\phi_n \to \phi$ 라 쓰자. 이는 마치 (17) 에서 언급한 $M(\mathbb{T})$ 의 점별수렴과 마찬가지이다. 전단사 대응관계 $L^2(\mathbb{T}) \longleftrightarrow \ell^2(\mathbb{Z})$ 에서 ℓ^2–수열에 대응하는 L^2–함수를 찾을 때 $L^2(\mathbb{T})$ 의 완비성질이 결정적인 역할을 하였는데, 다음 명제는 이에 대응하는 내용이다.

명제 9.2.4. 만일 각 $n = 1, 2, \ldots$ 에 대하여 $\phi_n \in \mathcal{D}'(\mathbb{T})$ 이고 $\phi_n \to \phi$ 이면 $\phi \in \mathcal{D}'(\mathbb{T})$ 이다.

명제의 내용을 살펴보면, 이는 프레쉐공간의 고른유계원칙 또는 따름정리 6.2.8 임을 알 수 있다. 따라서 일반적인 내용을 쓰고 증명하자.

정리 9.2.5. (고른유계원칙) 프레쉐공간 X 에서 정의된 연속선형범함수열 $\langle\phi_k\rangle$ 이 주어져 있고, 각 $x \in X$ 에 대하여 $\phi(x) = \lim_{k\to\infty}\phi_k(x)$ 이면 ϕ 도 연속선형범함수이다.

증명: 증명은 바나하공간의 고른유계원칙을 그대로 따라가면 되는데, 다시 한번 반복하기로 하자. 각 자연수 $n = 1, 2, \ldots$ 에 대하여

$$C_n = \bigcap_{k=1}^{\infty}\{x \in X : |\phi_k(x)| \le n\}$$

이라 두자. 그러면 $x \mapsto |\phi_k(x)|$ 가 연속함수이므로 각 C_n 은 닫힌집합이다. 또한, 임의의 $x \in X$ 에 대하여 수열 $\langle \phi_k(x) \rangle$ 이 수렴하므로

$$\sup\{|\phi_k(x)| : k = 1, 2, \dots\} < \infty$$

이고, 따라서 $X = \bigcup_n C_n$ 이다. 이제, 베르 정리를 적용하면, 적절한 C_n 이 근방 $N(x_0, r)$ 을 포함하고 다음

$$d(x, x_0) < r \implies |\phi_k(x)| \le n, \qquad k = 1, 2, \dots$$

이 성립한다. 만일 $d(x, 0) < r$ 이면 $d(x + x_0, x_0) < r$ 이므로, 각 $k = 1, 2, \dots$ 에 대하여

$$|\phi_k(x)| - |\phi_k(x_0)| \le |\phi_k(x + x_0)| \le n$$

이 된다. 따라서,

$$|\phi(x)| = \lim_{k\to\infty} |\phi_k(x)| \le n + \lim_{k\to\infty} |\phi_k(x_0)| = n + |\phi(x_0)|$$

임을 알 수 있다. 그러므로, $\alpha = \dfrac{\epsilon}{n + |\phi(x_0)|}$ 라 두면

$$d(\alpha x, 0) < r \implies |\phi(x)| < \epsilon$$

이고, $x \mapsto \alpha x$ 가 연속이므로 $d(x, 0) < \delta \implies d(\alpha x, 0) < r$ 인 양수 $\delta > 0$ 를 잡을 수 있어서, ϕ 가 0 에서 연속임이 증명되었다. 그런데 프레쉐공간의 거리 d 는 평행이동에 의하여 변하지 않고 ϕ 가 선형이므로, $d(x, y) < \delta$ 이면 $|\phi(x) - \phi(y)| < \epsilon$ 이 된다. □

연습문제 9.2.9. $\mathcal{D}'(\mathbb{T})$ 의 수열 $\langle \phi_n \rangle$ 과 $\langle \psi_n \rangle$ 이 주어져 있다. 만일 $\phi_n \to \phi$ 이고 $\psi_n \to \psi$ 이면 $\phi_n + \psi_n \to \phi + \psi$ 가 성립함을 보여라. 또한 스칼라 $\alpha \in \mathbb{C}$ 에 대하여 $\alpha\phi_n \to \alpha\phi$ 임을 보여라.

이제, 각 $\phi \in \mathcal{D}'(\mathbb{T})$ 에 대하여

$$\widehat{\phi}(n) = \langle u_{-n}, \phi \rangle, \qquad n \in \mathbb{Z}$$

라 정의하자. 만일 $\phi \in M(\mathbb{T})$ 이면 이는 정의 (6) 과 일치한다. 여기서 $\phi \mapsto \widehat{\phi}$ 가 선형임은 자명하다. 또한, 각 $n \in \mathbb{Z}$ 에 대하여

$$\langle u_{-n}, \psi\rangle u_{-n}(t) = \langle e^{-int} u_{-n}, \psi\rangle = \langle (u_{-n})_{-t}, \psi\rangle = (\psi \boxtimes u_{-n})(t)$$

이므로, 기대했던 대로

$$\begin{aligned}\widehat{\phi * \psi}(n) &= \langle u_{-n}, \phi * \psi\rangle = \langle \psi \boxtimes u_{-n}, \phi\rangle \\ &= \langle u_{-n}, \phi\rangle \langle u_{-n}, \psi\rangle = \widehat{\phi}(n)\widehat{\psi}(n)\end{aligned}$$

이 성립함을 알 수 있다.

한편 $\phi \in \mathcal{D}'(\mathbb{T})$ 일 때, 명제 9.2.3 (나) 에 나오는 상수 C 와 자연수 P 를 생각하면

$$|n|^{-p}\left|\widehat{\phi}(n)\right| = |n|^{-p}\left|\langle u_{-n}, \phi\rangle\right| \le |n|^{-p} C \|D^p(u_{-n})\|_\infty = C$$

인 자연수 $p \le P$ 가 존재함을 알 수 있다. 함수 $a : \mathbb{Z} \to \mathbb{C}$ 가 있을 때, 적절한 자연수 p 에 대하여 $n \mapsto |n|^{-p}a(n)$ 이 유계이면 이를 슬슬증가 수열이라 한다. 슬슬증가수열 전체의 벡터공간이 점별곱하기에 대하여 닫혀있음은 자명하다. 따라서, $\phi \mapsto \widehat{\phi}$ 는 $\mathcal{D}'(\mathbb{T})$ 에서 슬슬증가수열 전체의 집합으로 가는 준동형인데, 이를 푸리에-쉬와르츠[(4)]변환이라 한다. 만일 $\widehat{\phi} = 0$ 이면 각 $k \in \mathbb{Z}$ 에 대하여 $\langle u_k, \phi\rangle = 0$ 이다. 그런데 ϕ 가 연속이므로, (19) 를 적용하면 각 $f \in \mathcal{D}(\mathbb{T})$ 에 대하여 $\langle f, \phi\rangle = 0$ 임을 알 수 있다. 따라서 $\phi = 0$ 이므로 $\phi \mapsto \widehat{\phi}$ 가 단사임이 증명되었다.

만일 u_k 를 $\mathcal{D}'(\mathbb{T})$ 의 원소로 간주하면 각 $f \in \mathcal{D}(\mathbb{T})$ 에 대하여 (19) 를 적용함으로써, 등식

$$\langle f, u_k\rangle = \lim_{n\to\infty} \sum_{\ell=-n}^{n} \left\langle \widehat{f}(\ell) u_\ell, u_k \right\rangle = \widehat{f}(-k), \qquad k \in \mathbb{Z}$$

(4) Laurent Schwartz (1915∼), 프랑스 수학자. 1950 년에 필즈상을 받았다.

을 얻는다. 이제 임의의 수열 $a : \mathbb{Z} \to \mathbb{C}$ 에 대하여 삼각다항식

$$\phi_n = \sum_{k=-n}^{n} a(k) u_k, \qquad n = 1, 2, \ldots \tag{27}$$

을 생각하자. 만일 ϕ_n 을 $\mathcal{D}'(\mathbb{T})$ 의 원소로 이해하면

$$\langle f, \phi_n \rangle = \sum_{k=-n}^{n} a(k) \langle f, u_k \rangle = \sum_{k=-n}^{n} a(k)\, \widehat{f}(-k), \qquad f \in \mathcal{D}(\mathbb{T}) \tag{28}$$

가 된다. 특히, 각 $m \in \mathbb{Z}$ 과 $n = 1, 2, \ldots$ 에 대하여

$$\langle u_m, \phi_n \rangle = \sum_{k=-n}^{n} a(k) \langle u_m, u_k \rangle = \begin{cases} a(-m), & |m| \le n \\ 0, & |m| > n \end{cases} \tag{29}$$

임을 알 수 있다. 다음 정리에서 $a : \mathbb{Z} \to \mathbb{C}$ 가 슬슬증가수열이면 (27) 에서 정의된 $\mathcal{D}'(\mathbb{T})$ 의 수열 $\langle \phi_n \rangle$ 이 적절한 $\phi \in \mathcal{D}'(\mathbb{T})$ 로 수렴하여 $\widehat{\phi} = a$ 가 됨을 증명한다.

정리 9.2.6. 푸리에-쉬와르츠변환은 $\mathcal{D}'(\mathbb{T})$ 에서 슬슬증가하는 수열 전체의 대수로 가는 전단사 준동형이다.

증명: 이제, $a : \mathbb{Z} \to \mathbb{C}$ 가 슬슬증가수열이라 가정하고,

$$|k|^{-p} |a(k)| \le C_1, \qquad k \in \mathbb{Z}$$

인 상수 C_1 과 자연수 p 를 잡자. 만일 $f \in \mathcal{D}(\mathbb{T})$ 를 고정하면 $k \mapsto \widehat{f}(-k)$ 가 빠른감소수열이므로

$$\sum_{k=-\infty}^{\infty} |k|^p \, |\widehat{f}(-k)| < C_2$$

인 상수 C_2 를 잡을 수 있다. 따라서,

$$\sum_{k=-\infty}^{\infty} \left| a(k)\, \widehat{f}(-k) \right| \le \sum_{k=-\infty}^{\infty} C_1 \, |k|^p \left| \widehat{f}(-k) \right| \le C_1 C_2 \tag{30}$$

임을 알 수 있다. 이제 (27) 에 의하여 $\phi_n \in \mathcal{D}'(\mathbb{T})$ 를 정의하면 등식 (28) 과 부등식 (30) 에 의하여 극한 $\lim_{n\to\infty}\langle f, \phi_n\rangle$ 이 존재하게 되므로, 각 $f \in \mathcal{D}(\mathbb{T})$ 에 대하여

$$\langle f, \phi\rangle = \lim_{n\to\infty}\langle f, \phi_n\rangle$$

이라 정의할 수 있다. 그러면 ϕ 가 $\mathcal{D}(\mathbb{T})$ 의 선형범함수임은 분명하고, 명제 9.2.4 에 의하여 $\phi \in \mathcal{D}'(\mathbb{T})$ 임을 알 수 있다. 또한, (29) 에 의하여

$$\widehat{\phi}(m) = \langle u_{-m}, \phi\rangle = \lim_{n\to\infty}\langle u_{-m}, \phi_n\rangle = a(m), \qquad m \in \mathbb{Z}$$

임을 알 수 있다. □

증명과정에서 임의의 $\phi \in \mathcal{D}'(\mathbb{T})$ 는 삼각다항식의 극한으로 표시할 수 있음을 보였다. 즉, $P(\mathbb{T})$ 는 $\mathcal{D}'(\mathbb{T})$ 의 조밀한 부분공간이다.

지금까지 논의한 내용을 정리하면 다음

$$\begin{array}{ccccccccc} \mathcal{D}(\mathbb{T}) & \subset & C(\mathbb{T}) & \subset & L^2(\mathbb{T}) & \subset & M(\mathbb{T}) & \subset & \mathcal{D}'(\mathbb{T}) \\ \updownarrow & & \updownarrow & & \updownarrow & & \updownarrow & & \updownarrow \\ \text{빨감} & \subset & \mathfrak{X} & \subset & \ell^2(\mathbb{Z}) & \subset & B(\mathbb{Z}) & \subset & \text{슬증} \end{array}$$

과 같이 나타낼 수 있다. 여기서 '빨감'과 '슬증'은 물론 빠른감소수열과 슬슬증가수열 전체의 공간을 나타낸다. 한 가지 유의할 점은 $C(\mathbb{T})$ 의 쌍대공간이 $M(\mathbb{T})$ 이고, $\mathcal{D}(\mathbb{T})$ 의 쌍대공간이 $\mathcal{D}'(\mathbb{T})$ 라는 것이다.

9.3 약위상

삼각다항식의 극한을 생각하기 위하여, 삼각다항식을 $C(\mathbb{T})$ 혹은 $\mathcal{D}(\mathbb{T})$ 의 연속선형범함수로 이해하고 (17) 및 (26) 과 같이 수열의 극한을 정의하였다. 그러면 벡터공간 $M(\mathbb{T})$ 및 $\mathcal{D}'(\mathbb{T})$ 에 어떤 위상을 주어야 이러한 수렴이 얻어지는가 하는 문제가 자연스레 제기된다. 그런데, 이러한 수렴은 사실 명제 8.1.1 에서 이미 다룬 바 있듯이 본질적으로 곱위상에 의하여 결정된다는 것을 알 수 있다.

이제 프레쉐공간 X 에서 정의된 모든 연속선형범함수 전체의 벡터 공간을 X^* 라 쓰고, 지금까지 사용한 기호

$$\langle x, \phi \rangle = \phi(x), \qquad x \in X,\ \phi \in X^*$$

를 그대로 유지한다. 그런데 모든 $\phi \in X^*$ 는 기본적으로 X 에서 $\mathbb{C}$ 로 가는 함수이므로 $X^* \subset \mathbb{C}^X$ 임을 알 수 있다. 복소평면 $\mathbb{C}$ 는 이미 위상공간이므로 $\mathbb{C}^X$ 도 곱위상을 생각함으로써 위상공간이 되고, X^* 를 $\mathbb{C}^X$ 의 부분위상공간으로 이해할 수 있다. 따라서, X^* 의 위상은 다음

$$\{\phi \in X^* : \langle x, \phi \rangle \in U\}, \qquad x \in X,\ U \subset \mathbb{C} \text{ 는 열린집합} \tag{31}$$

을 포함하는 최소의 위상인데, 이렇게 정의된 X^* 의 위상을 약*-위상이라 한다. 한편, 복소평면 $\mathbb{C}$ 가 하우스도르프공간이므로 그 곱공간 $\mathbb{C}^X$ 와 부분공간 X^* 도 하우스도르프공간이 된다.

각 $x \in X$ 에 대하여 X^* 의 선형범함수

$$\Lambda_x : \phi \mapsto \langle x, \phi \rangle : X^* \to \mathbb{C}$$

를 생각하면, 이는 곱공간 $\mathbb{C}^X$ 에서 $\mathbb{C}$ 로 가는 정사영을 X^* 에 제한한 것에 지나지 않으므로 연속선형범함수가 된다. 역으로, 모든 선형범함수 Λ_x 가 연속이 되도록 하는 X^* 의 최소위상을 생각하면 (31) 에 있는 집합들이 열린집합이어야 한다. 따라서, X^* 의 약*-위상은 모든 선형범함수 Λ_x (단, $x \in X$) 가 연속이 되도록 하는 최소의 위상임을 알 수 있다.

이제, (31) 에 있는 꼴로 주어진 집합들의 유한교집합들을 모두 모으면 약*-위상의 기저가 된다. 따라서 $\phi_0 \in X^*$ 를 고정하고 ϕ_0 를 포함하는 X^* 의 열린집합 V 를 잡으면

$$\phi_0 \in \bigcap_{i=1}^{n} \{\phi \in X^* : \phi(x_i) \in U_i\} \subset V$$

를 만족하는 점 $x_1,\ldots,x_n$ 과 $\mathbb{C}$ 의 열린집합 $U_1,\ldots,U_n$ 을 잡을 수 있다. 이 때, 각 $i=1,2,\ldots,n$ 에 대하여

$$\{\alpha\in\mathbb{C}:|\alpha-\phi_0(x_i)|\le r_i\}\subset U_i$$

가 되는 양수 $r_i>0$ 을 잡으면

$$\phi_0\in\bigcap_{i=1}^{n}\{\phi\in X^*:|\phi(x_i)-\phi_0(x_i)|\le r_i\ \}\subset V \tag{32}$$

임을 알 수 있다. 이제 임의의 집합 $A\subset X$ 에 대하여

$$A^\circ=\{\phi\in X^*:|\phi(x)|\le 1\ (x\in A)\}$$

라 정의하자. 만일 $F=\{r_1^{-1}x_1,\ldots,r_n^{-1}x_n\}$ 이라 두고 (32) 를 다시 쓰면

$$\phi_0\in\phi_0+F^\circ\subset V$$

를 얻는다. 여기서 F° 가 약*–위상에 관하여 열린집합은 아니지만 근방은 된다. 따라서, 각 유한집합 $F\subset X$ 에 대하여 ϕ_0+F° 를 다 모으면 이는 약*–위상에 관한 $\phi_0\in X^*$ 의 국소기저가 된다. 이는 원점 0 의 국소기저를 평행이동한 것에 지나지 않으므로, 특히 집합모임

$$\{F^\circ:F\subset X,\ F\text{ 는 유한집합}\}$$

은 원점의 국소기저가 된다.

이제 약*–위상이 벡터공간 X^* 의 연산과 어떻게 관련되는지 살펴보자. 벡터공간의 부분집합 A,B 와 스칼라 $\alpha\in\mathbb{C}$ 에 대하여

$$A+B=\{x+y:x\in A,\ y\in B\},\quad \alpha A=\{\alpha x:x\in A\}$$

라 정의하자. 임의의 부분집합 $A\subset X$ 에 대하여

$$[\phi+(2A)^\circ]+[\psi+(2A)^\circ]\subset(\phi+\psi)+A^\circ$$

인데, A가 유한집합이면 $2A$도 유한집합이므로 이는 벡터공간 X^*의 더하기 $(x,y)\mapsto x+y$가 $(\phi,\psi)\in X^*\times X^*$에서 약*–위상에 관한 연속함수임을 말한다. 한편 $\alpha_0\in\mathbb{C}$와 $\phi_0\in X^*$ 및 집합 $A\subset X$가 주어졌다 가정하자. 만일 ϕ_0가 집합 A 위에서 유계함수이면 $\phi_0\in[(2\delta)A]^\circ$인 양수 $\delta>0$을 잡을 수 있다. 만일 $|\alpha-\alpha_0|<\delta$이고 $\phi-\phi_0\in[2(|\alpha_0|+\delta)A]^\circ$이면, 임의의 $x\in A$에 대하여

$$\begin{aligned}|\alpha\phi(x)-\alpha_0\phi_0(x)| &\le |\alpha||\phi(x)-\phi_0(x)|+|\alpha-\alpha_0||\phi_0(x)|\\ &\le (|\alpha_0|+\delta)\cdot\frac{1}{2(|\alpha_0|+\delta)}+\delta\cdot\frac{1}{2\delta}=1\end{aligned}$$

가 된다. 이를 다시 쓰면

$$|\alpha-\alpha_0|<\delta,\ \phi\in\phi_0+[2(|\alpha_0|+\delta)A]^\circ \implies \alpha\phi\in\alpha_0\phi_0+A^\circ$$

임을 뜻한다. 만일 A가 유한집합이면 ϕ_0는 당연히 A 위에서 유계이므로, 이는 스칼라곱이 $(\alpha_0,\phi_0)\in\mathbb{C}\times X^*$에서 약*–위상에 관한 연속함수임을 뜻한다. 따라서, 벡터공간 X^*의 연산은 약*–위상에 관하여 연속함수가 된다.

이와 같이 벡터공간 X에 위상이 주어지고 더하기와 스칼라곱이 연속이면 이를 위상벡터공간이라 한다. 힐버트공간이나 바나하공간, 프레쉐공간은 모두 위상벡터공간이다. 일반적으로 위상벡터공간 X에서 정의된 연속선형범함수들의 벡터공간을 X^*라 쓰고, 이를 X의 쌍대공간이라 한다. 지금까지 논의한 내용은 임의의 위상벡터공간 X에 대하여 그대로 성립하는데, 벡터공간 X^*에 약*–위상이 부여된 위상벡터공간을 $X^{*\mathrm{w}}$로 표시하자. 이제, 원래 목적했던 바대로 명제 8.1.1의 내용을 다시 써 보자.

명제 9.3.1. 위상벡터공간 X의 쌍대공간 $X^{*\mathrm{w}}$의 그물 $\langle\phi_i : i\in I\rangle$와 ϕ가 있을 때, $\lim_i\phi_i=\phi$일 필요충분조건은

$$\lim_i\langle x,\phi_i\rangle=\langle x,\phi\rangle,\qquad x\in X$$

이다.

연습문제 9.3.1. 바나하공간 X 가 주어져 있다. 임의의 유계집합 $B \subset X$ 에 대하여
$$\{\phi \in X^* : \|\phi\| < \epsilon\} \subset B^\circ$$
을 만족하는 양수 $\epsilon > 0$ 이 존재함을 보여라. 역으로, 임의의 양수 $\epsilon > 0$ 에 대하여
$$B^\circ \subset \{\phi \in X^* : \|\phi\| < \epsilon\}$$
을 만족하는 유계집합 $B \subset X$ 가 존재함을 보여라.

위상벡터공간의 쌍대공간에 주어진 약*–위상은 한 가지 중요한 성질을 가지는데, 국소기저 F° 가 모두 볼록집합이라는 점이다. 이와 같이 볼록집합으로 이루어진 국소기저를 가지는 위상벡터공간을 **국소볼록공간**이라 한다. 바나하공간과 프레쉐공간은 물론 국소볼록공간이다.

위상벡터공간 X^{*w} 에는 볼록집합으로 이루어진 국소기저가 있다는 점 외에 보다 중요한 위상적인 성질이 있는데, 이를 살펴보자. 원점의 근방 $V \subset X$ 가 주어지면, 각 $x \in X$ 에 대하여 $t \mapsto tx : \mathbb{R} \to X$ 가 연속이므로 $t_x x \in V$ 인 양수 $t_x > 0$ 를 잡을 수 있다. 이 때, $D_x = \{\alpha \in \mathbb{C} : |\alpha| \le 1/t_x\}$ 라 두면
$$V^\circ \subset X^* \cap \left(\prod_{x \in X} D_x\right) \subset \mathbb{C}^X$$
임을 바로 확인할 수 있다. 또한, $\prod_x D_x$ 의 곱위상이 이를 $\mathbb{C}^X$ 의 부분공간으로 이해했을 때 얻어지는 위상과 일치함을 확인할 수 있다. 이제 V° 가 $\mathbb{C}^X$ 의 닫힌집합임을 보이자. 그러면 티코노프 정리에 의하여 $\prod_x D_x$ 가 옹골집합이므로 V° 가 옹골집합이라는 결론을 얻는다.

이제 $\phi \in \overline{V^\circ}$ 라 가정하고 $\phi \in V^\circ$ 임을 보이자. 우선 ϕ 가 선형임을 보이기 위하여 $x, y \in X$ 를 고정하자. 유한집합 $F = \dfrac{1}{\epsilon}\{x, y, (x+y)\}$ 를

생각하면 $\phi + F^\circ$ 가 근방이므로, $\psi - \phi \in F^\circ$ 인 $\psi \in V^\circ$ 를 찾을 수 있다. 그러면 $\psi(x+y) = \psi(x) + \psi(y)$ 이므로

$$\begin{aligned}|\phi(x+y)-&\phi(x) - \phi(y)| \\ &= |(\phi - \psi)(x+y) - (\phi - \psi)(x) - (\phi - \psi)(y)| \le 3\epsilon\end{aligned}$$

이 되어서, $\phi(x+y) = \phi(x)+\phi(y)$ 임을 알 수 있다. 또한 $x \in X$ 와 $\alpha \in \mathbb{C}$ 를 고정하고 $F = \dfrac{1}{\epsilon}\{\alpha x, x\}$ 라 두면 마찬가지 이유로 인하여 $\psi - \phi \in F^\circ$ 인 $\phi \in V^\circ$ 를 찾을 수 있다. 따라서

$$|\phi(\alpha x) - \alpha\phi(x)| = |(\phi - \psi)(\alpha x) - \alpha(\phi - \psi)(x)| \le (1 + |\alpha|)\epsilon$$

이고, $\phi(\alpha x) = \alpha\phi(x)$ 임이 증명된다. 이제 $\phi \in \overline{V^\circ}$ 가 연속임을 보이면 된다. 만일 $x \in V$ 를 고정하면 위와 같은 방법으로 $|\phi(x) - \psi(x)| \le \epsilon$ 인 $\psi \in V^\circ$ 를 찾을 수 있다. 따라서 $|\phi(x)| \le |\psi(x)| + \epsilon \le 1 + \epsilon$ 이므로, 임의의 $x \in V$ 에 대하여 $|\langle x, \phi\rangle| \le 1$ 을 얻는다. 따라서 $x \in rV$ 이면 $|\phi(x)| \le r$ 인데, V 가 근방이므로 ϕ 가 연속임이 증명된다. 특히, 증명 과정에서 $\phi \in V^\circ$ 임이 이미 증명되었다. 따라서, 다음 정리를 얻는다.

정리 9.3.2. (바나하–알라오글루[(5)]) 위상벡터공간의 근방 V 에 대하여 V° 는 약*–위상에 관하여 옹골집합이다.

특히 X 가 바나하공간이고 V 를 X 의 단위공 $\{x \in X : \|x\| \le 1\}$ 으로 두면 V° 는 바로 X^* 의 단위공 $\{\phi \in X^* : \|\phi\| \le 1\}$ 이다. 따라서 X^* 의 단위공이 항상 약*–위상에 관하여 옹골집합임을 알게 된다.

여기서 약*–위상을 줄 수 있는 공간이 어떤 것들인가 하는 의문이 생긴다. 예를 들어서 푸리에급수가 정의되는 $L^1(\mathbb{T})$ 를 다른 공간의 쌍대공간으로 이해할 수 없는가 하는 점이다. 이렇게 되면 굳이 $M(\mathbb{T})$ 나

(5) Leonidas Alaoglu (1914~), 터키 출신 수학자. 30 년대말부터 미국에서 활동하였으나 곧 수학을 그만두었다.

$\mathcal{D}'(\mathbb{T})$ 를 생각하지 않더라도 삼각다항식의 극한을 해석할 수 있는 여지가 많을 것이다.

벡터공간의 볼록집합 C 와 점 $x \in C$ 에 대하여, 다음 조건

$$y, z \in C,\ x = ty + (1-t)z,\ 0 < t < 1 \implies x = y = z$$

이 성립할 때 x 를 C 의 **꼭지점**이라 부른다. 정의의 내용을 살펴보면 볼록다면체의 꼭지점이 바로 이런 성질을 만족한다는 것을 알 수 있다. 이 경우 볼록다면체의 각 점들은 꼭지점들의 볼록결합으로 표시된다. 벡터공간의 점 x 가 $\{x_1, \dots, x_n\}$ 의 볼록결합이란 말은

$$x = t_1 x_1 + \cdots + t_n x_n,\ t_1 + \cdots + t_n = 1,\ t_i \geq 0\ (i = 1, \dots, n)$$

를 만족하는 실수 $t_1, \dots t_n \in [0,1]$ 이 존재함을 뜻한다. 모든 볼록집합이 꼭지점을 가지는 것은 아니다. 전체집합을 생각하면 닫힌볼록집합의 경우도 꼭지점을 가지지 않는다. 그러나, 국소볼록공간에서 임의의 볼록옹골집합은 항상 꼭지점을 가지고 있으며 그 꼭지점들의 볼록결합을 모두 모으면 원래 볼록집합의 조밀한 부분집합이 된다는 것이 크라인(6)–밀만(7) 정리이다. 꼭지점이 위상과 전혀 상관없는 대수적인 개념임을 생각하면 매우 놀라운 결과이다. 여기서는 그 내용을 더 이상 깊이 다루지 않고 그 응용을 살펴본다. 다음 명제는 바나하–알라오글루 정리와 크라인–밀만 정리에서 바로 나온다.

명제 9.3.3. 바나하공간 X 가 다른 바나하공간 Y 의 쌍대공간이라 하자. 그러면 단위공 $\overline{X_1} = \{x \in X : \|x\| \leq 1\}$ 이 꼭지점을 가진다.

---

(6) Mark Grigor'evich Kreǐn (1907~1989), 우크라이나 수학자. Odessa 에서 공부하고 Odessa 와 Kiev 에서 활동하였다.

(7) David Pinkhusovich Mil'man (1912~1982), 우크라이나 출신 수학자. Odessa 에서 공부하고 활동하였으며, 1974 년 이스라엘로 옮겼다.

만일 $0 < \|x\| < 1$ 이면 $x = \|x\| \cdot \frac{x}{\|x\|} + (1 - \|x\|) \cdot 0$ 으로 쓸 수 있으므로, 단위공의 꼭지점은 항상 그 노음이 1 이어야 한다.

이제, 바나하공간 $L^1(\mathbb{T})$ 의 경우를 살펴보기 위하여 $f \in L^1(\mathbb{T})$ 가 단위공의 꼭지점이라 가정하자. 함수 $t \mapsto \int_{-\pi}^{t} |f|$ 가 연속이므로

$$\int_{-\pi}^{a} |f| = \int_{a}^{\pi} |f| = \frac{1}{2} \int_{-\pi}^{\pi} |f|$$

인 점 $a \in (-\pi, \pi)$ 를 찾을 수 있다. 이제

$$g = 2f\chi_{(-\pi,a]}, \qquad h = 2f\chi_{(a,\pi]}$$

라 두면 $\|g\|_1 = \|h\|_1 = \|f\|_1 = 1$ 이고 $f = \frac{1}{2}g + \frac{1}{2}h$ 임을 알 수 있다. 따라서 $f = g = h$ 이고 이로부터 $f = 0$ 임을 알 수 있는데, 이는 $\|f\|_1 = 1$ 에 모순이다. 따라서 바나하공간 $L^1(\mathbb{T})$ 의 단위공에는 꼭지점이 없으며, 이로부터 $L^1(\mathbb{T})$ 에는 약*-위상을 정의하는 것이 불가능함을 알 수 있다.

연습문제 9.3.2. 바나하공간 $c_0(\mathbb{Z})$ 는 다른 바나하공간의 쌍대가 될 수 없음을 보여라.

연습문제 9.3.3. 바나하공간 $\ell^1(\mathbb{Z}) = c_0(\mathbb{Z})^*$ 에서 단위공의 꼭지점을 모두 찾아라. 꼭지점들의 볼록결합을 모두 모은 집합을 C 라 두었을 때, C 는 단위공 안에서 약*-위상에 관하여 조밀함을 직접 증명하여라. 노음 위상에 관해서도 같은 결론을 얻을 수 있는지 살펴보아라.

9.4 연습문제

9.4.1. 주기함수의 푸리에변환으로 정의된 유계선형사상 $T : L^1(\mathbb{T}) \to c_0(\mathbb{Z})$ 을 생각하자. 즉, $T(f) = \widehat{f}$ 이다.

(가) 선형사상 T 의 쌍대사상[8] $T^*: \ell^1(\mathbb{Z}) \to L^\infty(\mathbb{T})$ 와 (2) 에서 정의된 사상 $a \mapsto \widehat{a}$ 이 서로 어떤 관계인가 살펴보고, T 의 치역이 $C(\mathbb{T})$ 안에 들어감을 보여라.

(나) (2) 에서 정의된 사상 $a \mapsto \widehat{a}: \ell^1(\mathbb{Z}) \to C(\mathbb{T})$ 의 쌍대사상 $M(\mathbb{T}) \to \ell^\infty(\mathbb{Z})$ 과 푸리에-스틸체스변환이 서로 어떠한 관계인지 살펴보아라.

(다) 푸리에변환 $f \mapsto \widehat{f}: L^1(\mathbb{R}) \to C_0(\mathbb{R})$ 의 쌍대사상을 구하여라.

9.4.2. 만일 함수열 $\langle h_n \rangle \subset L^1(\mathbb{T})$ 가 5.1 절의 (6) 을 만족하면, 임의의 $\mu \in M(\mathbb{T})$ 에 대하여

$$\lim_{n\to\infty} \langle f, \mu * h_n \rangle = \langle f, \mu \rangle, \qquad f \in C(\mathbb{T})$$

가 성립함을 보여라.

9.4.3. 만일 $\mu \in M(\mathbb{T})$ 이고 $\widehat{\mu} \in \ell^2(\mathbb{Z})$ 이면 $\mu \ll m$ 임을 보여라.

9.4.4. 만일 $\mu \in M(\mathbb{T})$ 가 연속측도이고 $\nu = \sum_{i=1}^{\infty} \alpha_i \delta_{s_i} \in M(\mathbb{T})$ 가 디락측도들의 합일 때 $\mu * \nu$ 가 연속측도임을 보여라. 또한, $\lambda = \sum_{i=1}^{\infty} \beta_i \delta_{t_i}$ 일 때, $\nu * \lambda$ 가 어떠한 측도인지 알아보아라.

9.4.5. 한 점 $s \in \mathbb{T}$ 를 고정하고, 각 $n = 1, 2, \ldots$ 에 대하여

$$E_n(t) = \frac{1}{2n+1} D_n(t-s) = \frac{1}{2n+1} \sum_{k=-n}^{n} e^{ik(t-s)}, \qquad t \in \mathbb{T}$$

라 정의하자.

(가) $|E_n| \le 1$ 임을 보여라. 또한, 임의의 $\epsilon > 0$ 에 대하여 함수열 $\langle E_n \rangle$ 이 $\mathbb{T} \setminus (s-\epsilon, s+\epsilon)$ 위에서 0 으로 고르게 수렴함을 보여라.

(나) 임의의 측도 $\mu \in M(\mathbb{T})$ 에 대하여 등식

$$\lim_{n\to\infty} \langle E_n, \mu \rangle = \mu(\{s\})$$

이 성립함을 보여라.

(다) 임의의 측도 $\mu \in M(\mathbb{T})$ 에 대하여 등식

$$\mu(\{s\}) = \lim_{n\to\infty} \frac{1}{2n+1} \sum_{k=-n}^{n} \widehat{\mu}(k) e^{iks}$$

---

(8) 연습문제 6.4.16 을 참조하라.

이 성립함을 보여라.

(라) 임의의 측도 $\mu \in M(\mathbb{T})$ 에 대하여 등식

$$\sum_{s \in \mathbb{T}} |\mu(\{s\})|^2 = \lim_{n \to \infty} \frac{1}{2n+1} \sum_{k=-n}^{n} |\widehat{\mu}(k)|^2$$

이 성립함을 보여라.(9) [도움말: $\nu(E) = \overline{\mu(-E)}$ 에 대하여 $\mu * \nu$ 를 생각하고, 연습문제 9.4.4 를 이용한다.]

(마) 측도 $\mu \in M(\mathbb{T})$ 가 연속일 필요충분조건이

$$\lim_{n \to \infty} \frac{1}{2n+1} \sum_{k=-n}^{n} |\widehat{\mu}(k)|^2 = 0$$

임을 보여라.

9.4.6. (가) 임의의 $f, g \in L^2(\mathbb{T})$ 에 대하여 등식

$$\widehat{fg}(n) = \widehat{f} * \widehat{g}(n), \qquad n \in \mathbb{Z}$$

이 성립함을 보여라. [도움말: 파시발 등식]

(나) 이를 이용하여

$$A(\mathbb{Z}) = \{a * b : a, b \in \ell^2(\mathbb{Z})\}$$

임을 보여라.

(다) 임의의 수열 $a \in \ell^2(\mathbb{Z})$ 에 대하여

$$b(n) = \sum_{k=-\infty}^{\infty} a(n+k)\overline{a(k)}, \qquad n = 1, 2, \ldots$$

라 정의하면 b 는 양부호수열임을 보여라.

9.4.7. 만일 $\mu \in M(\mathbb{T})$ 가 양측도이면 $\|\mu\| = \|\widehat{\mu}\|_{\sup}$ 임을 보여라. 만일 $f \in L^1(\mathbb{T})$ 이고 $f \geq 0$ 이면 $\|f\|_1 = \widehat{f}(0)$ 임을 보여라.

9.4.8. (가) 만일 $\mu, \nu \in M(\mathbb{T})$ 가 양측도이면 $\mu * \nu$ 도 양측도임을 보여라.

---

(9) 이는 비너 정리라 불린다.

Norbert G. Wiener (1894~1964), 미국 수학자. Harvard 에서 공부하고 매사추세츠 공대에서 활동하였다.

(나) 집합 $P(\mathbb{Z})$ 가 점별곱하기에 대하여 닫혀있음을 보여라.

(다) 집합 $P(\mathbb{Z})$ 가 점별수렴에 대하여 닫혀있음을 보여라.

9.4.9. 두 $n \times n$ 정방행렬 $A = [a_{ij}]$ 와 $B = [b_{ij}]$ 에 대하여 새로운 $n \times n$ 정방행렬 $A \circ B$ 를 다음

$$A \circ B = [a_{ij}b_{ij}]$$

과 같이 정의한다.

(가) A 가 준양부호행렬일 필요충분조건은, 임의의 $n \times n$ 준양부호행렬 $B = [b_{ij}]$ 에 대하여 $\sum_{i,j=1}^{n} a_{ij}b_{ij} \geq 0$ 임을 보여라.

(나) 만일 A 와 B 가 준양부호행렬이면 $A \circ B$ 도 준양부호행렬임을 보여라. 이를 이용하여 연습문제 9.4.8 (나) 를 증명하여라.

9.4.10. (가) 함수 $f \in C^1([a,b])$ 가 조건 $f(a) = f(b) = 0$ 을 만족하면 다음 부등식

$$\int_a^b |f|^2 \leq \left(\frac{b-a}{\pi}\right)^2 \int_a^b |f'|$$

이 성립함을 보여라. [도움말: $a = 0$, $b = \pi$ 일 때 먼저 증명한다.]

(나) 위 부등식에서 등식이 성립하는 경우를 찾아라. [도움말: $f(t) = \sin t$]

9.4.11. (가) $\phi \in \mathcal{D}'(\mathbb{T})$ 이고 $f \in \mathcal{D}(\mathbb{T})$ 이면 $\phi * f \in \mathcal{D}(\mathbb{T})$ 이고, $(\phi * f)(t) = \langle f_{-t}, \phi \rangle$ 임을 보여라. 이를 등식 (8) 과 비교하여라.

(나) $\mu \in M(\mathbb{T})$ 이고 $f \in L^p(\mathbb{T})$ 이면 $\mu * f \in L^p(\mathbb{T})$ 임을 보여라. [도움말: 따름정리 7.2.4]

(다) $\mu \in M(\mathbb{T})$ 이고 $f \in C^p(\mathbb{T})$ 이면 $\mu * f \in C^p(\mathbb{T})$ 임을 보여라.

9.4.12. 각 $s \in \mathbb{T}$ 와 $\phi \in \mathcal{D}'(\mathbb{T})$ 에 대하여

$$\langle f, \tau_s(\phi) \rangle = \langle f_{-s}, \phi \rangle, \qquad f \in \mathcal{D}(\mathbb{T})$$

라 정의하자.

(가) $\tau_s(\phi) \in \mathcal{D}'(\mathbb{T})$ 임을 보이고, $\phi \mapsto \tau_s(\phi)$ 는 $\mathcal{D}'(\mathbb{T})$ 에서 $\mathcal{D}'(\mathbb{T})$ 로 가는 연속 선형사상임을 보여라.

(나) 각 $\phi \in \mathcal{D}'(\mathbb{T})$ 에 대하여 다음 사상

$$\lambda_\phi : \psi \mapsto \phi * \psi : \mathcal{D}'(\mathbb{T}) \to \mathcal{D}'(\mathbb{T})$$

이 연속이고, 각 $s \in \mathbb{T}$ 에 대하여 $\tau_s \circ \lambda_\phi = \lambda_\phi \circ \tau_s$ 가 성립함을 보여라.

(다) 만일 연속선형사상 $T : \mathcal{D}'(\mathbb{T}) \to \mathcal{D}'(\mathbb{T})$ 가 관계식 $\tau_s \circ T = T \circ \tau_s$ $(s \in \mathbb{T})$ 를 만족하면 $T = \lambda_\phi$ 를 만족하는 $\phi \in \mathcal{D}'(\mathbb{T})$ 가 존재함을 보여라. 이러한 ϕ 가 유일하게 결정되는지 살펴보아라. [도움말: 먼저, 각 $f \in \mathcal{D}(\mathbb{T}) \subset \mathcal{D}'(\mathbb{T})$ 에 대하여 $T(\psi * f) = \psi * T(f)$ 임을 보이고, $T(\delta_0)$ 를 생각한다.]

9.4.13. 어떠한 노음공간 X 에 대하여 약*-위상과 노음위상이 위상동형인지 살펴보아라.

9.4.14. 바나하공간 $C(\mathbb{T})$ 에서 단위공의 꼭지점을 모두 찾아라. 또한, $C(\mathbb{T})$ 가 다른 바나하공간의 쌍대공간이 될 수 없음을 보여라.

참고문헌

[1] 계승혁, 군과 조화해석, 대우학술총서-자연과학 120 권, 민음사, 1998.

[2] 김성기·김도한·계승혁, 해석개론, 서울대학교 출판부, 1995.

[3] T. M. Apostol, *Mathematical Analysis, 2/e*, Addison-Wesley, 1974.

[4] S. K. Berberlian, *Measure and Integration*, Macmillan, 1965.

[5] S. B. Chae, *Lebesgue Integration, 2/e*, Universitext, Springer-Verlag, 1995.

[6] K. Chandrasekharan, *Classical Fourier Transforms*, Universitext, Springer-Verlag, 1989.

[7] J. Dieudonnè, *History of Functional Analysis*, North-Holland Math. Studies, Vol. 49, North-Holland, 1981.

[8] H. Dym and H. P. McKean, *Fourier Series and Integrals*, Probab. and Math. Statist., Vol. 14, Academic Press, 1972.

[9] R. E. Edwards, *Fourier Series; A Modern Introduction, Vol. 1 & II*, Holt, Rinehart and Winston, 1967.

[10] G. B. Folland, *Real Analysis; Modern Techniques and Their Applications*, Pure and Appl. Math., A Wiley-Interscience Series Texts, Monographs & Tracts, John Wiley & Sons, 1984.

[11] B. R. Gelbaum and J. M. H. Olmsted, Counterexamples in Analysis, Holden-Day, 1964.

[12] P. R. Halmos, *Measure Theory*, Graduate Texts Math., Vol. 18, Springer-Verlag, 1974.

[13] G. H. Hardy, J. E. Littlewood and G. Pólya, *Inequalities*, *2/e*, Cambridge University Press, 1952.

[14] H. Helson, *Harmonic Analysis*, *2/e*, printed by Hindustan Book Agency, 1995.

[15] E. Hewitt and K. A. Ross, *Abstract Harmonic Analysis I*, *2/e*, Grund. Math. Wiss., no. 115, Springer-Verlag, 1979.

[16] E. Hewitt and K. Stromberg, *Real and Abstract Analysis*, Graduate Texts Math., Vol. 25, Springer-Verlag, 1965.

[17] R. Kannan and C. K. Krueger, *Advanced Analysis on the Real Line*, Universitext, Springer-Verlag, 1996.

[18] Y. Katznelson, *An Introduction to Harmonic Analysis*, *2/e*, Dover, 1976.

[19] J. Kim, *Banach Spaces*, Lecture Notes, Seoul National University, 1976.

[20] V. P. Khavin and N. K. Nikol'skij, *Commutative Harmonic Analysis I*, Enclyclopaedia Math. Sci., Vol 15, Springer–Verlag.

[21] G. Klambauer, *Real Analysis*, Elsevier, 1973.

[22] A. N. Kolmogorov and S. V. Fomin, *Introductory Real Analysis*, Dover, 1970.

[23] T. W. Körner, *Fourier Analysis*, Cambridge University Press, 1988.

[24] S. Lang, *Real and Functional Analysis*, Graduate Texts Math., Vol. 142, Springer-Verlag, 1993.

[25] E. H. Lieb and M. Loss, *Analysis*, Graduate Studies Math., Vol. 14, Amer. Math. Soc., 1996.

[26] L. H. Loomis, *Abstract Harmonic Analysis*, Univ. Series Higher Math., Van Nostrand, 1953.

[27] E. J. McShane, *Integration*, Princeton Mathematical Series, Vol. 7, Princeton University Press, 1947.

[28] G. K. Pedersen, *Analysis Now*, Graduate Texts Math., Vol. 118, Springer-Verlag, 1989,

[29] A. Pinkus and S. Zafrany, *Fourier Series and Integral Transforms*, Cambridge University Press, 1997.

[30] L. S. Pontryagin, *Topological Groups, 2/e*, Gordon and Breach, 1966.

[31] F. Riesz and B. Sz.-Nagy, *Functional Analysis*, Dover, 1955.

[32] H. L. Royden, *Real Analysis, 3/e*, Maxwell McMillan, 1989.

[33] W. Rudin, *Functional Analysis*, McGraw-Hill, 1973.

[34] ———, *Principles of Mathematical Analysis, 3/e*, McGraw-Hill, 1976.

[35] ———, *Real and Complex Analysis, 3/e*, McGraw-Hill, 1987.

[36] S. Saks, *Theory of Integral, 2/e*, Monografie Matematyczne Tom 7, Warszawa, 1937.

[37] L. Schwartz, *Mathematics for the Physical Sciences*, Addison-Wesley, 1966.

[38] E. C. Titchmarsh, *Introduction to the Theory of Fourier Integrals, 3/e*, Chelsea Publishing, 1986.

[39] A. Torchinsky, *Real Variables*, Addison-Wesley, 1988.

[40] N. Young, *An Introduction to Hilbert Space*, Cambridge University Press, 1988.

[41] H. J. Wilcox and D. L. Myers, *An Introduction to Lebesgue Integration and Fourier Series*, Dover, 1978.

[42] K. Yosida, *Functional Analysis, 4/e*, Springer–Verlag, 1974.

[43] A. Zygmund, *Trigonometric Series, 2/e, Vol. I & II*, Cambridge University Press, 1959.

찾아보기

실해석

초판 1쇄 발행 1999년 2월 25일
초판 10쇄 발행 2025년 7월 10일

지은이 김성기·계승혁

펴낸곳 서울대학교출판문화원
주소 08826 서울 관악구 관악로 1
도서주문 02-889-4424, 02-880-7995
홈페이지 www.snupress.com
페이스북 @snupress1947
인스타그램 @snupress
이메일 snubook@snu.ac.kr
출판등록 제15-3호

ISBN 978-89-521-1690-1 93410